东南交通·青年教师·科研论丛

岩土工程现代原位测试
理论与工程应用

童立元　刘　澍　Binod Amatya

刘松玉　高新南　杜广印　蔡国军　**编著**

东 南 大 学 出 版 社

·南京·

内 容 提 要

本书是作者们多年从事岩土工程原位测试技术研究理论与实践的总结,强调岩土工程原位测试技术的基础理论、数学力学模型以及实际工程应用,特别是大量介绍了该领域国内外的最新研究成果,全书共分4章,分别介绍基于弹塑性理论、电磁波理论及波动理论的原位测试技术,具体内容包括:现代多功能CPTU技术理论与应用、剑桥式旁压仪测试理论及应用、光纤传感技术及其在岩土工程中的应用、瞬态瑞利面波(SASW)原位测试新技术等。本书的理论阐述深入,反映了该领域国内外最新成果,同时还注重理论研究成果的实际应用介绍,在书中大量展现了各种原位测试技术的现场试验研究成果,以期对各种现代原位测试技术的推广应用有所裨益。

本书可供土木建筑、市政及交通、水利、地下工程和地质工程等专业的科技人员参考,也可作为岩土工程、地质工程、地下工程等专业的研究生教材。

图书在版编目(CIP)数据

岩土工程现代原位测试理论与工程应用/童立元等

编著. —南京:东南大学出版社,2015.10

(东南交通青年教师科研论丛)

ISBN 978-7-5641-5982-5

Ⅰ.①岩…　Ⅱ.①童…　Ⅲ.①岩土工程—原位试验—研究　Ⅳ.①TU413

中国版本图书馆 CIP 数据核字(2015)第 199285 号

岩土工程现代原位测试理论与工程应用

编　　著	童立元　刘　澈　Binod Amatya　刘松玉　高新南　杜广印　蔡国军
责任编辑	丁　丁
编辑邮箱	d. d. 00@163. com

出版发行	东南大学出版社
社　　址	南京市四牌楼 2 号　邮编:210096
出 版 人	江建中
网　　址	http://www. seupress. com
电子邮箱	press@seupress. com
经　　销	全国各地新华书店
印　　刷	江苏凤凰数码印务有限公司
版　　次	2015 年 10 月第 1 版
印　　次	2015 年 10 月第 1 次印刷
开　　本	787 mm×1 092 mm　1/16
印　　张	19.25
字　　数	470 千
书　　号	ISBN 978-7-5641-5982-5
定　　价	68.00 元

本社图书若有印装质量问题,请直接与营销部联系。电话(传真):025-83791830

总　序

在东南大学交通学院的教师队伍中,40 岁以下的青年教师约占 40%。他们中的绝大多数拥有博士学位和海外留学经历,具有较强的创新能力和开拓精神,是承担学院教学和科研工作的主力军。

青年教师代表着学科的未来,他们的成长是保持学院可持续发展的关键。按照一般规律,人的最佳创造年龄是 25 岁至 45 岁,37 岁为峰值年。青年教师正处于科研创新的黄金年龄,理应积极进取,以所学回馈社会。然而,青年人又处于事业的起步阶段,面临着工作和生活的双重压力。如何以实际行动关心青年教师的成长,让他们能够放下包袱全身心地投入到教学和科研工作中?这是值得高校管理工作者重视的问题。

近年来,我院陆续通过了一系列培养措施帮助加快青年人才成长。2013 年成立了"东南大学交通学院青年教师发展委员会",为青年教师搭建了专业发展、思想交流和科研合作的平台。从学院经费中拨专款设立了交通学院青年教师出版基金,以资助青年教师出版学术专著。《东南交通青年教师科研论丛》的出版正是我院人才培养措施的一个缩影。该丛书不仅凝结了我院青年教师在各自领域内的优秀成果,相信也记载着青年教师们的奋斗历程。

东南大学交通学院的发展一贯和青年教师的成长息息相关。回顾过去十五年,我院一直秉承"以学科建设为龙头,以教学科研为两翼,以队伍建设为主体"的发展思路,走出了一条"从无到有、从小到大、从弱到强"的创业之路,实现了教育部交通运输工程一级学科评估排名第一轮全国第五,第二轮全国第二,第三轮全国第一的"三级跳"。这一成绩的取得包含了几代交通人的不懈努力,更离不开青年教师的贡献。

我国社会经济的快速发展为青年人的进步提供了广阔的空间。一批又一批青年人才正在脱颖而出,成为推动社会进步的重要力量。世间万物有盛衰,人生安得常少年?希望本丛书的出版可以激励我院青年教师更乐观、自信、勤奋、执着地拼搏下去,搭上时代发展的快车,更好地实现人生的自我价值和社会价值。展望未来,随着大批优秀青年人才的不断涌现,东南大学交通学院的明天一定更加辉煌!

2014 年 3 月 16 日

前　言

　　土工测试技术是土力学与岩土工程研究和应用的基础,也是论证土力学理论、优化岩土工程设计的有效手段。进入 21 世纪,随着传感器技术、计算机技术、网络通信技术等在岩土工程领域的广泛应用,国际上岩土工程与环境岩土工程原位测试新技术不断涌现,在岩土工程勘测、岩土工程设计计算、岩土工程检测和监测方面发挥了巨大作用,既解决了工程实际问题,又推动了现代岩土力学飞速发展。

　　近十几年来,我国经济建设高速发展,高速公路、铁路、桥梁、港口码头、轨道交通及高层建筑等大型基础设施建设日新月异,工程规模与建设水平处于国际空前水平。在岩土工程领域,我国某些技术、理论领先国际(如软基处理技术、冻土处理技术等),但某些方法差距较大,特别是受限于传感器技术、制造技术、理论与应用研究等方面的缺陷,岩土工程室内外试验设备研究开发方面总体落后于英国等欧美发达国家,特别是原位测试技术与理论差距更大(20 年),一些"高精尖"岩土试验设备,主要靠从欧美国家进口,制约了我国岩土工程理论研究及工程应用水平的提高,沈珠江院士等也曾大力呼吁"21 世纪应加强原位测试研究与应用"。

　　"工欲善其事,必先利其'器'"(《论语》),岩土工程问题的复杂性决定了理论研究、工程实践都离不开可靠的室内外试验设备,国内岩土工程界也逐步意识到仅仅从国外引进先进设备不利于该领域的可持续发展,因此,在过去的十几年中,国内采用"原装引进—消化吸收—再开发"的技术创新路线,在岩土工程和环境岩土工程原位测试技术方面开展了大力研究,取得了巨大进步。

　　本书即是在此背景下,针对目前我国原位测试技术与国际先进技术在理论研究与应用上的巨大差距及在岩土工程和环境岩土工程应用中存在的困难,系统展示了作者们近年来在原位测试理论与工程应用方面的研究成果,以供同行参考,并期望为推动岩土工程和环境岩土工程原位测试技术的进步尽一份绵薄之力。

　　本书在考虑各种原位测试技术的理论机理基础上进行章节安排,将本书涉及的测试技术分成三大篇:第一篇—基于弹塑性理论的现代原位测试技术,重点介绍多功能静力触探(CPTU)和剑桥式旁压仪(PMT)新技术;第二篇—基于电磁波理论的现代原位测试技术,重点介绍光纤传感新技术;第三篇—基于(弹性)波动理论的现代原位测试技术,重点介绍 SASW 测试技术。

其中,本书第1章是东南大学原位测试课题组近年来围绕CPTU原位测试新技术在基坑工程与地下工程领域应用研究成果的部分展示,反映了国家自然科学基金(40702047)、国家"十二五"科技支撑计划项目(2012BAJ01B02-01)、江苏省交通科技计划项目、苏州市科技计划项目—轨道交通专题(ZXJ0805、SZGDKY2013003)等资助研究的部分成果,其中南京农业大学高新南博士,东南大学杜广印副教授和蔡国军副教授,安徽理工大学王强副教授,中铁第四勘察设计院集团有限公司涂启柱高级工程师,博硕士研究生张明飞、车鸿博、杨溢军、李伟、郑灿政、哈斯、陈欢等参与了课题部分研究内容。在此,对原位测试研究课题组所有成员的辛勤工作致以衷心感谢!

本书第2章是英国Mott MacDonald Ltd的刘潋博士在剑桥大学攻读博士学位期间,联合Cambridge Insitu Ltd进行的SPMT技术开发及理论研究成果的集中展示;本书第3章是英国剑桥大学毕业的Binod Amatya博士近年来在土木工程结构健康监测光纤新技术开发应用方面最新研究成果的展示;本书第4章还结合具体案例展示了作者们在SASW测试技术方面的应用研究成果。

本书有幸出版,得到了江苏省优势学科建设资助,还要感谢东南大学交通学院青年教师发展委员会给予青年教师专著出版的支持与帮助。本书还得到国家自然科学基金和国家"十二五"科技支撑项目等的资助。本文撰写过程中,参阅引用了东南大学刘松玉教授课题组、剑桥大学Kenichi Soga教授课题组成员公开发表的文献和资料,并得到南京大学张巍副教授等国内外专家的指教和帮助,在此一并表示衷心感谢! 另外,作者们特别感谢Cambridge Insitu Ltd提供产品手册、现场图片和部分测试数据;特别感谢欧美大地有限公司提供了部分关于CPTU、光纤监测技术、SASW测试技术的研究资料。

本书第一、第二、第三作者曾经于2009—2010年度,共同在剑桥大学Geotechnical and Environmental Research Group, Kenichi Soga教授课题组学习,对本书展示的几种原位测试技术进行了共同研究,研究过程得到了Kenichi Soga教授的悉心指导,并得到了研究组内多位成员的大力帮助(Dr. Echo Ouyang, Dr. Akio Hada, Dr. Koson Janmonta, Mohammed Elshafie等),在此一并表示衷心感谢!

由于作者水平有限,书中不足之处在所难免,望读者批评指正。

作者

2015年3月于南京

目　录

前言

第一篇　基于弹塑性理论的现代原位测试技术

第1章　现代多功能 CPTU 技术理论与应用 ················ **3**
1.1　国内外研究现状 ················ 3
　　1.1.1　静力触探技术的发展历史 ················ 3
　　1.1.2　国内外 CPT/CPTU 技术比较 ················ 6
　　1.1.3　国内外 CPT/CPTU 应用比较 ················ 6
1.2　CPT/CPTU 测试机理分析 ················ 7
　　1.2.1　理论分析 ················ 8
　　1.2.2　数值分析方法 ················ 24
　　1.2.3　室内模型试验 ················ 24
　　1.2.4　比较和评价 ················ 27
1.3　CPT/CPTU 在土性参数确定中的应用 ················ 28
1.4　CPT/CPTU 在岩土工程实践中的应用 ················ 31
　　1.4.1　土分层与分类 ················ 31
　　1.4.2　CPT/CPTU 在岩土工程设计中的应用 ················ 33
1.5　CPTU 在基坑与地下工程中的应用研究 ················ 34
　　1.5.1　试验概况 ················ 34
　　1.5.2　精细化分层与薄(夹)层的探测识别 ················ 39
　　1.5.3　基坑工程设计中抗剪强度参数确定方法 ················ 49
　　1.5.4　基坑工程设计中变形参数确定研究 ················ 57
　　1.5.5　基于 CPTU 的基坑工程渗透系数确定方法试验研究 ················ 60
　　1.5.6　深基坑工程静止土压力系数原位测试研究 ················ 79
　　1.5.7　土体小应变条件下特性及基坑围护结构变形分析 ················ 87
参考文献 ················ 103

第2章　剑桥式旁压仪测试理论及应用 ················ **109**
2.1　旁压仪发展简介 ················ 109
　　2.1.1　旁压仪及旁压测试简介 ················ 109
　　2.1.2　旁压测试特点 ················ 110

2.1.3 旁压仪分类 ··· 111
2.2 旁压实验的基本过程及土的变化 ····························· 112
2.3 剑桥式旁压仪 ··· 113
2.3.1 剑桥预钻式旁压仪 ····································· 113
2.3.2 剑桥自钻式旁压仪 ····································· 115
2.3.3 剑桥式旁压仪的典型曲线 ······························· 118
2.3.4 剑桥旁压仪的优势及不足 ······························· 120
2.3.5 预钻式和自钻式旁压仪的选择 ····························· 121
2.4 剑桥式旁压测试数据分析 ··································· 122
2.4.1 基本概念及定义 ······································· 123
2.4.2 弹性形变分析及模量推导 ······························· 124
2.4.3 土体剪应力推导 ······································· 126
2.4.4 弹塑性分析及土体剪切强度推导 ··························· 128
2.4.5 土体的非线性 ··· 130
2.4.6 土体非线性的常数推导 ································· 132
2.4.7 土体初始侧压力(σ_{h0}) ··························· 133
2.4.8 砂土的摩擦角(φ)和膨胀角(ψ) ··················· 140
2.5 旁压测试分析实例 ··· 145
2.5.1 数据初步处理 ··· 145
2.5.2 粘土测试 ··· 147
2.5.3 砂土测试 ··· 152
2.6 土体的非线性特征对工程设计的影响 ························· 155
2.6.1 土体的非线性 ··· 156
2.6.2 地表沉降及隧道衬砌的受力分析 ··························· 157
2.7 自钻式旁压仪在不排水土体中的钻进扰动 ····················· 162
2.7.1 应变路径法 ··· 162
2.7.2 高级剑桥模型(Advance Cambridge Model) ··············· 163
2.7.3 钻进扰动和旁压测试的有限元分析 ························· 163
2.7.4 扰动作用及旁压测试评估 ································· 166
2.7.5 土体初始侧压力(σ_{h0}) ··························· 176
2.7.6 不排水剪切强度(c_u) ································· 177
2.7.7 极限压力(p_L) ····································· 178
参考文献 ··· 178

第二篇　基于电磁波理论的现代原位测试技术

第3章　光纤传感技术及其在岩土工程中的应用 ················· **183**
3.1 岩土工程光纤测试技术简介 ································· 183
3.2 光纤技术基础 ··· 183

3.2.1　光学基本知识 ……………………………………………… 183

3.2.2　光纤结构 …………………………………………………… 184

3.2.3　光纤传播原理 ……………………………………………… 185

3.2.4　常用光纤器件 ……………………………………………… 185

3.3　光纤传感基本原理 ………………………………………………… 188

3.4　光纤传感分类及其优势 …………………………………………… 188

3.5　光纤传感器封装 …………………………………………………… 189

3.6　FBG 传感技术 ……………………………………………………… 189

3.6.1　基本原理 …………………………………………………… 189

3.6.2　FBG 调制解调仪 …………………………………………… 191

3.6.3　FBG 传感器 ………………………………………………… 192

3.6.4　岩土工程测试 FBG 应用要点 ……………………………… 192

3.6.5　岩土测试 FBG 应用 ………………………………………… 192

3.7　全分布式光纤传感技术 …………………………………………… 193

3.7.1　光纤的背向散射光 ………………………………………… 193

3.7.2　光时域反射(OTDR)技术 ………………………………… 194

3.7.3　自激布里渊光时域反射(BOTDR)技术 ………………… 197

3.7.4　受激布里渊光时域反射(BOTDA)技术 ………………… 199

3.7.5　受激布里渊散射光频域分析(BOFDA)技术 …………… 201

3.7.6　拉曼光时域反射(ROTDR)技术 ………………………… 203

3.7.7　各种分布式光纤传感技术比较 …………………………… 204

3.8　工程案例分析 ……………………………………………………… 205

3.8.1　海岸边坡变形监测(UK) ………………………………… 205

3.8.2　伦敦地铁隧道衬砌监测 …………………………………… 213

3.8.3　公路路堑边坡土钉监测 …………………………………… 221

3.8.4　伦敦能源桩的现场监测试验 ……………………………… 230

参考文献 …………………………………………………………………… 238

第三篇　基于(弹性)波动理论的现代原位测试技术

第4章　瞬态瑞利面波(SASW)原位测试新技术 ……………………… **245**

4.1　前言 ………………………………………………………………… 245

4.2　SASW 法测试原理与测试方法 …………………………………… 246

4.2.1　SASW 法测试的基本原理 ………………………………… 246

4.2.2　SASW 法测试设备与测试方法 …………………………… 251

4.2.3　资料解释方法 ……………………………………………… 254

4.3　SASW 法在评价高速公路液化地基处理效果中的应用 ………… 257

4.3.1　高等级公路地基液化实用评判方法 ……………………… 257

4.3.2　液化地基强夯法加固效果 SASW 评价 ………………… 260

　　4.3.3　液化地基碎石桩法处理效果 SASW 法评价 ···················· 266
4.4　瑞利波速与岩土物理力学性质关系统计 ·························· 272
4.5　SASW 法在煤矸石路基填筑质量控制中的应用 ···················· 276
　　4.5.1　路基填压层剪切波速获取方法 ···························· 276
　　4.5.2　路堤试验方案 ·· 278
　　4.5.3　试验成果与分析 ······································ 279
4.6　SASW 法在旧沥青路面冲击压实养护效果评价中的应用 ·············· 280
　　4.6.1　现场测试概况 ·· 281
　　4.6.2　测试结果与分析 ······································ 281
4.7　SASW 法在路基裂缝处治效果评价中的应用研究 ···················· 283
　　4.7.1　现场测试 ·· 283
　　4.7.2　测试结果分析 ·· 283
4.8　SASW 法在建筑地基工程中的应用研究 ···························· 285
　　4.8.1　建筑场地类别 SASW 法划分 ······························ 285
　　4.8.2　地基振动特性 SASW 法研究 ······························ 286
4.9　SASW 法在土石混填路堤填筑质量评价中的应用 ···················· 291
　　4.9.1　现场填筑试验 ·· 291
　　4.9.2　SASW 方法测试结果分析 ·································· 292
　　4.9.3　测试结果的比较与分析 ·································· 294

参考文献 ·· 296

第一篇

基于弹塑性理论的现代原位
测试技术

第1章 现代多功能 CPTU 技术理论与应用

1.1 国内外研究现状

静力触探技术(CPT)是土木工程原位测试的主要技术之一,具有快速便捷、不需取样、采集数据量大、干扰小及费用低廉的优点,尤其适用于在高速公路、铁路这种线性分布、延伸范围较广的工程中推广。但目前,在国内土木工程设计过程中,主要采用 20 世纪我国 60 年代的单桥和双桥静探技术,近 20 多年来发展缓慢,测试精度低,分辨率低,重复性和可靠性不高,稳定性差,功能单一,应用粗糙,严重影响了工程设计水平的提高[1-3]。

孔压静力触探(CPTU)是 20 世纪 80 年代在国际上兴起的新型原位测试技术,与我国传统的单双桥静探相比,具有理论系统、功能齐全、参数准确、精度高、稳定性好等优点[4-6]。既可以用超孔压的灵敏性准确划分土层、进行土类判别,又可求取土的原位固结系数、渗透系数、动力参数、结构参数、承载特性等,在国外土木工程设计中已得到广泛应用,在国内土木工程领域则应用较少。

1.1.1 静力触探技术的发展历史

如表 1.1 所示,从 1932 年始,国际上 CPT 技术经历了机械式→电测式→电子式→数字式的发展历程,测读精度逐步得到提高,测试功能越来越多样化,特别是国际上于 20 世纪

表 1.1 CPT/CPTU 技术发展过程简表[6-8]

阶 段	特 征	优 缺 点
第一阶段 (1932—1948)	机械式 CPT	简单、方便与便宜;存在严重缺点,主要是套管与钢杆之间的摩擦、侧挠相互作用及泥土挤入等因素,大大影响了贯入阻力的测试精度;测试装置本身的测读精度及连续性,也限制了该技术的推广。(目前在中国已经淘汰使用)
第二阶段 (1948—1970)	电测式 CPT	简单;地层阻力—空心柱变形—电阻变化—电压变化—微电压测量;要求测量设备精度很高,电缆噪音对数据影响较大;目前电阻应变仪、数字式测力仪(手动记录)和自动记录仪(应用最广,可连续记录,但灵敏度不如应变仪),微机采集处理系统有应用,提高了效率,但精度不能令人满意。(目前在中国得到广泛使用)
第三阶段 (1970—1985)	电子式 CPTU	探头中的电子装置进行信息测量并传输至电缆末端的数据采集系统;采集计算机向下发送电压激励—调制—通过应变仪,信号放大后通过电缆传输至计算机,模-数转换后,显示记录。与电测式探头比较,电压在探头中经过调制与放大,然后传输,不受电缆的影响;问题是每个通道都需要独立的一套线来传输数据,这就限制了探头功能的扩展。
第四阶段 (1985—)	多功能、数字式 CPTU	数字式将上述工作在探头中进行了处理:计算机输送电压,调制后通过应变仪;探头拥有自己的模-数转换电路板和微处理器、温度补偿,在探头中收集数据后,以 ASCⅡ 格式连续的传输到地表计算机;所有的信号都可以通过同一根线传输,减少了电缆线的冗余,允许探头有更多的测试通道,即实现了探头的多功能化,多参数测试功能。(目前在中国一些重大工程建设中得到有限应用)

80 年代初成功研制了可测孔隙水压力的孔压静力触探(Piezocone Penetration Test,英文简称 CPTU,图 1.1)。它可以同时测量锥尖阻力、侧阻力和孔隙水压力,为了解土的更多的工程性质及提高测试精度提供了极大的可能性和现实性。

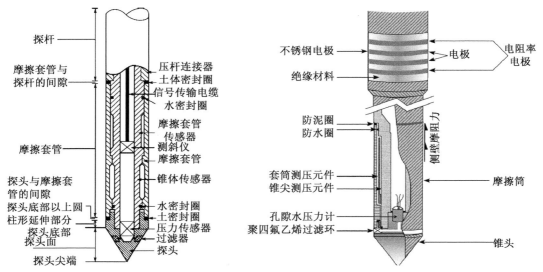

图 1.1　孔压静力触探探头结构图　　　　图 1.2　多功能 RCPTU 探头结构示意图

从 20 世纪 90 年代以来,探头的研制朝着多功能化方向发展,在新型传感器技术的支持下,出现了许多新型的功能(表 1.2,图 1.1—图 1.3),如测地温、测斜、地震波孔压静力触探(SCPTu)、电阻率孔压静力触探(RCPTU)、可视化静力触探(VisCPT)、无缆静力触探等,特别是近 20 年来,国际上多功能孔压静力触探技术在岩土和环境岩土工程领域得到了广泛应用和进一步的发展。

表 1.2　基于 CPTU 的新型传感器一览表[9-16]

传感器名称	测量参数	应用情况	研制时间及单位
侧压力传感器(Lateral Stress)	侧向应力	尚未投入使用	美国 UCB (1990)
静探旁压仪(Cone Pressuremeter)	应力,应变确定模量	有应用,未成熟	Fugro (1986)
地震波传感器(Vibro CPT)	波速 v_p、v_s	有应用,基本成熟	加拿大哥伦比亚大学(UBC, 1986)
电阻率传感器(RCPT)	电阻率	有应用	荷兰 (1985)
热传感器	热传导率	尚未投入使用	Fugro (1986)
放射性传感器	重度、含水量	有应用	Delft Geotechnics (1985)
激光荧光器传感器(LIF)	荧光强度	试验成功,有应用	Hirshfield (1984)
可视化静力触探(VisCPT)	图像、能量、波谱	试验成功	Hryciw, R. D. (1997)
(动态)伽马射线传感器(GCPT)	γ 射线强度	应用于环境岩土工程	ConeTec
大直径触探头	多参数功能	应用于砾石土层中	—
球形触探头、T 形探头(T-bar)	多参数功能	海底极软弱土层,研制中	Randolph(2004)

我国在上世纪 30 年代也出现了机械式的荷兰静力触探仪,是由当时上海的外国工程师组织研制而成。1954 年,陈宗基教授自荷兰引进该项技术,并在黄土地区进行了试验研究。

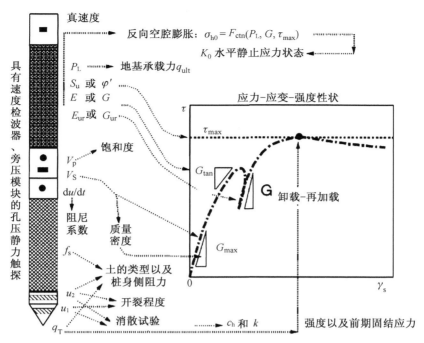

图 1.3　多功能 SPCPMT$_U$ 探头功能概念设计图[17]

1964 年，王钟琦教授[7]等独立成功地研制出我国第一台电测式触探仪，这是一种"单桥式"电测静力触探仪（图 1.4a），测定包括锥尖阻力和侧壁摩阻力的总贯入阻力，以后在 70 年代研制出能区分侧阻力和锥尖阻力的"双桥探头"（图 1.4b）。但在 80 年代以后对探头传感器技术改进很少。目前，我国静力触探技术虽然得到了广泛应用，但大量使用的仍然是"单桥"和"双桥"探头，而且，探头规格与国际通用的不同，给测试成果的比较和国际学术交流造成了很大的困难。另外在 CPT 理论研究、CPTU、环境 CPT 等技术方面与先进国家存在明显差距。

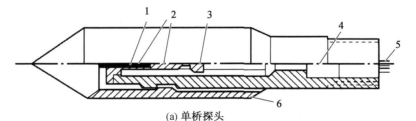

(a) 单桥探头

1.顶柱；2.电阻应变片；3.传感器；4.密封垫圈套；5.电缆线；6.外套筒

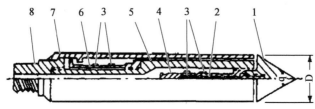

(b) 双桥探头

1.锥头；2.顶柱；3.电阻应变片；4.传感器；5.外套筒

6.侧壁传感器；7.侧壁摩擦筒；8.探杆接头

图 1.4　我国单桥和双桥 CPT 探头结构图

上世纪90年代初,我国学者也开始注意到国际上CPTU技术的发展变化,如张诚厚利用荷兰的资料提出了利用CPTU成果进行土分层及土质判别的方法,并在沪宁高速、同三高速宁波段进行试验研究[4];孟高头也在90年代中期开展了此项研究,进行了室内模型槽试验,探讨了CPTU测试机理,并在珠江三角洲软土地区京珠高速进行了初步应用[5];国内一些研究机构(如南京水利科学研究院等)和公司(如浙江南光地质仪器厂等)也仿制了CPTU探头[6]。总的说来,我国一些专家学者开始注意研究现代CPTU技术,在理论和应用上取得了一定进展,但采用的设备仍然是在我国传统CPT测试设备基础上的改进,未有本质变化,且单桥静力触探的使用历史较长,在推广上CPTU受到了限制,使其难以发展。

1.1.2 国内外CPT/CPTU技术比较

由于上世纪60年代初到70年代末,我国在岩土工程技术的发展上与国际交流相对较少,因此在静力触探技术的发展上,我国形成了与国际不同的技术标准(见表1.3)。单桥探头是我国常用的,在我国的工程应用中积累着丰富的经验,是我国运用得比较成熟的一种探头,而该种探头在国外则很少用到。随着与国际间交流的增多,双桥探头在近二十年来在工程中也大量被使用,但我国双桥探头的一些技术标准与国际上的标准还存在一定的差异。

表1.3 我国与国际CPT技术规格比较表

机构名称		规 格				
		锥角(°)	锥底截面积(cm²)	锥底直径(mm)	摩擦筒(侧壁)长度(mm)	摩擦筒(侧壁)面积(cm²)
ISSMFE(IRTP, 1989)		60	10	34.8~36	133.7	150
瑞典岩土工程协会推荐标准(SGF1993)		60	10	35.4~36	133.7	150
挪威岩土工程协会(NGF, 1994)		60	10	34.8~36	133.7	150
ASTM(1995)		60	10	35.7	133.7	150
		60	15	43.7	164.0	225
荷兰标准(1996)		60	10	35.7~36.0	未规定,按实际面积	
法国标准(NFP94-113, 1989)		60	10	34.8~36.0	133.7	150
日本岩土工程协会(1994)		60	10	35.7	未规定	
中 国	单桥	60	10	35.7	57	64
			15	43.7	70	96
			20	50.4	81	128
	双桥	60	10	35.7	178.3	200
			15	43.7	218.5	300
			20	50.4	189.5	300

1.1.3 国内外CPT/CPTU应用比较

对于工程应用来说,需要确定四个方面土的工程性质:①土的初始状态;②变形特性;③强度特性(抗剪强度);④渗流与固结。由于土的特殊性,采用原位试验方法确定设计参数比室内试验及理论公式具有更高的可靠性。下表为国内外 CPT/CPTU 测试参数及其应用比较总结。

表 1.4　CPT/CPTU 所测参数比较

静力触探	比贯入阻力 p_s(MPa)	锥尖阻力 q_c(MPa)	侧摩阻力 f_s(MPa)	孔压 u (MPa)	电阻率 $\rho(\Omega\cdot m)$	剪切波速 V_S(m/s)	测斜	温度
单桥	可测							
双桥		可测	可测					
多功能 CPTU		可测	可测	可测	可测	可测	可测	可测

表 1.5　CPT/CPTU 在岩土工程中的应用比较

静力触探	土质分类	剖面分层	岩土工程性质指标									岩土和环境岩土工程设计				
			状态参数	变形参数	强度参数	固结系数	渗透系数	孔隙水压力	静止土压力系数	超固结比	动力参数	桩基浅基承载力	桩基浅基沉降	液化评价	地基处理评价	污染场地评价
单桥双桥	√	√	√	√	√	—	—	—	—	—	—	√	—	√	√	—
多功能 CPTU	√	√	√	√	√	√	√	√	√	√	√	√	√	√	√	√

（注：√ 表示可提供）

通过国内外 CPT 测试成果的工程应用对比不难发现,我国 CPT 技术的应用与国外有较大差距:

（1）测试指标方面:我国主要用 q_c、f_s、p_s,而国外则已普遍采用 B_q、R_f,即可测孔压的 CPTU 技术已经广泛使用;而且随着探头的多功能化发展,亦可提供地震剪切波速、电阻率等指标。

（2）理论研究方面:国际 CPT 的应用建立在较完善的理论基础之上,包括 CPT 贯入机理、影响因素相关指标的选取等方面,已达到较理性的程度。

（3）工程应用方面:国际 CPTU 测试成果在确定土体工程性质指标、岩土工程设计方面广泛应用,且成果一致性和可靠性稳定;而国内由于单双桥技术规格变化大,各地差异较大,使得工程设计应用可靠性不高,往往只作为初步设计参考。

（4）国外的 CPTU 技术已大量应用在环境岩土工程领域,而且已运用得比较成熟,而我国在这一方面还是一片空白。

1.2　CPT/CPTU 测试机理分析

CPT/CPTU 锥头贯入到土中,土的变形及破坏过程非常复杂。若把贯入过程看成是准静态的,整个问题的解应满足平衡方程、几何方程(大变形)、力与位移边界条件以及土的本构关系等。由于问题的复杂性,要得到精确解非常困难,只能做一些近似理论分析。目前,主要的近似理论方法包括:承载力理论(bearing capacity theory),孔穴扩张理论(cavity expansion theory），稳态变形理论（steady state deformation theory），应变路径法（strain path method）等[5, 6, 18]。下面将从理论分析、数值计算、模型试验 3 个方面对贯入机理研究进行简要叙述，并对各种方法的适用性进行评价比较。

1.2.1 理论分析

1.2.1.1 承载力理论（BCT）

承载力理论是把锥头贯入看成承载力问题，假设锥尖阻力等于土中圆形基础的破坏荷载，并采用极限平衡和滑移线两种分析方法来确定锥尖阻力。

极限平衡分析方法是在假设破坏模式的基础上，通过分析土体整体平衡来确定破坏荷载，然后得出锥尖阻力。由于其简单性，该方法在土力学分析中得到广泛应用。但是，极限平衡理论解只是近似的，因为它完全忽略了土体应力-应变行为。图 1.5 为深层贯入问题分析使用的几种破坏模式（Durgunoglu 和 Mitchell，1975）[19]。

在滑移线方法中，将屈服准则（如 Mohr-Coulomb 或 Tresca 准则）和土体塑性差分平衡方程结合起来，给出一组表征塑性平衡的微分方程。由这组基本滑移线差分平衡，可建立滑移线网络（如图 1.6），图中 δ_1、δ_2、ω_1 和 ω_2 为规定的角度。通过对滑移线分析可得到破坏载荷，再乘以一个锥头形状系数，可以得到锥尖阻力。与极限平衡法相比，滑移线方法得到的应力场满足滑移线网格内部区域的屈服准则和平衡条件，但网格区域外部的应力分布没有定义。滑移线方法同样忽略了土的应力-应变关系，只考虑了屈服准则的不同。

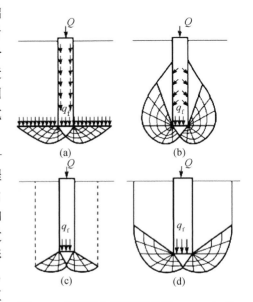

图 1.5 深层贯入破坏模式（Durgunoglu 和 Mitchell，1975）[19]

承载力理论分析方法最大的优势是比较简单，熟悉承载力计算的工程师都容易接受。但该类方法存在下列不足：

（1）承载力分析中，土的变形被忽略，这意味着预测锥尖阻力时没有考虑土的刚度和压缩性对锥头阻力的影响。

（2）承载力分析方法忽略了探头贯入过程中探杆周围土的初始应力状态的影响。特别是在贯入

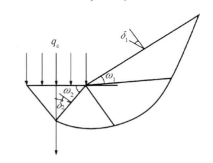

图 1.6 探头贯入分析的滑移线网格

时，探杆周围的水平应力呈增加趋势，而其对锥尖阻力的影响在分析中没有考虑。

（3）滑移线分析比极限平衡方法更加严格，它既能满足平衡方程又能满足滑移线网格内部任意点的屈服准则。而极限平衡方法只满足全局平衡。

（4）只有整体剪切破坏的土体中才能出现完整的破坏面，才能用滑移线法或极限平衡法求解。对于大多数深层贯入，土体破坏均包含局部剪切和压缩，难以观察到明显的滑

动面。

（5）不能求解出孔压，不适用于粘土。

1.2.1.2　孔穴扩张理论(CEM)[20]

孔穴扩张和锥头贯入之间的类似性最早是由 Bishop 等(1945)[21]提出的。因为他们观察到：在弹塑性介质中产生一个孔洞需要的压力与相同条件下扩张相同体积的孔穴所需的压力是成比例的。采用孔穴扩张理论来研究 CPTU 的机理主要有两方面，一是求解饱和粘土中不排水贯入时的初始超静孔压分布，二是确定锥尖阻力。预测锥尖阻力有以下两个步骤：

（1）求得土中孔穴扩张极限压力的理论解(解析或数值的)；

（2）建立孔穴扩张极限压力和锥头阻力之间的关系。

孔穴扩张理论分球形扩张与圆柱形扩张两种基本分析方法。Al-Awkati[20]曾指出静力触探试验中膨胀空洞的形状既不是球形又不是圆柱形；Vesic[22]认为用球形扩张进行锥头阻力的预测已经足够精确；Mitchell 和 Keaveny[23]指出对刚度指数 $I_r < 250$ 的砂，球形孔穴扩张理论比较适用；而对 $I_r > 250$ 的砂，圆柱形孔穴扩张理论较适用。

孔穴扩张理论一般是通过 3 组基本方程(平衡方程、几何方程及本构关系)，结合破坏准则及边界条件来求解的，各研究者获得解之间的差别主要在于问题所涉及的变形程度和本构关系的选择上。1970 中期以来，随着土本构模型研究的深入，使粘土和砂土中精确的孔穴扩张理论解取得了很大的进展，提出了一些经验的或半经验的锥头阻力与膨胀极限压力之间的关系。

孔穴扩张理论既考虑了贯入过程中土的弹性变形，又考虑了塑性变形，并且它至少可以近似考虑贯入过程对初始应力状态的影响和锥头周围应力主轴的旋转。所以，孔穴扩张理论较承载力理论应该更能反映实际情况。下面重点介绍孔穴扩张理论应用于 CPTU 探头贯入机理的研究情况。

CPTU 探头贯入时以及停止贯入后土的状态变化是很重要的。孔压探头贯入土体，在探头附近的土体发生挤压及重塑作用，距探头越近扰动的程度越大。其过程是探头周围的土体被破坏，并被迫让出相应探头体积，该体积由三部分组成：

（1）整个变形区内的体积变化；

（2）因畸变(形状变化)引起的特定方向体积变化；

（3）剪切滑移引起的体积变化。

在探头贯入过程中，在探头附近的土会形成塑性区和剪切区(图 1.7)。塑性区紧靠探头周围，由剪切破坏产生；更大范围的土体受到挤压，在塑性区外形成压缩区，一定距离之外为未扰动土。塑性区和压缩区的体积变形总量就是探头贯入的体积量，塑性区、压缩区的大小、形状与土体性质有关。研究表明，贯入所做的功，一部分由摩擦筒和探杆摩擦承担；另一部分转

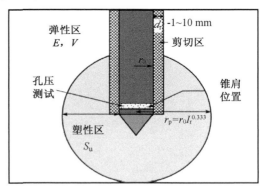

图 1.7　CPTU 探头贯入过程示意图
(Burns and Mayne, 1998)[24]

化为变形区的内能，其中一部分用于土体破坏的损耗，另一部分用于排开已破坏的土体。

贯入后的固结过程，在探头附近的区域内，总应力、有效应力和孔隙水压力均发生变化。

在消散时,探头附近的土主要为体积减小(压缩或再压缩),消散主要受再压缩区域内的土特性的控制,受外部土特性的影响较少。因此,固结过程主要发生在塑性区及部分未扰动土部分,塑性区的土对水平向固结系数值有显著的影响。

探头锥尖下面,由于孔穴扩张,孔压的变化主要是受平均正应力增大的影响,剪应力变化对孔压影响不大;而在探头的圆柱部分,孔穴扩张引起的正应力逐渐衰减,剪应力成为孔压变化的主要影响因素,由剪应力引起的超孔压因土的应力历史不同,可正可负。研究表明:土层中探头附近孔压的改变是由探头挤土引起的八面体正应力和探头刺入剪切引起的八面体剪应力共同作用的结果。

无论过滤器置于探头上任何位置,总的孔隙水压力不仅包括土层中因正应力和剪应力改变引起的孔压变化量(超孔压),而且也包含土层中的原位静止孔隙水压力。近 20 年来对混凝土桩打入时以及探头贯入时所实测的 Δu 值表明,桩尖或探头对土的破坏介乎于球形扩孔和圆柱形扩孔之间,而超孔压沿径向的初始分布则更接近于圆柱形扩孔的解。

1)初始超孔压分布规律

图 1.8 为超孔压初始分布的比较图,在饱和粘性土中贯入时,初始超孔压沿径向的衰减速度很快,以较高的起始值和较大的水力梯度向四周衰减并收敛于小于 60 倍探头(或桩)半径的范围内,如图 1.8 中点线所示。表 1.6 为基于孔穴扩张理论的几种超孔压初始分布函数。

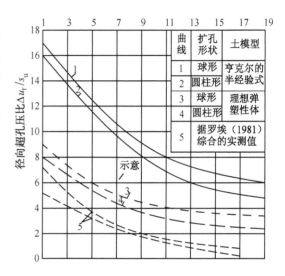

图 1.8 超孔压初始分布理论曲线比较

表 1.6 基于孔穴扩张理论的几种超孔压初始分布函数

模型材料	分布函数 $u(r, t) = f(r, t = 0)$	扩孔形状
理想有弹性完全塑性体	$f(n)_c = 2S_u \ln(R/r)$	圆柱形
	$f(n)_c = 4S_u \ln(R/r)$	球形
半经验的亨克尔公式	$f(n)_c = S_u[0.816a_f + 2\ln(R/r)]$	圆柱形
	$f(n)_c = S_u[0.943a_f + 4\ln(R/r)]$	球形
修正的剑桥模型应力路径分析法	$f(n)_c = 2S_u \ln\left(\dfrac{R}{r}\right) + \dfrac{1+2K_0}{8}\sigma'_{v0} - \dfrac{S_u}{\sin\varphi'}$	圆柱形
	$f(n)_c = 4S_u \ln\left(\dfrac{R}{r}\right) + \dfrac{1+2K_0}{8}\sigma'_{v0} - \dfrac{3-\sin\varphi'}{\sin\varphi'}S_u$	球形
均值材料	$f(\rho)_c = \Delta u e^{-a(\rho-1)}$	经验分布

(注:表中符号意义如下:n、ρ 为向径比,$n = r/R$,$\rho = r/r_0$;R 为扩孔理论中对应于极限膨胀压力的塑性区最大半径;r 为向径,即塑性区内任一点距探头中心(球形)或距探头轴线(圆柱形)的距离;a_f 为亨克尔孔压参数,$a_f = \dfrac{1}{\sqrt{2}}(A_f - 1)$;$a$ 为经验指数,与土质性状有关。)

Skempton[25]根据三轴试验结果引入孔隙水压力系数，提出用主应力来估算孔隙水压力。后来，Henkel[26]认为 Skempton 的孔压没有考虑中主应力的影响。他引入了八面体正应力 σ_{oct} 和剪应力 τ_{oct}，使孔压方程更具普遍意义。对于饱和土，Henkel 的表达式为：

$$\Delta u = \Delta\sigma_{oct} + a_f \Delta\tau_{oct} \tag{1.1}$$

式中，a_f 为 Henkel 孔压系数法，$a_f = \dfrac{\sqrt{2}}{2}(3A_f - 1)$；$A_f$ 为 Skempton 孔压系数法；$\sigma_{oct} = \dfrac{1}{3}(\Delta\sigma_1 + \Delta\sigma_2 + \Delta\sigma_3)$；$\tau_{oct} = \dfrac{1}{3}\sqrt{(\Delta\sigma_1-\Delta\sigma_2)^2 + (\Delta\sigma_2-\Delta\sigma_3)^2 + (\Delta\sigma_3-\Delta\sigma_1)^2}$。

利用上述公式，Vesic(1972)得到扩孔理论的初始孔压分布和最大孔压。

对球穴扩张：

$$\Delta u = \left[4\ln\left(\frac{R_p}{r}\right) + 0.943a_f\right]C_u, \quad R_u \leqslant r \leqslant R_p \tag{1.2}$$

$$\Delta u_{max} = \left[\frac{4}{3}\ln I_r + 0.943a_f\right]C_u \tag{1.3}$$

对柱穴扩张：

$$\Delta u = \left[2\ln\left(\frac{R_p}{r}\right) + 0.817a_f\right]C_u, \quad R_u \leqslant r \leqslant R_p \tag{1.4}$$

$$\Delta u_{max} = \left[\ln I_r + 0.817a_f\right]C_u \tag{1.5}$$

式中，刚度指标 $I_r = \begin{cases}(G/C_u)^{\frac{1}{2}}, 柱穴扩张 \\ (G/C_u)^{\frac{1}{3}}, 球穴扩张\end{cases}$；$G$ 为剪切模量；塑性区最大半径 $R_p = \begin{cases}\sqrt{I_r}R_u, 柱穴扩张 \\ \sqrt[3]{I_r}R_u, 球穴扩张\end{cases}$。

2) 超孔压消散规律

当连续贯入饱和土体的 CPTU 探头停止贯入时，可进行超孔压消散试验。超孔压的消散主要受探头周围一定范围内土的性状影响，在此范围以外的土对固结过程没有明显影响。超孔压的消散与土的固结是相伴随的，二者是一个过程的两个方面。目前多用太沙基固结理论和比奥固结理论来分析超孔压的消散。

按太沙基固结理论，超孔压的消散分析如下：

孔压探头停止贯入后，在锥尖附近，超孔压的消散接近于球面扩散，相应于球对称固结课题；在锥肩及以后圆柱部位，超孔压的消散为水平径向扩散，相应于轴对称固结课题。

孔压消散的固结方程：

(1) 球对称固结：

$$c\left(\frac{\partial^2 u}{\partial r^2} + \frac{2}{r}\cdot\frac{\partial u}{\partial r}\right) = \frac{\partial u}{\partial t} \tag{1.6}$$

（2）轴对称固结：

$$c_{\mathrm{h}}\left(\frac{\partial^2 u}{\partial r^2} + \frac{1}{r} \cdot \frac{\partial u}{\partial r}\right) = \frac{\partial u}{\partial t} \tag{1.7}$$

式中，c 为土的固结系数；c_{h} 为土的水平向固结系数；r 为离探头轴线的距离。球对称固结微分方程的解析解为（初始孔压分布采用负指数衰减规律）：

$$\Delta u(\rho, T) = \Delta u_{\mathrm{im}} e^{(a+aT^2)} \frac{1}{\rho}\left[e^{a\rho}(\rho+2aT)F\left[\frac{-\rho-2aT}{\sqrt{2T}}\right] - e^{a\rho}(-\rho+2aT)F\left[\frac{\rho-2aT}{\sqrt{2T}}\right] \right]$$
$$\tag{1.8}$$

式中，T 为时间因数；$F(x)$ 为标准正态分布函数，$F(x) = \int_{-\infty}^{x} \frac{1}{\sqrt{2\pi}} e^{-\frac{t^2}{2}} \mathrm{d}t$；$\Delta u_{\mathrm{im}}$ 为孔穴边界上的初始超孔压；a 为待定经验系数，一般在 $0.15 \sim 0.40$ 之间；$\rho = \frac{r}{r_0}$，r_0 为探头截面半径。其余符号意义同前。

同样对轴对称固结微分方程，其解析解为：

$$\Delta u(\rho, T) = \frac{2\Delta u_{\mathrm{im}}}{\ln a} \sum_{n=1}^{\infty} \frac{1}{\lambda_{\mathrm{n}}^2 J_1^2(\lambda_{\mathrm{n}})} J_0\left(\lambda_{\mathrm{n}} \frac{\rho}{a}\right) e^{-\left(\frac{\lambda_{\mathrm{n}}}{a}\right)^2 T} \tag{1.9}$$

式中，$T = \frac{c_{\mathrm{h}}t}{r_0^2}$，为考虑水平向固结消散时间因数；$\lambda_{\mathrm{n}}$ 为正实数；J_0、J_1 为第一类零阶和一阶贝塞尔函数。

孔穴扩张理论采用了理想弹塑性模型，其优点是可以得出简单的精确解，缺点是未考虑贯入速率的影响；其解答只能反映初始超孔隙水压力沿径向的分布规律，不能反映其沿深度变化的规律，不能模拟垂向稳态贯入的连续性；未考虑平均总应力不变时纯剪切所产生的超孔压；不能考虑土的应力历史和有效应力状态的变化。

1.2.1.3　应变路径法(SPM)

应变路径法(strain pass method, SPM)是由 Baligh(1985, 1986a, b)[27-29]提出来的，随后，Houlsby(1985)[30]、Teh(1987)[31]、Aubeny(1992)[32]、Whittle(1992)[33, 34]和 Yu(1996)[35, 36]等都用应变路径法对触探贯入机理进行过研究。在各向同性均质土中，应变路径法将锥头的贯入看作是土绕相对固定不动锥头的定常流问题来处理。SPM 法的优点主要在于比较真实的考虑并模拟了垂向贯入的特征，克服了 CEM 的一些缺点，根据基本假设，用锥体绕流的方法获得应变场，避免了复杂的边界条件和在复杂应力路径下结合本构关系计算的困难。尽管 SPM 很有前途，对解决饱和粘土中深基础及深贯入问题比较有效，在 MIT、剑桥大学、牛津大学等取得了很大进展，但在分析土中探头贯入的应用方面还有不尽如人意的地方，迄今为止，此法的应用大都局限于不排水条件下的粘土，在摩擦性土（砂土）中的应用比较困难，因为摩擦性土的初始流动场很难评估。

1) 应变路径法理论框架

SPM 方法应用于饱和粘土中稳定不排水贯入机理分析时的假设如下：由于在深层贯入时具有严重的运动约束，变形和应变与土的抗剪应力无关，那么可以仅仅通过考虑运动和边界条件来估算这两个变量。例如,对于粘土中的稳定贯入,可以不用考虑土的本构关系,而估算出具有合理精度的土变形值。贯入相当于一个不可压缩的非黏流体的无旋流,非黏流体围着静止的贯入仪运动。假设可以忽略惯性效应,那么锥头贯入过程就被简化为土单元围着固定的贯入仪流动的问题。

应变路径法可以求解锥头贯入时锥周土的变形、应变路径、有效应力以及沿着不同流线不同位置处的孔隙压力。对于稳态贯入过程的分析包括以下步骤(图 1.9):

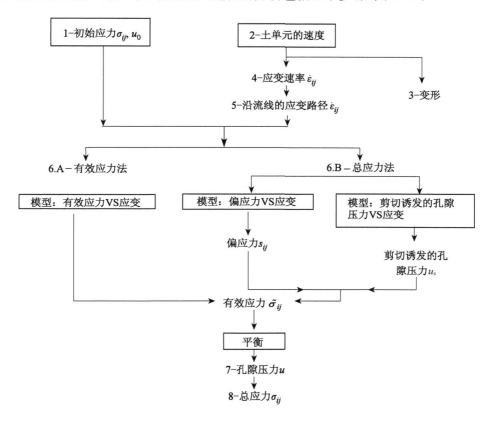

图 1.9　粘土中深层贯入 SPM 分析流程图

(1) 贯入之前先估计土中的初始应力 σ_{ij}^0 和初始孔隙压力 u_0。

(2) 速度场 V_i 计算,其应满足体变(或者质量)守恒的要求以及边界条件。速度场描述的是土颗粒围着锥头运动时的速度(或者变形速率)。

(3) 通过对速度场 V_i 积分来确定沿着流线土的变形。条件许可的情况下,可以与模型试验或者现场原位试验结果进行对比。

(4) 通过对速度 V_i 求微分,计算出沿着流线的应变速率 $\dot{\varepsilon}_{ij}$。

(5) 沿着不同流线对应变速率 $\dot{\varepsilon}_{ij}$ 求积分,来确定不同土单元的应变路径 ε_{ij}。

(6) 在该阶段,采用不同的土体本构模型计算有效应力 $\bar{\sigma}_{ij}$,分 2 种方法:①有效应力方法,采用有效应力与应变模型;②总应力法,采用两个模型,第一个模型采用偏应力 s_{ij}($=\sigma_{ij}-\sigma_{oct}\delta_{ij}$)-应变关系,第二个模型采用剪切诱发的孔隙水压力 u_s-应变关系,然后可以计算出有效应力 $\bar{\sigma}_{ij}$($=s_{ij}-u_s\delta_{ij}$)。

（7）根据有效应力 $\bar{\sigma}_{ij}(=s_{ij}-u_s\delta_{ij})$，应用平衡方程计算孔隙水压力 $u(=\sigma_{oct}+u_s)$。

（8）已知 u 和 $\bar{\sigma}_{ij}(=s_{ij}-u_s\delta_{ij})$，计算任一土单元的总应力 $\sigma_{ij}(=\bar{\sigma}_{ij}+u\delta_{ij})$。

SPM 应用于贯入分析的重要步骤进一步分析如下：

（1）速度场：应变路径法假设深层贯入时土的变形估算不需要考虑土的本构关系，并且有合理的精度，这就彻底地简化了问题。图 1.9 表明，变形是通过对速度积分求得，而不是通过贯入试验量测等方法来确定变形，进而通过求微分获得应变，这就避免了由于变形测量精度不高而导致微分过程产生较大误差。

针对变形测量最精确的方法——X 射线技术，Levadoux 和 Baligh（1980）估算过 X 射线测量的精度，研究结果表明，即使在非常理想的条件下，涉及不同的应变场时，这一方法也是不够精确的。在粘土的贯入试验中，由于下述原因导致 X 射线技术的使用变得更为复杂：①贯入过程中产生非常大的变形梯度，需要非常高的分辨率；②模型试验中不可避免的土性变化；③在合理的曝光时间以及充足的影像分辨率（≈20 cm）条件下，可以被常规 X 射线机器贯入的试样尺寸有限；④为了避免边界效应，贯入仪的尺寸是有限制的。因此，在预测贯入过程中土的变形时，即使有些可以使用的试验测量值，这些数值也不能用来准确估计应变场。

（2）本构关系：贯入过程中土的应变路径是非常复杂的，涉及大应变，现有试验测试的能力，是不能复制出来的。但是，对于一个沿着已知流线的土单元，它的应变路径是已知的，有效应力路径可以采用有效应力模型或者总应力法确定，后者应用了偏应力以及剪切诱发的孔隙水压力模型。在大量流线上不断重复这一计算过程，即可对有效应力场进行评价。

（3）平衡问题：对承受初始各向同性应力的饱和均匀、各向同性粘土，球形空腔扩张带来了一个问题，这一问题恰好可以通过应变路径法解决，这是因为土的应变与材料性质完全无关。而另一方面，在更加符合实际的情况下（例如各向异性粘土），应变一定程度上与材料性质相关，基于简化应变场的解是近似的，通过本构模型计算出来的有效应力不能满足平衡的需要。Baligh（1986）[28, 29]提供了考虑平衡的详细处理方法，并指出如果孔隙水压力 u 可以通过对平衡方程直接积分计算出来，那么 u 值就与积分路径相关。方法一是通过连续求解泊松方程得到孔隙水压力 u，直到获得需要的精度，或者直到数值微分误差不会进一步扩大；方法二是通过求解一个泊松方程，来确定一阶孔隙水压力的分布，并通过求解一组线弹性方程，来确定修正的总应力，以满足平衡方程和边界条件（如贯入仪和土的界面特性）。

Levadoux and Baligh（1980）[37] 采用 SPM 求解得到不同几何规格锥头（60°钝头和 18°尖锥）贯入时的网格变形图。图 1.11 给出了不同规格锥头贯入土体时的变形路径，图 1.12 给出了锥头贯入时不同位置土单元的偏应变路径。

2）贯入过程中的孔压预测

Baligh（1985）[27] 的研究表明，深层贯入问题中，平衡方程可以利用总应力的方式在直角坐标空间中表示出来：

$$\frac{\partial \sigma_{ij}}{\partial x_j} = 0 \tag{1.10}$$

式中，$x_j(=x_1, x_2, x_3)$ 是材料单元的坐标。结合有效应力原理：$\sigma_{ij}=\sigma'_{ij}+\delta_{ij}u$ 及 $\delta_{ij}=\begin{cases}1 & i=j, \\ 0 & i\neq j,\end{cases}$ 公式（1.10）转化为：

$$\frac{\partial u}{\partial x_i} = -\frac{\partial \sigma'_{ij}}{\partial x_j} = g_i \tag{1.11}$$

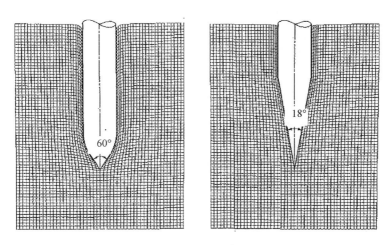

图 1.10   粘土中深贯入引起的网格变形

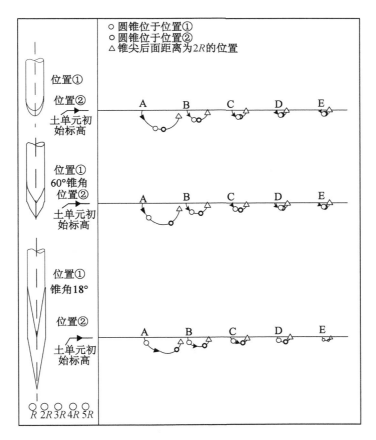

图 1.11   锥头贯入时土的变形路径

15

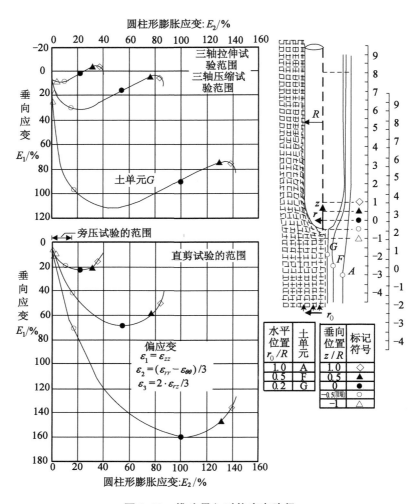

图 1.12　锥头贯入时偏应变路径

如果这一方程使用轴对称坐标系表示,则变为:

$$-\frac{\partial u}{\partial r} = -g_r = \frac{\partial \sigma'_{rr}}{\partial r} + \frac{\partial \sigma'_{rz}}{\partial z} + \frac{\sigma'_{rr} - \sigma'_{\theta\theta}}{r}$$

$$-\frac{\partial u}{\partial z} = -g_z = \frac{\partial \sigma'_{zz}}{\partial z} + \frac{\partial \sigma'_{rz}}{\partial r} + \frac{\sigma'_{rz}}{r} \tag{1.12}$$

理论上,对径向方向或者垂直方向积分可以得到孔隙水压力,而且两个方向积分获得的结果应该正好是相同的,因为预测的孔隙水压力不应该依赖于积分路径。但是,由于应变路径法仅仅是一个近似的方法,从两个方向估算的孔隙水压力并不相同。

图 1.13 展示了正常固结波士顿蓝粘土中使用 MCC 模型及不同平衡方程预测的锥头附近超孔隙水压力,从中可以看出径向和垂向积分得到的孔压在锥头位置明显不同,在探杆位置处则趋于相同;垂向平衡控制着锥尖顶部的孔隙水压力,而径向平衡控制着远离锥尖上部轴处的孔隙压力;孔隙水压力预测依赖于路径是分析中产生不确定性的主要来源。

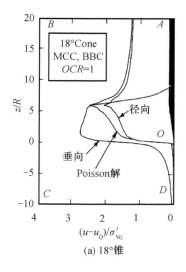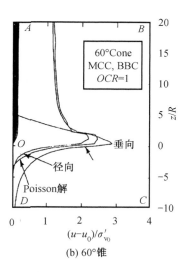

图 1.13　波士顿蓝粘土(BBC)中超孔压沿锥头分布情况

对于这种孔压垂向和径向的不平衡,学者们(Baligh,1985;Teh,1987)[27, 31]提出了用于修正不平衡的迭代格式,如 Baligh(1985)提出了一个有限元方法,解决了孔隙水压力求解取决于积分路径的困难:

$$\nabla^2 u = -\nabla \cdot g = -q$$

式中,$\nabla^2 u$ 是泊松方程,并将 $-q$ 作为一个源项。根据 Aubeny(1992)[32],通过解泊松方程得到的孔隙压力场,不能够满足任何一个平衡条件,但是,这一应力场与积分路径无关。

从图 1.13 可以观察泊松解的情形,得到以下结论:

(1) 远离锥尖的上部区域,泊松解与径向积分解相匹配。由于这一区域的径向积分解认为是可靠的,所以这一区域的泊松解也一样可靠;

(2) 在锥尖的圆锥面以及锥尖前部的中心线上,泊松解与垂向积分解从本质上讲是不同的,两者之间的差距随着锥尖角度的减小不断增大,这种差距主要是由以下两个原因造成的:①锥尖前部的垂向平衡方程认为是符合实际的;②泊松解默认为锥尖角度对锥尖的孔隙压力起主要的影响,这与测量的数据相矛盾(Levadoux 和 Baligh,1980)[37]。因此,使用泊松解预测的圆锥面上以及锥尖前部的超孔隙压力不符合实际,尤其当锥尖角度较小时。

由于锥尖前部垂向平衡方程被认为是更加可靠的,泊松解可以通过在锥尖顶部仅仅考虑垂向平衡方程加以改善。Aubeny(1992)[32]提出如下修正后的泊松公式:

$$q = \nabla^2 u^2 \tag{1.13}$$

同时,给出了三维空间内的平衡方程:

$$-\frac{\partial u}{\partial x} = -g_x = \frac{\partial \sigma'_{xx}}{\partial x} + \frac{\partial \sigma'_{xy}}{\partial y} + \frac{\partial \sigma'_{xz}}{\partial z} \tag{1.14}$$

$$-\frac{\partial u}{\partial y} = -g_y = \frac{\partial \sigma'_{xy}}{\partial x} + \frac{\partial \sigma'_{yy}}{\partial y} + \frac{\partial \sigma'_{yz}}{\partial z} \tag{1.15}$$

$$-\frac{\partial u}{\partial z} = -g_z = \frac{\partial \sigma'_{xz}}{\partial x} + \frac{\partial \sigma'_{yz}}{\partial y} + \frac{\partial \sigma'_{zz}}{\partial z} \tag{1.16}$$

为了消除圆锥面以及锥尖附近不符合实际的径向平衡方程的影响,采用以下修正泊松方程公式的过程:把有问题的区域,通过线 OA 分成两个部分,在上部区域,计算 q 是以所有的平衡方程为根据的;在下部区域,计算 q 仅以垂向平衡方程为根据。对正常固结波士顿蓝粘土,使用锥尖角度为 18°和 60°的贯入仪,以有效应力场为根据,采用 MCC 模型,最后得出的修正泊松解如图 1.14 所示。

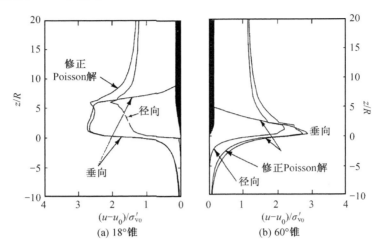

图 1.14　波士顿蓝粘土中不同方法预测得到的圆锥附近超孔隙水压力分布

3) 锥尖形状效应分析

总结了锥尖形状对超孔隙压力分布的影响,分析认为:①在所有的位置,60°圆锥附近的超孔隙压力分布与简单模型桩(simple pile)的超孔隙压力分布是非常相似的,模型桩尖端

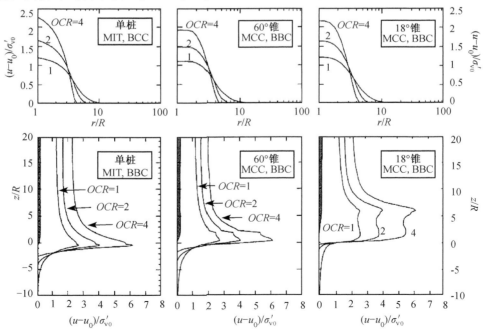

图 1.15　锥尖形状对超孔隙水压力分布的影响

的总垂直应力与锥角 60°标准锥的锥尖阻力非常接近,这些预测证明采用模型桩来模拟标准锥(60°)的贯入是可行的;②锥尖形状(60°锥和 18°锥的对比)对预测圆锥轴上的孔隙压力影响较小(±10%);③圆锥面(60°锥和 18°锥的对比)上预测超孔隙压力变化较小(±10%),因此,圆锥面任一位置土单元的孔隙压力应该与测量值相似;预测孔隙压力梯度比较大的区域在锥底,表明孔隙压力测量值对该区域土单元的位置非常敏感。

　　4)应力历史的影响

　　预测锥尖和锥面超孔隙水压力随着超固结比的增加而急剧增加(超固结比从 1 变化到 4 时,超孔隙压力系数也由 2.0 变化到 2.5),然而锥底超孔隙压力对超固结比的变化非常不敏感,这表明,锥尖或锥面的孔隙压力测量值是描述沉积土应力历史非常可靠的指标。

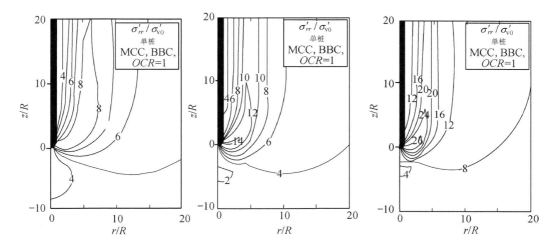

图 1.16　超固结比对有效应力和孔隙压力预测值的影响(a)$\sigma'_{rr}/\sigma'_{v0}$

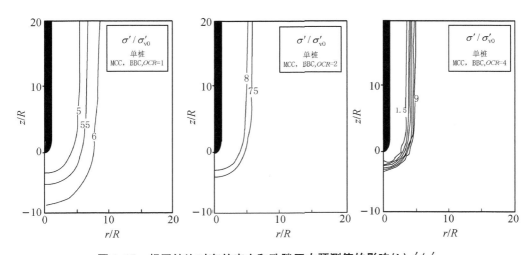

图 1.17　超固结比对有效应力和孔隙压力预测值的影响(b)σ'/σ'_{v0}

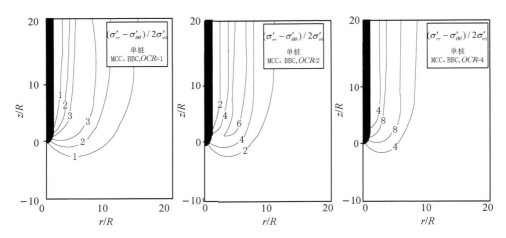

图 1.18　超固结比对有效应力和孔隙压力预测值的影响(contd.)(c)$(\sigma'_{rr}-\sigma'_{\theta\theta})/2\sigma'_{v0}$

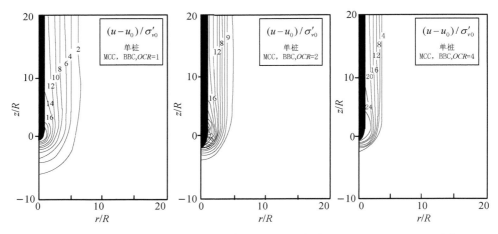

图 1.19　超固结比对有效应力和孔隙压力预测值的影响(contd.)(d)$(u-u_0)/\sigma'_{v0}$

5）土模型的影响

采用 MCC 和 MIT-E3 模型对贯入进行了预测对比,结果表明,土的模型对超孔隙压力预测值的影响较小。但是,在贯入仪的尖端,MIT-E3 预测的超孔隙压力大大地低于 MCC 的预测值。这一现象可以认为是由于 MIT-E3 模型可以模拟应变软化现象。

6）贯入后的孔压消散分析

Baligh 和 Levadoux(1980)[37]使用应变路径法、MIT-T1 总应力模型,对锥角 18°和 60°的圆锥贯入仪,贯入正常固结波士顿蓝粘土的超孔隙压力消散情况进行了分析(如图 1.21 所示)。Teh(1987)[31]采用应变路径法和理想弹塑性模型对贯入问题进行了耦合固结分析(图 1.22),求解时考虑了刚性指数($I_r=G/c_u=25$ 到 100)对计算结果的影响,并使用了时间修正系数 $T^*=\dfrac{c_h\cdot t}{\sqrt{I_R}\cdot R^2}$。这些研究都概括了初始孔隙压力分布对随后的消散曲线的影响,并预测了不同渗透位置处的消散性状。

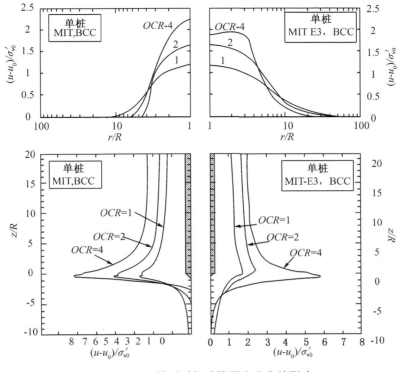

图 1.20　土模型对超孔隙压力分布的影响

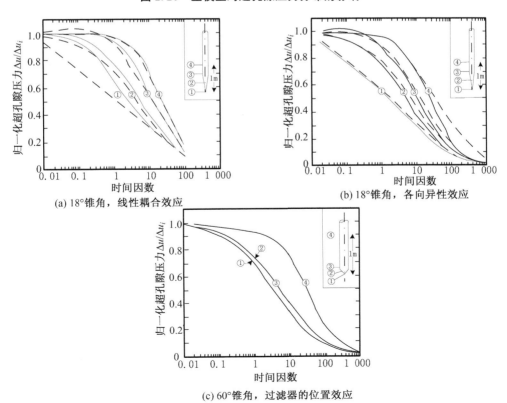

(a) 18°锥角，线性耦合效应

(b) 18°锥角，各向异性效应

(c) 60°锥角，过滤器的位置效应

图 1.21　圆锥贯入仪周围孔隙压力消散的非耦合固结分析[37]

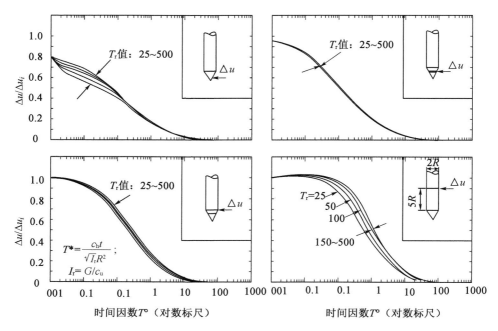

图 1.22　60°锥角贯入仪孔隙压力消散的耦合固结分析(SPM、EPP 土模型)[31]

Baligh 和 Levadoux(1980)[37]将非耦合分析计算出的预测值与波士顿蓝粘土(1 ≤ OCR ≤ 4)的测量值进行了对比,预测值与实验数据相匹配(水平固结系数 c_h = 0.02 ~ 0.04 cm²/s,图 1.23)。图 1.24 中展示了不同透水石位置消散预测结果与实测值的比较,从中可知,当 c_h = 0.02 ~ 0.04 cm²/s 时,试验值与透水石位于锥头中间的预测值相一致;当透水石位于锥底时,一致性虽然不是很令人满意,但是仍然是合理的。图 1.25 为三种不同类型贯入仪消散试验反分析得到的 c_h 值与实测值的比较,从中可以看到:透水石位于锥面中间(锥角 18°)、透水石位于锥尖(锥角 18°)、透水石位于锥尖(锥角 60°),c_h 预测值与基准线一定程度接近,但均具有较大的离散。

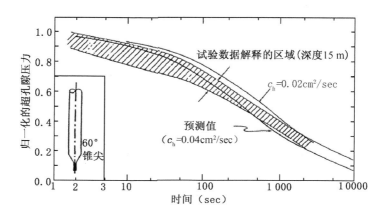

图 1.23　60°锥角探头贯入波士顿蓝粘土时的非耦合消散预测分析

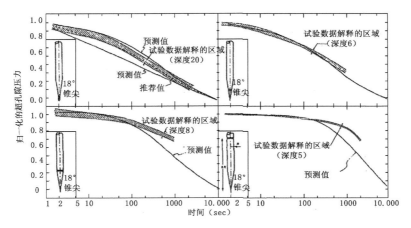

图 1.24　18°锥角探头贯入到波士顿蓝粘土（*OCR*＜2）中的非耦合消散预测评价

（a）透水石位于锥尖；（b）透水石位于锥面中间；（c）透水石位于锥底；（d）透水石位于锥顶端后 16*R* 的位置

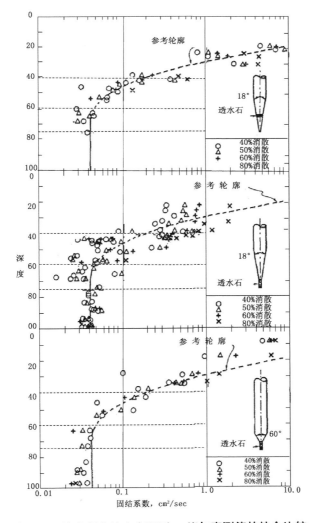

图 1.25　波士顿蓝粘土中预测 c_h 值与实测值的综合比较

1.2.2 数值分析方法

随着数值模拟技术的发展。一些学者采用增量位移有限元方法分析土中 CPTU 贯入机理,对触探阻力进行分析,主要有小变形及大变形分析两种方法。

在小应变分析中,假设锥头进入一个预先成型的孔中,但周围的土仍处于它的初始应力状态。执行一个增量塑性破坏计算,对应的荷载就假设等于锥头阻力。这种方法不太符合实际情况,因为在锥头的贯入过程中,在锥杆附近,侧向应力增大了,锥杆周围的应力变化将导致锥头阻力比用小应变分析得到的更大。Borst 和 Vermeer[38]是最早将小应变分析用于锥头贯入问题的学者之一。Griffths[39]曾通过相似分析得到锥头阻力系数为 9.5。这些分析得到的锥头阻力系数与土的刚度指数无关。

为了把锥头贯入对初始应力状态的影响考虑进去,需要进行大变形分析。因为锥头贯入土中的位移比锥头直径大得多,故需要一个大的贯入位移去模拟锥杆周围应力的增加。Budhu 和 Wu(1991)[40]对粘土,Cividini 和 Giodatsi(1988)[41]对砂土分别进行了大变形分析。他们用了零厚度单元去模拟锥与土之间的摩擦(接触)界面,在他们的分析中,锥土界面的刚度是可以变化的。另外,Kiousis(1988)[42]等也提出了一个大变形分析形式,并将其应用到粘土静力触探的试验分析中。正如 Van den Berg[43]指出的,当用这些模型时,在每一计算步完成后,必须决定新的边界节点的位置。当土锥界面的刚度需要模拟时,该过程是非常复杂的,并且整个数值模拟的健全性也是不清楚的。

Van den Berg(1994)曾用欧拉方程对砂土和粘土中的静力触探进行了复杂的大应变分析。分析中,有限元网格在空间是固定的,而土通过网格“流动”。Van den Berg 的研究表明,当贯入深度达到了锥头直径的 3 倍时,就达到了定常状态。该数值方法考虑了刚度的影响。通过比较发现,对刚度指数范围从 50 到 500 的粘土,Van den Berg 的有限元解比实测结果大约 7%。

我国学者针对 CPT 试验的贯入机理也取得了许多成果,蒋明镜[44]利用二维离散元程序,对粒状材料触探试验进行数值模拟,研究了地基中的应力路径与应力场,讨论了用于触探试验分析的粒状材料本构模型;周健等[45]利用颗粒流理论及其 PFC2D 程序,模拟静力触探的贯入过程及锥尖土体的细观力学特征,重点分析了不同的 K_0 与 OCR 对贯入阻力的影响;马淑芝等[46]采用轴对称有限单元法模拟了 CPTU 探头的动态贯入过程,揭示了应力-应变的变化特征,寻找了超孔隙水压力生成与消散的规律;陈铁林等[47]采用大变形有限元和简单的接触面理论,把静力触探的过程看作边界条件不断改变的过程,数值模拟了静力触探的贯入过程,比较了用弹性模型、修正剑桥模型和砌块体模型的大变形模拟计算结果,表明考虑土体结构强度的砌块体模型的大变形模拟结果具有一定的优势。

许多研究已经表明,当用增量位移有限元法来分析不可压缩固体(如不排水粘土)的行为时,会出现严重的数值求解困难。随着材料可压缩性趋于零,有限元对应力的模拟精度将骤减(如 Sloan 和 Randolph[48], De Borst 和 Vermeer[38], Yu 等[49])。这个问题对不排水粘土中的贯入这类轴对称加载状态尤其明显,往往反映在计算应力分布的强烈摆动和对破坏荷载的高估。所以由有限元法得到的锥头阻力的精度是不确定的。

1.2.3 室内模型试验

由于对土中静力触探进行精确的理论分析存在困难,标定罐(Calibration chamber

testing,大部分为砂槽)和离心模型试验已经用来建立锥头阻力与土性之间的经验关系或进行机理分析,并对理论分析进行验证。

1) 标定罐试验

国外模型试验研究起步较早,开展较多,自动化程度也较高,对标定罐的边界条件、尺寸效应等问题已有较为深入的研究[50, 51]。但所用的标定罐大多较小,直径、高度一般都不超过 2 m,多采用微型探头贯入。为了得到静力触探时土中的位移、应变或应力,试验者们使用了立体照相技术、放射线照相技术、微型位移传感器等不同技术。通过比较,立体照相技术是较好的,它不需要在土中埋设任何部件,而且其测试误差不超过 7%。图 1.26 为 Tumay 得到的 60°锥贯入时引起的流场,表明锥尖下方的土有向下方运动的趋势,而锥面处则向侧方外挤,再折向上。

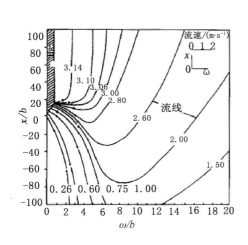

图 1.26　Tumay 的流线图[52]

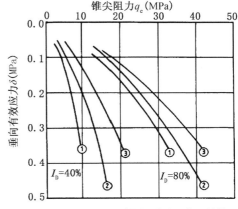

① Schmertmann (1976) 希尔顿矿砂—高压缩性;
② Baldi et al, (1982) 提契诺砂—中等压缩性;
③ Villet & Mitchell (1981) 蒙特利砂—低压缩性。

图 1.27　锥头阻力与相对密度及可压缩性的关系[51]

(1) 锥尖阻力分析:通过标定罐得到的锥头阻力与土的性能之间的关系非常多,主要集中在建立与相对密度、摩擦角、状态参数等之间的关系,如图 1.27 锥头阻力与相对密度及可压缩性的关系[51],图 1.27 展示了 3 种标定罐试验结果,给出了锥头阻力与砂土的相对密度及可压缩性的关系,由比较可知,锥头阻力随相对密度(或内摩擦角)的增大而增大,随可压缩性增大而减小,与前述理论研究结果是一致的。

(2) 临界深度:Kerisel 通过在大型标定罐中对砂土进行触探试验,发现当贯入到一定深度时锥头阻力将不再增加或增加缓慢,如图 1.27 和图 1.28 所示,该深度称为临界深

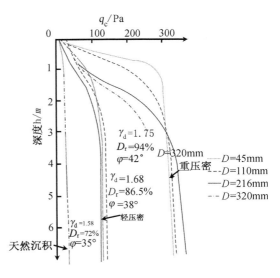

图 1.28　Kerisel 的试验[53]

度,对应的锥尖阻力称为极限锥尖阻力。图 1.28 中 D 为锥头直径, D_r 为相对密度, γ_d 为砂的干容重。砂的相对密度越大,锥头的直径越大,则临界深度越大。松砂中,临界深度往往为 10 倍的锥径,而中密砂为 30 倍锥径,密砂会更大。在饱和砂中的临界深度将较干砂中的大。而极限阻力只与砂的初始密度有关,与锥头直径关系不大,而且砂的饱和与否也基本不影响极限阻力的大小。法国的 Panet,Biarez,Foray,Tcheng 等,美国的 Vesic,加拿大的 Meyerhof 通过试验也证明了上述的结论[6]。

（3）标定罐尺寸效应

由于标定罐尺寸是有限的,标定罐上的边界条件与现场不同,所以尺寸效应不可避免,致使触探阻力与现场观测到的有所不同。柔性边界条件（即加一常压力）下,则标定罐中测得的触探阻力将比现场相同初始应力状态的土中测得的要小;刚性侧向边界条件下（即零位移）,则在标定罐中得到的触探阻力将比现场测得的高。对于砂,标定罐的尺寸效应随砂的相对密度增加而增加,而且对不同的砂是不一致的,如图 1.29 所示 Schnaid 和 Houlsby[54] 的试验结果,图中 σ_h 和 σ_h' 分别为总的及有效初始水平应力。近几年,评估标定罐的尺寸和不同边界条件对所测锥头阻力的影响的方法已取得了重大进展,如 Yu[18],Schnaid 和 Houlsby[54],Salgado 等[50] 的工作。

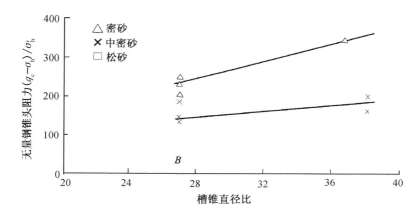

图 1.29　Schnaid 和 Houlsby 的试验结果

2）离心模型试验

虽然早在 1869 年 E. Phillips 就提出了离心模型试验的设想,但一直到 20 世纪 30 年代,这一概念才在美国和前苏联重新提出并开始进行试验工作。经历了 20 世纪 30 年代到 50 年代的创立与探索阶段、60 年代到 80 年代的发展壮大阶段,90 年代以来向大型化、标准化方向发展。

微型静力触探离心试验在欧美国家开展较多,对微型探头几何尺寸效应、砂土颗粒尺寸效应、应力状态效应、边界效应等开展了系列试验,据此对静力触探的机理、基于标定罐的经验公式等进行了分析[55-58]。为分析离心试验结果的可靠性,5 个欧洲的离心实验室（CUED、DIA、ISMES、LCPC、RUB）开展了同等条件下的对比试验（相同土类、沉积环境、应力历史等）,表 1.7 为试验条件汇总表,图 1.30、图 1.31 为试验结果比较。从试验结果中可以看出,不同离心实验室给出的试验结果具有高度相似性,实验结果的重复性和可靠性验证了 CPT 离心试验方法的可行性,通过试验,Bolton 等还给出了 CPT 离心试验的指南建议,包括最小的模型尺寸与探头尺寸比值、探头尺寸与颗粒尺寸比值,可接受的探头试验位置与模型边界距离、不同试验点距离、贯入速率等,试验的标准化建议为不同实验室实验结果的比较创造了条件。

表 1.7　试验参数汇总表

试验	CUED	DIA	ISMES	LCPC	RUB
容器	C	C	C	R	C
类型(mm)	210,850	530	400	1 200×800	100,750
制模方法	H	A	A	A	H
圆锥直径(mm)	10	12	11.3	12	11.3

(R:长方形;C:圆柱形;A:自动全宽下落法制作模型;H:手动下落法制作模型)

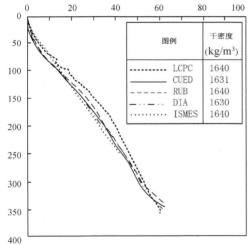

图 1.30　国外 5 个不同实验室 CPT 离心试验曲线的重复性比较

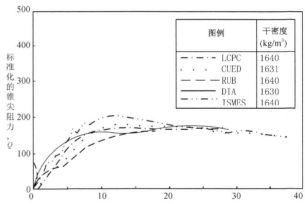

图 1.31　国外 5 个实验室 CPT 离心试验标准化锥尖阻力比较

1.2.4　比较和评价

结合前人试验结果,基于承载力理论、孔穴扩张理论、应变路径方法和有限元法得出的圆锥系数与标定罐试验结果的综合比较见表 1.8[18]。承载力理论表明,圆锥系数和刚度指数无关,其余方法得到的圆锥系数都有随刚度指数增大而增加的趋势;Vesic 对粗糙探头孔穴扩张解仍然低于原位实测平均值;Baligh(1975)孔穴扩张解高估圆锥系数;对光滑探头,Whittle(1992)和 Teh 和 Houlsby(1991)的应变路径解和 Van den Berg 有限元解相差不大。有限的试验数据分析表明:孔穴扩张理论得出的锥头阻力预测值和实测值最为一致。

27

表 1.8　饱和粘土理论圆锥系数与标定罐试验结果的比较[59]

样本	刚度指数 I_r	试验结果 (Kurup et al. 1994)	承载力理论		孔穴扩张理论			应变路径方法		有限元
			Meyerhof, 1961 (Rough cone)	Koumoto and Kaku, 1982 (Rough cone)	Vesic, 1977 (Rough cone)	Baligh, 1975 (Rough cone)	Yu, 1993 (Smooth cone)	Baligh, 1985 and Whittle, 1992 (Smooth cone)	Teh and Houlsby, 1991 (Smooth cone)	Van den Berg, 1994 (Rough cone)
1	267	16	10.4	9.6	11.3	17.5	15.6	12.7	14.3	16.7
1	267	16	10.4	9.6	11.3	17.5	15.6	12.7	14.3	16.7
1	267	14	10.4	9.6	11.3	17.5	15.6	12.7	14.3	16.7
2	100	13	10.4	9.6	10.0	16.6	14.6	10.7	11.9	15.3
2	100	13	10.4	9.6	10.0	16.6	14.6	10.7	11.9	15.3
3	150	15	10.4	9.6	10.6	17.0	15.0	11.5	12.8	15.8
3	150	16	10.4	9.6	10.6	17.0	15.0	11.5	12.8	15.8
3	150	14	10.4	9.6	10.6	17.0	15.0	11.5	12.8	15.8

　　根据以上的回顾与比较,承载力理论虽然简单,但忽略了土的压缩性和探杆周围初始应力的增加,所以不能精确地模拟锥头的深层贯入;孔穴扩张理论提供了一个分析锥头阻力的简单而较精确的方法,它考虑了土的压缩性(或剪胀性)和锥头贯入过程中锥杆周围应力增加的影响,适用于粘土和砂土,但这种方法是将锥头贯入与空洞膨胀之间做了一个等效模拟,不同的模拟方法,得到的结果差别较大,其中 Yu 的孔穴扩张理论解与实际符合得最好;应变路径法能够有效解决饱和粘土中的不排水贯入,但尚不太适用于砂土;有限元法在处理锥头贯入这类慢侵彻问题时缺乏一种很好的处理技术,导致它在进行破坏荷载计算时有显著的误差和数值计算困难;三轴标定罐和离心模型试验在验证和建立锥头阻力与土的性能关系方面起着一个重要作用,但其结果需经过校正后才可应用到现场。

　　实际上,目前还没有一种理论能够精确地描述锥头贯入的整个过程,因为涉及土体的大变形、非线性、土体裂隙的形成及扩展等若干复杂问题,即使较为精确的孔穴扩张理论也是将锥头贯入与空洞膨胀之间作了一个等效模拟,所以对锥头阻力的研究,还需要在方法上进一步发展。另外,土力学基础理论如土的本构理论的不完善同样制约着锥头阻力研究的进展。再者,对非饱和粘土中的一些触探试验规律还没有一个很好的解释,因为此时贯入机理更复杂,控制因素更多,特别是饱和度会对触探规律有很大影响。

1.3　CPT/CPTU 在土性参数确定中的应用

　　基于静力触探估算岩土参数的半经验关系式在可靠性以及实用性方面是有差异的。当传统的静力触探具有附加的传感器时,估算岩土参数的能力得到提高。表 1.9 基于工程实际经验,对基于孔压静力触探估算岩土参数的可靠性进行了估计评价。

　　表 1.10 总结了国内外 CPT/CPTU 在确定土的工程性质指标方面的主要研究成果,据此可以从五个方面对土性进行全面的描述:①土的应力历史与初始应力状态;②强度特性;③变形特性;④固结与渗流特性;⑤动力特性。

表 1.9　基于 CPTU 预测岩土参数可靠性评价[9]

土类	D_r	ψ	K_0	OCR	S_t	S_u	φ'	E, G^*	M	G_0^*	k	c_h
砂土	2～3	2～3	5	5			2～3	2～3	2～3	2～3	3～4	3～4
粘土			2	1	2	1～2	4	2～4	2～3	2～4	2～3	2～3

（1—高，2—高到中等，3—中等，4—中等到低，5—低可靠性，空格—没有实用性，* SCPTu）

表 1.10　应用 CPT/CPTU 确定土工程特性指标的代表性方法[2, 6]

内		容	所用指标及公式（方法）	资料来源
粘性土	状态	γ（重度）	$q_t-\sigma_{v0}$，B_q 迭代法	Larsson & Mulabdic(1991)
			由土分类图查表法	Campanella(1986)
			$\gamma_t = 8.63\log(V_s) - 1.18\log(z) - 0.53$	Mayne (2001)
		K_0（静止侧压力系数）	查 S_u/σ'_{v0}、OCR、I_p、K_0 综合关系曲线法	Andresen(1979)，Booker & Ireland (1965)
			$K_0 = (1 - \sin\varphi')OCR^{\sin\varphi'}$	Mayne & Kulhawy(1982)
			$K_0 = 1.33 (q_t)^{0.22} (\sigma'_{v0})^{-0.31} OCR^{0.27}$	Mayne & Martin(1998)
			$K_0 = 0.1(q_t - \sigma_{v0}) / \sigma'_{v0}$	Kulhawy & Mayne(1990)
			$K_0 = K_{0NC} OCR^\alpha$	Mayne(1995)
			$PPSV - K_0$，$PPSV = (u_1 - u_2)/\sigma'_{v0}$	Sully 和 Campanella(1991)
		OCR（超固结比）或前期固结压力 σ'_p	查 S_u/σ'_{v0}、I_p、OCR 综合关系曲线法	Schmetmann(1974，1975)
			f_s、OCR	Masood 和 Mitchell(1993)
			$OCR = 0.66 + 1.43(PPD)$	Sully et al. (1988)
			$OCR = 2[(q_t - u_2)/(\sigma'_{v0}(1.95M + 1))]^{1.33}$	Mayne(1991)
			$OCR = k\left(\dfrac{q_t - \sigma_{v0}}{\sigma'_{v0}}\right)$	Lunne 等(1997)
			$\sigma'_p = \dfrac{q_t - \sigma_{v0}}{N_{\sigma t}}$	Mayne(1988)、Tavenas(1979)
			$\sigma'_p = 0.33 (q_t - \sigma_{v0})^m$	Mayne(2005)
			$\sigma'_r = K_{EPP}(u - u_0)$	Mayne 等(1988)
			$\sigma'_p = \dfrac{q_1 - u}{N_{\sigma e}}$	Larsson(1991)，Chen(1995)
		S_t（灵敏度）	$S_t = N_s/R_f$	Schmertmann(1978)
			由 f_s, q_c, u 推导 $S_t = S_u/S'_u$	Quiros 和 Young, 1988
	强度	S_u（不排水强度）	$q_c = N_c \cdot S_u + \sigma_o$	理论公式
			$S_u = \dfrac{(q_c - \sigma_{v0})}{N_k}$	
			$S_u = \dfrac{(q_t - \sigma_{v0})}{N_{kt}}$	Lunne(1995)
			$S_u = q_e/N_{ke} = (q_t - u_2)/N_{ke}$	Senneset (1982)
			$S_u = \dfrac{\Delta u}{N_{\Delta u}}$	Lunne, Campanella, Robertson (1985)等
			$(S_u/\sigma'_{v0})_{OC} = (S_u/\sigma'_{v0})_{NC} OCR^\Lambda$	Wroth & Houlsby, 1985

内	容		所用指标及公式（方法）	资料来源
粘性土	强度	φ'（有效内摩擦角）	$\varphi' = \arctan[0.1 + 0.38\log(q_c/\sigma'_{v0})]$	Robertson & Campanella(1983)
			$\varphi' = 20° + \sqrt{15.4\,(N_1)_{60}}$	Mayne(1998)
	变形	E_s（压缩模量）	$E_s = \alpha_m \cdot q_c$	Sanglerat(1972)
			$E_i = \alpha_i q_n = \alpha_i(q_t - \sigma_{v0})$（OC 土） $E_n = \alpha_n q_n = \alpha_n(q_t - \sigma_{v0})$（NC 土）	Senneset(1982，1989)
			$E_s = 8.25(q_t - \sigma_{v0})$	Kulhawy & Mayne(1990)
		E_u（不排水杨氏模量）	$E_u = nS_u$	Ladd(1977)
	动力	G_0（低应变剪切模量）；E（中等刚度）	$G_0 = 99.5(P_a)^{0.305}(q_t)^{0.695}/(e_0)^{1.130}$	Mayne & Rix(1993)
			$G_0 = \rho_T V_S^2$，$E_0 = 2G_0(1+\nu)$	(Tatsuoka & Shibuya, 1992; Jardine, et al., 1991)
			$E/E_0 = 1 - f(q/q_{ult})^g$	Fahey & Carter, 1993; Fahey et al. 1994
			$E/E_0 = 1 - (q/q_{ult})^{0.3}$	Fahey, 1998; Mayne, 2001
粘性土	渗透固结	c_h（水平固结系数）	$c_h = (m/D_u)^2 (I_r)^{1/2} \cdot d^2$	Teh(1987)
			$c_h = \dfrac{T_{50}}{t_{50}} r_0^2$	Torstensson(1975，1977)
			$T^* = \dfrac{c_h t}{r^2 \sqrt{I_r}}$	Houlsby 和 Teh(1988)
		k_h（水平渗透系数）	$k = c_h \gamma_w / D'$	Mayne(2001)
			$k_h = \gamma_w \cdot RR \cdot c_h/(2.3 \cdot \sigma'_{v0})$	Baligh & Levadoux(1980)
			$k(\text{cm/s}) = (251 t_{50})^{-1.25}$	Parez & Fauriel(1988)
			基于 CPTU 分类图进行估算	Robertson et al.(1986，1990)
砂土	状态	D_r（相对密度）	采用 q_c、σ'_{v0} 确定	Schmertmann(1975)
			$D_r(100\%) = 66\log(q_c/\sqrt{\sigma'_{v0}}) - 98$	Jamiolkowski(1985)
			$D_r = \ln(q_c/(C_0(\sigma')^{C_1}))/C_2$	Baldi et al.(1986)
			$D_r^2 = q_{c1}/(305 Q_c \cdot Q_{OCR} \cdot Q_A)$	Kulhawy & Mayne(1990)
		Ψ（状态参数）	$\dfrac{q_c - \sigma_{mean}}{\sigma'_{mean}} = \kappa \exp^{(-m\Psi)}$	Been et al.(1986)
			$\Psi = \left(\dfrac{A}{B} - \Gamma - \dfrac{V_{sl}}{B(K_0)^{na}} + \lambda\ln\left[\dfrac{\sigma'_v}{3}(1+2K_0)\right]\right)$	Robertson et al.(1995)
		K_0（静止土压力系数）	$K_{0(oc)}/K_{0(nc)} = OCR^{m_1}$	Lunne & Christophersen(1983)
			$K_0 = K_{0(nc)} \cdot OCR^{(1-\sin\varphi')}$	Mayne & Kulhawy(1982)
			$K_0 = 0.35 OCR^{0.65}$	Mayne(1992)
	强度	φ'（有效内摩擦角）	$\varphi' = 17.6° + 11\log[q_c/(\sigma'_{v0})^{0.5}]$	Kulhawy & Mayne(1990)
			$\varphi' = \arctan[0.1 + 0.38\log(q_c/\sigma'_{v0})]$	Robertson & Campanella(1983)

内　　容			所用指标及公式(方法)	资料来源
砂土	变形	E_s(压缩模量)	$E_s = 4q_c$　　　$q_c < 10$ MPa	Lunne & Christophersen(1983)正常固结砂
			$E_s = 2q_c + 20$(MPa)　$10 < q_c < 50$ MPa	
			$E_s = 120$ MPa　　$q_c > 50$ MPa	
			$E_s = 5q_c$　　　$q_c < 50$ MPa	Lunne & Christophersen(1983)超固结砂
			$E_s = 250$ MPa　　$q_c > 50$ MPa	
			$E_s = k \left(\dfrac{\sigma'_{v0}}{p_a} \right)^n$	Eslaamizaad & Robertson(1996)
	动力	G_0(低应变剪切模量)	$G_0 = \rho \cdot V_S^2$	

1.4　CPT/CPTU 在岩土工程实践中的应用

1.4.1　土分层与分类

室内试验土类划分依据土颗粒组成,采用 Casagrande 依据塑性图划分,而静力触探则根据"土的特性"划分。在几十年静力触探技术的发展过程中,利用 CPT 测定的锥尖阻力和侧壁阻力进行土分类方面积累了较多的研究成果。单桥、双桥、CPTU 三种探头所测土层或土类参数均可用来划分土层或土类,但其划分精度有很大差别。用多参数划分比用单参数划分精度高,有经验的人比无经验的人划分精度高,有钻探取样作对比的比没样品的精度高。由于侧壁摩阻力测量存在较多的问题,CPT/CPTU 分类图多以锥尖阻力及孔隙水压力作出;要求以 Q_c(或 q_t)为主,结合 f_s(或 F_R)和孔压值(或孔压参数比)予以划分,并以同一分层内的触探参数值基本相近为原则。表 1.11 为中国与国际上提出的代表性 CPT/CPTU 土分类方法汇总表。

表 1.11　基于 CPT/CPTU 代表性土分类方法[2, 3, 6, 60]

设备类别		代表性方法	分类指标	评价
单桥		武汉地区方法	p_s	中国特有,适用于武汉地区
双桥	中国	规范法(TBJ37-93 铁路系统)	R_f, q_c	铁路系统
		三角图法(孟高头,中国地质大学)	q_c, f_s, R_f	借鉴矿物学中岩石分类法,精度稍有提高,但操作麻烦
		双桥探头分类法(大庆油田设计院和长春地质学院)	R_f, q_c	适用于大庆地区
	国际	Begemann(1953, 1963, 1965)方法	q_c, f_s	基于机械式 CPT
		Schmertmann(1978)方法	q_c, R_f	基于机械式 CPT, Tumay(1985)改进
		Douglas 和 Olsen, 1981 方法	q_c, R_f, f_s, 土性指标 e, LI, K_0	Robertson and Campanella 简化
		Robertson 和 Campanella (1983, 1986, 2010)	q_c, R_f	
		Olsen 和 Mitchell(1995)	归一化锥尖阻力, R_f	

设备类别		代表性方法	分类指标	评价
cptu	中国	规范法(1993，2003，铁四院)	B_q, q_t, t_{50}	铁路系统
		张诚厚(1990)	B_p, $\lg(q_t/\sigma_e)$	划分成砂、粉质土(泥炭)、粘土，相对粗略
	国际	Senneset 和 Janbu(1982)	q_t, B_q	未考虑 Δu 可能小于 0 的因素(超固结、剪胀性土)
		Jones & Rust 图(1982)	u, $q_t - \sigma_{v0}$	考虑了 senneset 图未考虑负孔压的欠缺
		Robertson & Campanella (1986, 1988)	q_t, R_f, B_q, 土性参数 OCR, St	未考虑上覆应力的影响，深度大于 30 m 时分类结果有偏差
		Wroth(1984，1988)，Robertson 归一化土分类法(1990，2010)	$Q_{tn} - F_r$, $Q_{tn} - B_q$, OCR, S_t, φ'	考虑了上覆应力，并简化了土类；国际流行方法
		Jefferies & Davies(1993)	$Q_{tn} - F_r - B$	同时考虑三个参数，并提出了土行为分类指数 I_c
		Eslami & Fellenius(2000)	Q_e, f_s	
		Lunne et al. 分类法(1997)	Q_{tn}, G_0/q_t	
		Schneider(2008)	Q_{t1}, u_2/σ_v'	可区分不同土类中的贯入排水状态
其他方法	基于数学统计的新方法	Zhang & Tumay(2003，2008)		基于概率与模糊理论方法
		Yasser A. Hegazy2002，		聚类分析方法

1) 单桥法

普遍认为划分土类的精度低。但在某一特定地区，根据工程勘察实践，总结出一套行之有效的方法，结合少量钻探和室内土工试验资料对比，用单桥探头测试法划分土层还是可行的。需要指出，同是一类土，不同时代、不同成因及不同密度的 p_s 值可以差别很大；但对于同时代同成因的土层来说，土类和 p_s 值是密切相关的。这个规律是有普遍意义的，即不只限于某一地区。

2) 双桥法

利用双桥探头的 q_c、f_s 和 R_f 判别土类，比单桥探头测试法的精度高得多。因双桥探头利用触探参数 $(q_c$、$f_s)$，可得到摩阻比 R_f，砂的 q_c 值一般很大，R_f 通常小于或等于 1%；均质粘性土 q_c 大于 6 MPa 者很少，R_f 常大于 2%，这就决定了双桥探头判别土类的可能性。

目前认为利用双桥法来判别土的大类是可行的，特别是在地区或场区的地质条件基本清楚的条件下，土层名称还可作进一步的鉴别。双桥法的缺点如下：

(1) 由于锥尖端面存在孔压不平衡效应的影响，对于饱和粘性土，特别是软粘土，在触探深度很大时，使 q_c 值明显地减小，f_s 值也会发生改变，从而使 R_f 值产生明显误差。对于这种情况，则无论采用何种分类图表都存在一个判别精度不足的问题，也是所有双桥探头无法解决的通病。

(2) 国内双桥探头侧壁长度多数在 $134 \sim 219$ mm 之间，仅此而言，f_s 值不能反映厚度小于及等于侧壁长度的土层性质。

(3) 机理研究表明，依土的刚度不同，在锥尖上、下 $5 \sim 10$ 倍探头直径范围内，土层性质会明显地影响 q_c 值。所以当土层厚度不足 0.7 m～1 m 时，砂层的极限值 (q_{cl}) 就不会出现，

粘土的 q_c 值可能变大;而厚度在 15 cm～20 cm 以内的软夹层可能漏失。因此,如需获得精细的土层剖面,配合一定数量的钻探进行连续取芯,定位取样是必需的。

3) CPTU 方法

自从 20 世纪 80 年代 CPTU 开始使用以来,土的分类多采用了孔隙水压力量测信息,分类图大多依锥尖阻力及孔隙压力提出,或使用 CPTU 的三个指标(锥尖阻力、侧壁摩阻力和孔压)。相对双桥法,精度更高,特别是在区分砂层和粘土层、薄夹层的判别方面,精度极高。

探头贯入土中,与锥面及侧壁相接触的土体处于两种不同的应力条件。前者以正应力为主,后者以剪应力为主,因而导致 Δu_d(锥面处)和 Δu_t(锥肩处)具有不同的属性。无论何时,恒有 $\Delta u_d \geqslant 0$;而 Δu_t 可能为负值,特别是在剪胀性明显的土体中。Δu_t 能反映剪切破坏时的行为特征,故建议使用过滤片位于圆柱面处。

现在国外流行的土分类图中以 Robertson & Campamella 图最好,但其未考虑深度对参数的影响,致使部分资料判定有误,如采用与深度有关的参数进行归一化,情况会有所改善。

精确的土质定名是以界限含水量和颗粒分析为依据的,这是静力触探难以达到的精度。必要的钻探与采样分析是必不可少的,特别是在地层结构不清楚的情况下。

1.4.2　CPT/CPTU 在岩土工程设计中的应用

CPT/CPTU 作为原位测试手段之一,其主要目的是为岩土工程设计提供设计参数,在解决一系列岩土工程问题中发挥作用。下表为基于 CPT/CPTU 的工程应用经验给出的可靠性打分表。

表 1.12　CPT/CPTU 成果应用可靠性评价[9]

土类	桩基设计	承载力计算	沉降计算	压实度控制	液化评价
砂土	1～2	1～2	2～3	1～2	1～2
粘土	1～2	1～2	3～4	3～4	
中间土类	1～2	2～3	3～4	2～3	

注:表中的可靠性打分(Rating)是基于目前在不同的土类和设计问题的应用经验作出的,可以作为参考。

表 1.13　岩土工程设计中 CPT/CPTU 应用的代表性方法[2, 6, 9]

设计内容		计算方法	资料来源
桩基	承载力	$q_p = (q_{c1} + q_{c2})/2 \leqslant 15$, 粘土:$f_p = k_c f_s \leqslant 120$	Schmertmann(1978)
		LCPC 法,$f_p = \dfrac{q_c}{\alpha_{LCPC}}$,$q_p = k_c q_{ca}$	Bustamante & Gianeselli(1982)
		欧洲 CPT 设计方法	De Ruiter 和 Beringen(1979)
		$\Delta u < 300$:$\dfrac{f_p}{f_s} = \dfrac{\Delta u + 950}{1\,250}$ $300 < \Delta u < 1\,250$:$\dfrac{f_p}{f_s} = \dfrac{\Delta u - 100}{200}$	Takesue, Sasao, Matsumoto, 1998
		$q_p = C_p q_{eg}$,$f_p = C_s q_e$	Eslami & Fellenius, 1997
		$q_b = (1/3 \sim 1/2)(q_t - \sigma_{v0})$	Powell et al. (2001)

续表

设计内容		计算方法	资料来源
桩基	承载力	砂土：$q_b = 0.1q_t$，粘土：$q_b = q_t - u_b$； $f_p = f_{ctn}(f_s，\Delta u)$	Takesue et al. (1998)，Mayne (2005)
	沉降	$w_t = \dfrac{Q_t I_p}{dE_s}$	Randolph & Wroth, 1978, 1979；Fleming, et al. 1992
浅基础	承载力	$q_u = k_q r D N_q + (k_r r B N_r)/2$	Terzaghi
		$q_{ult} = \overline{q_c}\left(\dfrac{B}{C}\right)\left(1 + \dfrac{D}{B}\right)$	Meryerhof(1956)
		$q_{ult} = R_k q_c + \sigma_{v0}$	Tand 等人(1995)
	沉降量	$s = d_1 d_2 \Delta p \sum\limits_{i=1}^{n} \dfrac{I_{zi}\Delta z}{x q_i}$	Schmertmann(1970, 1978)
		$s = \dfrac{\Delta p B}{2\overline{q_c}}$	Meryerhof(1974)
抗液化分析	液化评判	$(q_c)_{cr} = d_3\left[50 + 200\dfrac{(\tau/\sigma'_{v0}) - 0.1}{(\tau/\sigma'_{v0}) + 0.1}\right]$	Teparaksa(1991)
		$CRR = 0.001\,28q_{c1} - 0.025 + 0.17R_f - 0.028R_f^2 + 0.001\,6R_f^3$	R. S. Olsen(1994)
		$CRR_{7.5} = 0.833\left(\dfrac{Q_{tn,cs}}{1\,000}\right)^3 + 0.05$，当 $Q_{tn,cs} < 50$ $CRR_{7.5} = 93\left(\dfrac{Q_{tn,cs}}{1\,000}\right)^3 + 0.08$，当 $50 < Q_{tn,cs} < 160$	Robertson et al. (1998, 2009)，Youd et al. (2001)
		$CRR_{7.5} = 0.022(V_{S1}/100)^2 + 2.8(1/(V_{S1c} - V_{S1}) - 1/V_{S1c})$	Youd et al. (2001)
		$P_L = \Phi\left(-\dfrac{\begin{array}{c}(q_{c1}^{1.045} + q_{c1}(0.110\cdot R_f) + (0.001\cdot R_f)\\ + c(1 + 0.850\cdot R_f) - 7.177\cdot \ln(CSR)\\ -0.848\cdot\ln(M_w) - 0.002\cdot\ln(\sigma'_v) - 20.923)\end{array}}{1.632}\right)$	Moss et al. (2006)，液化概率判别方法
	与标贯SPT关系	$(q_c/p_a)/N_{60} = 8.5(1 - I_C/4.6)$	Jefferies and Davies(1993)
		$(q_c/p_a)/N_{60}$ 与土类关系表	Robertson(1988)
		$\dfrac{(q_c/p_a)}{N_{60}} = 10^{(1.126\,8 - 0.281\,7I_C)}$	Robertson (2012)
地基处理	质量控制	$\dfrac{q_{cN}}{q_{c1}} = 1 + K\lg N$	Charlie 等(1992)
环境岩土工程	污染评价	矿区尾矿污染，盐水入侵的 RCPT 调查，提出典型场地类型的电阻率参数表	Campanella (1998, 1999)

1.5 CPTU 在基坑与地下工程中的应用研究

1.5.1 试验概况

以长江下游地区的多个基坑工程为依托，开展了现场取样室内试验和 CPTU 原位测试试验，并综合其他原位测试方法测试结果（DHT、PMT、DMT 等），将 CPTU 解译方法应用于地下工程之中，并提出了相应的参数计算确定方法等，扩展了 CPTU 的应用范围。具体试验场地包括：南京长江四桥南北锚碇；泰州长江大桥，崇启大桥，苏州地铁（玉山公园站、星湖街站、红庄站、竹辉路站），上海某场地，南京纬三路过江隧道。试验场地分布见图 1.32 所示，各场地基本地层条件见下表。

图 1.32　SCPTu 试验场地分布图

表 1.14　各试验场地主要土层的物理力学性质

场地名称	土层	层厚（m）	重度/（kN·m⁻³）	w/%	比重	w_L/%	I_p/%	E_s（MPa）
南京长江四桥（北锚）	粉质粘土	1.7	18.1	30.3	2.72	36.2	15.9	4.94
	淤泥质粉质粘土	3.75	18.1	40.1	2.72	34	14.4	3.08
	粉土	5.95	18.9	31.1	2.69	29	5.6	11.3
	粉砂	11	18.8	29.1	2.68		5.7	12.8
	细砂	7.5	18.9	27.8	2.68			12.5
南京长江四桥（南锚）	①₀粉质粘土	3.9	18.9	32.4	2.72	38.2	15.3	4.04
	①₁淤泥质粉质粘土	3.4	17.3	47.9	2.72	39.8	14.8	2.06
	①₂粉砂	3.1	18.9	29.8	2.68			7.85
	①夹淤泥质粉质粘土（夹粉砂）	7.4	17.8	39.5	2.72	34.8	12.1	3.7
	②₁粉砂	7.1	19.1	28	2.68			11.8
	②₃粉质粘土夹粉砂	10.3	18.2	33.9	2.72	32.5	12.1	3.89
崇启大桥	①₂粉质粘土	1.82	18.9	30.3	2.72	33.3	12.7	5.18
	②1淤泥质粉质粘土夹粉砂	4.89	17.9	43.0	2.72	33.8	13.6	3.03
	②₂粉土粉砂	12.55	19.2	30.3	2.69	29.6	5.2	11.3
	③1淤泥质粉质粘土	19.15	17.7	42.6	2.73	38.5	17.6	2.99
	③2淤泥质粉质粘土夹粉砂	5.48	18.5	31.9	2.72	31.14	11.4	4.65
星湖街站（苏州）	③₁粘土	0.9～4.4	19.8	26.	2.73	36.7	19.9	6.28
	③₂粉质粘土	0.5～3.3	19.2	29.3	2.72	32.8	13.2	7.00
	④₁粉土	1～7.1	19.0	30.7	2.70		9.8	11.22
	④₂粉砂	4.4～8.7	19.4	24.7	2.72			13.62
	⑤粉质粘土	3～6.8	19.1	31.9	2.72	34.3	12.9	4.40

续表

场地名称	土层	层厚/(m)	重度/(kN·m⁻³)	w/%	比重	w_L/%	I_p/%	E_s(MPa)
玉山公园站（苏州）	粘土	1.00~4.80	17.7~18.0	22.3~27.4	2.74~2.75	35.9~44.8	24.5	6.71
	粉土夹粉砂	5.50~7.00	17.8~18.1	26.6~36.6	2.75~2.76	30.4~35.8	9.5~10.0	8.05~20.05
	粉质粘土	18.60~22.40	18.0~19.8	31.3~40.0	2.72~2.76	27.8~36.8	10.4~15.9	3.48~4.86
红庄站（苏州）	粘土	0.80~3.80	18.4~18.5	24.3~26.4	2.71~2.74	30.5~38.3	20.4~23.1	8.06
	粉质粘土	5.5~13.6	17.2~18.1	30.1~33.2	2.74~2.76	31.5~32.4	12.4	5.16
	粉质粘土	16.00~22.60	17.8~18.5	33.6	2.74~2.76	32.8	13.1	13.09
竹辉路站（苏州）	粘土	1.70~4.90	17.2~18.1	24.3~26.4	2.71~2.74	25.7	20.3	7.02
	粉质粘土	9.4~11.7	17.2~18.1	30.4	2.74~2.76	31.2	12.9	5.83
	粉质粘土	14.00~20.02	17.8~18.5	30.9	2.74~2.76	30.4	11.7	7.06
上海中心大厦（上海）	粘土	2.3~4.0	18.4	32.0~38.0	2.74	35.1	24.5	3.7
	淤泥	8~10	16.7	45.2~61.9	2.74	46.2	33.1	1.84
	粉质粘土	19~21	17.8	35.1~40.8	2.74	34.9	32.1	5.41
纬三路过江隧道（南京）	粘土	0~3.0	18.4	31.0~34.0	2.74	32.3	18.4	4.2
	淤泥	3~11	18.0	39.1~43.9	2.74	35.7	15.0	3.05
	粉质粘土	7~29	18.6	30.4~35.8	2.74	35.0	14.0	3.23
泰州长江大桥（泰州）	砂质粉土	1~2	18.4	32.0~38.0	2.74	35.1	24.5	2.1~3.5
	粘土	3~5	16.7	45.2~61.9	2.74	46.2	33.1	2.45~6.15
	粉质砂土	16~28	17.8	35.1~40.8	2.74	34.9	32.1	20.50~40.11

　　试验采用美国 Vertek-Hogentogler 公司产地震波孔压静力触探（SCPTu），探头规格符合国际通用标准（ASTM 5778），探头锥底面积为 10 cm²，锥角为 60°，摩擦套筒面积为 150 cm²；孔压传感器位于锥肩位置（u_2）；探头内置温度传感器和测斜传感器，用来进行数据的温度修正及倾斜修正；探头内置小型地震检波器用来测量剪切波速 V_S。试验时，每隔 5 cm 采集一次数据，地震剪切波速在每隔 1 m 静力触探贯入换杆暂停时采集数据；根据场地土层分布情况，在预定位置进行孔压消散试验，消散时间根据最大超孔压和静水压力大小确定。各试验场地 CPTU 典型测试曲线见图 1.33。

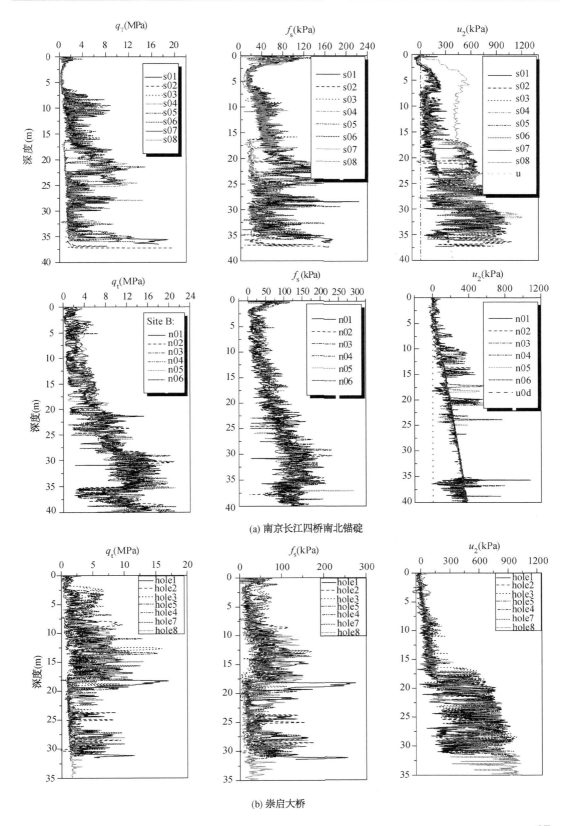

(a) 南京长江四桥南北锚碇

(b) 崇启大桥

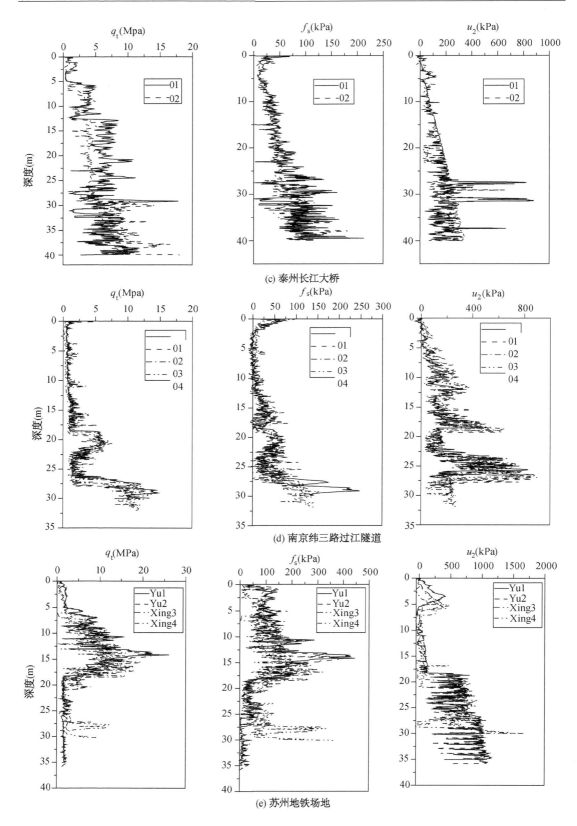

(c) 泰州长江大桥

(d) 南京纬三路过江隧道

(e) 苏州地铁场地

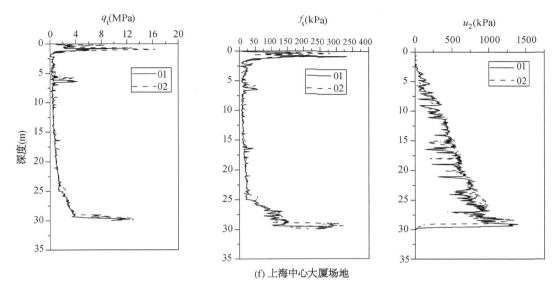

(f) 上海中心大厦场地

图 1.33　各试验场地典型试验曲线

1.5.2　精细化分层与薄(夹)层的探测识别

岩土工程勘察的首要任务是摸清土层空间分布,对土层进行剖面划分。对土层分布的任何疏忽都会造成工程失败,或施工中产生稳定破坏或使用期间产生不能容许的大变形。特别是薄夹层的存在,无论是硬土层中存在的软夹层或软土层中的硬夹层,其危害性都是很大的。而在勘察中往往会产生疏漏,事后原因分析才能发现问题的症结所在,这种情况在国内外工程界多有发生。如果通过现场连续取土技术来进行详细土层剖面的划分,往往耗时费力,代价高昂,工作量很大,而 CPTU 技术的应用则具有很多的优势。

利用常规国产单双桥 CPT 划分土层主要依靠比贯入阻力或锥尖阻力、侧壁摩阻力等,受临界深度效应的影响精度不太高。而通过孔压静力触探,结合孔压等指标划分土层,可以提高其精度,特别是对于薄夹层精度远远高于普通的静力触探。不同土类的渗透性能差别很大,如粘性土的渗透系数很小,孔压触探在粘性土中可测得很高的超孔压值,而在砂土中则相反。所以孔压静力触探在划分土层时能很容易地探测出粘性土中所夹的薄砂层,这对软土工程的勘察、设计、处理十分重要。

1.5.2.1　力学分层与工程地质分层

1) 力学分层

对每一个触探孔绘制各种贯入阻力曲线图 (q_c-H, f_s-H, F_R-H, $u-H$, B_q-H),然后根据相近的 q_c, F_R, B_q 等,将触探孔分层,并计算每一分层参数的平均值。其计算公式可统一表示为:

$$\bar{x} = \frac{1}{n} \sum x_i \tag{1.17}$$

式中,$\bar{x}$ —各触探参数每一层平均值;x_i —各层触探参数;n —各层触探参数统计数。

应用上述公式分层求每层触探参数平均值时,应该注意以下几点:

（1）当每层厚度大于 1 m，且土质较均匀时，应扣除其上部滞后深度和下部超前深度范围的触探参数值。

（2）对于分层厚度不足 1 m 的均质土层，如为软土层，应取其最小值为层平均值；如为硬土层，应取其最大值为层平均值（最大值上下各 20 cm 范围内的大值平均值）。

（3）分层曲线中，如遇特殊大值应予以剔除，不参与平均计算。

2）工程地质分层

利用触探测试成果划分土层应结合钻探取样资料或当地经验，进一步分层变为工程地质分层，其办法是：

（1）根据贯入曲线特征和参数值大小（见表 1.15），结合土类划分的具体标准，进行工程地质分层。

表 1.15　各种土层的孔压静探所测参数与深度曲线特征

土层	q_c-H 曲线特征	F_R-H 曲线特征	$u-H$ 曲线特征
淤泥或淤泥质粘土	1. q_c 值很低，淤泥的 q_c 小于 0.5 MPa，淤泥质粘土 q_c 小于 1.0 MPa； 2. q_c-H 曲线平滑的，近似垂线状，一般无突变现象，只有遇到贝壳才突变	对于淤泥，F_R 值很小；对于淤泥质粘土，F_R 值大于 2%	1. 淤泥中的超孔压 Δu 很小； 2. 淤泥质粘土的 Δu 很大，且 $u-H$ 曲线明显偏离 u_w-H 曲线
粘土及粉质粘土	1. q_c 值较高，q_c-H 曲线有缓慢的波形起伏； 2. q_c 值偏离平均值在 ±（10%～20%）； 3. 粘性土层中如有薄砂层或结核层出现，q_c 会出现突变现象	F_R 值一般大于 2%	1. Δu 值较高； 2. $u-H$ 曲线明显高于 u_w-H 曲线
粉土	1. 曲线起伏较大，其波峰和波谷呈圆形，变化频率较小； 2. q_c 值偏离平均值在 ±（30%～40%）	F_R 值一般在 1%～2%	1. Δu 值较低； 2. $u-H$ 曲线稍高于 u_w-H 曲线
砂土	1. q_c 值明显比上述地层偏大，且变化频率和幅度较大； 2. q_c-H 曲线呈锯齿状，波峰和波谷呈尖形	F_R 值大于 2%	1. Δu 值一般为 0； 2. $u-H$ 曲线与 u_w-H 曲线重合
杂填土	曲线变化无规律，往往出现突变现象	无规律	无规律
基岩分化层	1. q_c 值大，明显高于一般土层的 q_c； 2. q_c-H 曲线起伏较大； 3. q_c 值一般随深度增加而迅速增大	软岩风化成土时，其曲线特征类似粘土中的特征；坚硬岩石风化成碎石土或砂土时，其曲线特征类似砂土特征	无规律

（2）用临界深度概念准确确定各土层分界面

探头前后一定范围内的土质性质均对触探参数有影响。因此，每个参数是探头上下一定厚度土层的综合贯入阻力值。模型试验以及实测表明，地表新近沉积的厚层均质土的贯入阻力自地表向下是逐渐增大的。当超过一定深度后，阻值才趋于近似常数值。这个地层表面下的"一定深度"，称为临界深度（H_{cr}）。如下层土硬，阻值随探头贯入深度而继续增大；如下层土软，则变小，这一变化称为滞后段。同样下层也有一个变化段，称为超前段；滞后段与超前段可统称为层面影响段。因此每一层的阻力曲线都有超前段、近似常数段和滞后段。

显然近似常数段的平均值才是该土层的真实阻力值。土层分界面应基本位于层面影响段的中间位置。需要说明的是，临界深度在砂土中表现明显而在粘性土中基本不存在。

（3）土中的夹层

划分土层还应注意判别土中的夹层。对于粘土中的薄砂层或透镜体，因其排水性能，一直是软粘土勘察、处理上特别重视的。

夹层的存在使锥尖阻力 q_c 和孔压 u 反映异常。这是因为 q_c 和 u 都受锥尖周围土性的影响明显。前述国内外开展的标定灌试验研究表明锥尖的感受范围为其上下 5～10 倍探头直径的区域，而且这一范围随着土层刚度的增加而变大。在互层地基中，使锥尖阻力能够充分反映（即 q_c 达到该土层的最大值）的硬土层厚度最小为 10～20 倍探头直径，所以对于标准的 10 cm^2 电测探头，能保证锥尖阻力达到最大值的硬土层厚度是 36～72 cm，但软土层中，即使层厚远远小于 36 cm，锥尖阻力也能够充分反映。

孔压则集中反映了探头锥尖附近的土性。为了帮助识别粘土地基中极薄的粉土或砂土夹层，Torstersson（1982）提出并成功利用 u_2 位置的透水滤器（2.5 mm）来测试薄夹层。充分饱和的孔压探头，其频率响应通常在 0.25 s 或更少的时间内测出孔隙水压力的变化，这相当于在 2 cm/s 的标准贯入速率下测出厚度 5 mm 或更薄的土层。

（4）划分土层剖面

经过土层划分与土类定名之后，可以绘制出土层剖面，将此所划分的土层剖面与工程勘察中的钻探取样相配合，使勘察精度进一步提高。下图是利用 CPTU 划分的土层剖面与工程勘察钻孔取样划分的剖面的比较。

由图 1.34 可以看出，在 23～30 m 的②$_3$ 粉质粘土夹粉砂层中，通过孔压静力触探曲线可以很明显地分辨出多层的薄粉砂层，图 1.35 对这一部分进行了细化。由图 1.36 可以看出，在 7.65～26.65 m 的③$_1$ 淤泥质粉质粘土夹粉砂层中，通过孔压静力触探曲线可以很明显的分辨出 2 层薄粉砂层，图 1.37 对这一部分进行了细化。

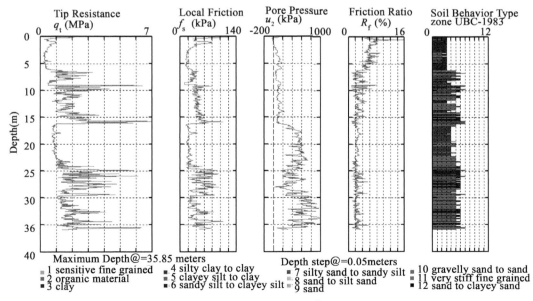

（a）基于 SCPTu 的场地土层划分（Robertson & Campanella 分类法，1986）

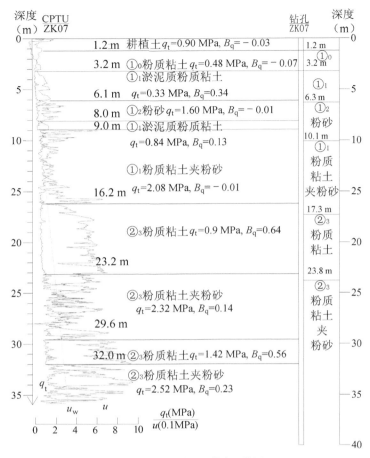

（b）CPTU 与钻孔记录综合比较图

图 1.34　孔压静力触探与钻孔取样划分剖面的比较图（南京长江四桥南锚）

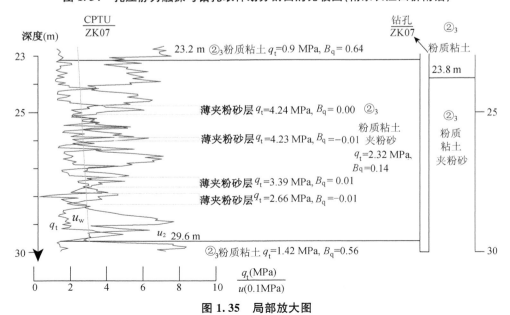

图 1.35　局部放大图

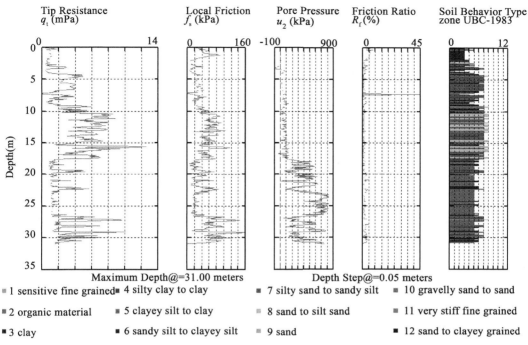

■ 1 sensitive fine grained
■ 2 organic material
■ 3 clay

■ 4 silty clay to clay
■ 5 clayey silt to clay
■ 6 sandy silt to clayey silt

■ 7 silty sand to sandy silt
■ 8 sand to silt sand
■ 9 sand

■ 10 gravelly sand to sand
■ 11 very stiff fine grained
■ 12 sand to clayey grained

(a) 基于 SCPTu 的场地土层划分示意图(Robertson & Campanella 分类法, 1986)

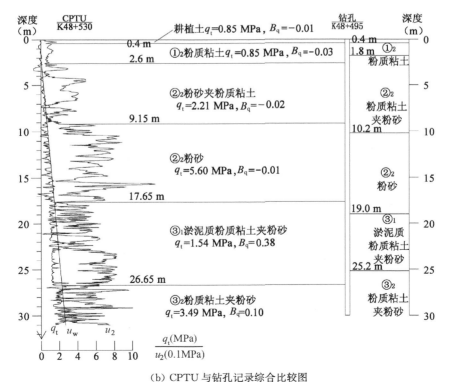

(b) CPTU 与钻孔记录综合比较图

图 1.36   孔压静力触探与钻孔取样划分剖面的比较图(崇启大桥)

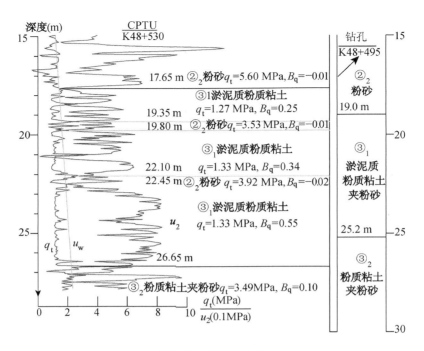

图 1.37　局部放大图

1.5.2.2　基于最优分割理论的力学分层[61]

在图 1.39 中可以看出,即使在同一工程地质土层锥尖阻力 q_t 还是有很大的变化,而计算沉降时变形指标压缩模量是根据锥尖阻力 q_t 来确定的,为了提高地基沉降的计算精度,还必须根据锥尖阻力的变化对每一工程地质土层进一步进行细分层。本节将采用多变量统计分析中的最优分割理论[62],根据锥尖阻力 q_t 对每一工程地质土层再进行力学分层。

众所周知孔压静力触探数据是一个随深度变化的有序数列,前后数据不可调换。最优分割方法就是把这种有序数列进行最优分割,即分层,使层内数据差别尽量地小,层间数据差别尽量地大。

多变量统计分析中的最优分割理论具体方法如下:

设有 N 个按一定顺序排列的样品,每个样品测得 M 项指标,其原始资料矩阵:

$$\boldsymbol{X} = \begin{bmatrix} X_{11} & X_{12} & \cdots & X_{1N} \\ X_{21} & X_{22} & \cdots & X_{2N} \\ \cdots & \cdots & \cdots & \cdots \\ X_{M1} & X_{M2} & \cdots & X_{MN} \end{bmatrix} \tag{1.18}$$

其中元素 X_{ij} 表示第 j 个样品的第 i 个指标的观测值,现要求把这 N 个样品按顺序(不破坏序列的连续性)进行分割(分层)。其中可能的分法有:

$$C_{N-1}^1 + C_{N-1}^2 + C_{N-1}^3 + \cdots\cdots + C_{N-1}^{N-1} = 2^{N-1} - 1 \tag{1.19}$$

在所有的分法中,找出一种满足各段内部样品之间的差异最小,而各段之间差异最大的分法即为最优分割法。

如果把 N 个样品分为若干段,若从第 i 个样品到第 j 个样品为其中某一段,则该段内的差异用变差来表示,段内变差用 d_{ij} 来表示:

$$d_{ij} = \sum_{\beta=i}^{j} \sum_{\alpha=1}^{M} (X_{\alpha\beta} - \overline{X}_\alpha(i, j))^2 \quad (i, j = 1, 2, \cdots, N) \tag{1.20}$$

其中:

$$\overline{X}_\alpha(i, j) = \frac{1}{j-i+1} \sum_{\beta=i}^{j} X_{\alpha\beta} \tag{1.21}$$

因为

$$d_{ij} = \begin{cases} 0 & i = j \\ d_{ij} & i \neq j \end{cases} \tag{1.22}$$

故只需计算 $\dfrac{N(N-1)}{2}$ 个 $(1 \leqslant i, j \leqslant N)$ 而得矩阵

$$\boldsymbol{D} = \begin{bmatrix} d_{12} & d_{13} & \cdots & d_{1N} \\ & d_{23} & \cdots & d_{2N} \\ & & & \vdots \\ & & & d_{N-1, N} \end{bmatrix} \tag{1.23}$$

下面介绍一个指标 $(M = 1)$ 的情况来说明最优分割的基本方法,即设原始资料矩阵为:

$$\boldsymbol{X} = [X_1, X_2, X_3, \cdots, X_N] \tag{1.24}$$

下面先介绍最优二分割的方法,再介绍最优 K 分割的方法。

1）最优二分割

二分割,即把 N 个样品 $[X_1, X_2, X_3, \cdots, X_N]$ 从中间切一刀,分成两段,共有 $N-1$ 种方法:

$$\begin{bmatrix} \{X_1\}, \{X_2, X_3, \cdots, X_N\} \\ \{X_1, X_2\}, \{X_3, X_4, \cdots, X_N\} \\ \cdots\cdots\cdots\cdots\cdots\cdots\cdots\cdots\cdots \\ \{X_1, X_2, \cdots, X_{N-1}\}, \{X_N\} \end{bmatrix} \tag{1.25}$$

那么这 $N-1$ 种分割方法中哪种分法最优呢？则只需分别计算这 $N-1$ 种分法所对应的总变差,找出总变差最小的那种即为最优分割。总变差(用 S 表示)为段内所有变差之和。如果分法为最优,其段内变差和为最小,因而总变差也最小,单指标的变差为:

$$d_{ij} = \sum_{\beta=i}^{j} \left(X_\beta - \overline{X}(i, j)\right)^2 \quad (j = 1, 2, \cdots, N) \tag{1.26}$$

其中：

$$\overline{X}(i, j) = \frac{1}{j - i + 1} \sum_{\beta=i}^{j} X_\beta \tag{1.27}$$

二分割将总变差记为 $S_N(2; j)$ 即 N 个样品在第 j 样品上分割的总变差，则上述 $N-1$ 种分法的总变差分别为：

$$\begin{cases} S_N(2; 1) = d_{11} + d_{2N} \\ S_N(2; 2) = d_{12} + d_{3N} \\ \cdots\cdots\cdots\cdots\cdots\cdots\cdots\cdots \\ S_N(2; N-1) = d_{1N-1} + d_{NN} \end{cases} \tag{1.28}$$

而 $d_{11} = d_{22} = d_{33} = \cdots = d_{NN} = 0$。

设 $j = a$ 时，$S_N(2; j)$ 为最小值，则

$$S_N(2; a) = \min_{1 \leqslant j \leqslant N-1} S_N(2; j) \tag{1.29}$$

这时最优分割为 $\{X_1, X_2, \cdots, X_a\}$，$\{X_{a+1}, \cdots, X_N\}$。

2）最优 K 分割

对 $X = \{X_1, X_2, X_3, \cdots, X_N\}$ 样品进行最优 $K(K > 1)$ 分割，可先找出前 j 个样品进行最优 $K-1$ 分割的总变差：

$$S_N(K-1; a_1, a_2, \cdots, a_{K-2}) \quad (j = N-1, N-2, \cdots, K-1) \tag{1.30}$$

其中 $a_i(i = 1, 2, \cdots, K-2)$ 表示前 j 个样品的第 i 个分割点。

$$\begin{bmatrix} \{X_1, X_2, \cdots, X_{a_1}\} \\ \{X_{a_1+1}, \cdots, X_{a_2}\} \\ \cdots\cdots\cdots\cdots\cdots\cdots \\ \{X_{a_{K-2}+1}, \cdots, X_j\} \\ \{X_{j+1}, \cdots, X_N\} \end{bmatrix} \tag{1.31}$$

而由式（1.31）构成一个 K 分割，但不一定是最优的 K 分割，可选择一个使下式为最小的 j：

$$S_N(K; a_1, a_2, \cdots, a_{K-2}, j) = S_j(K-1; a_1, a_2, \cdots, a_{K-2}) + d_{j+1N} \tag{1.32}$$

即得到最优的 K 分割，设 $j = a_{K-1}$ 时，$S_N(K; a_1, a_2, \cdots, a_{K-2}, j)$ 最小，即：

$$S_N(K; a_1, a_2, \cdots, a_{K-1}) = \min_{K-1 < j < N-1} S_N(K; a_1, a_2, \cdots, a_{K-2}, j) \tag{1.33}$$

可得到最优 K 分割：

$$\begin{bmatrix} \{X_1,\ X_2,\ \cdots,\ X_{a_1}\} \\ \{X_{a_1+1},\ \cdots,\ X_{a_2}\} \\ \cdots\cdots\cdots\cdots\cdots \\ \{X_{a_{K-2}+1},\ \cdots,\ X_j\} \\ \{X_{a_{K-1}},\ \cdots,\ X_N\} \end{bmatrix} \tag{1.34}$$

图 1.38 是最优分割理论计算的流程图,根据流程图最优分割理论的计算步骤如下:

(1) 输入初始数据,即输入各工程地质分层对应的 CPTU 测试的锥尖阻力 q_t 有序数列。

(2) 对输入的初始数据进行正规化。设原始资料矩阵如公式(1.24)所示,将矩阵 $\boldsymbol{X}$ 中的元素 X_i 变换为:

$$Z_i = (X_i - X_{min})/(X_{max} - X_{min})\quad i = 1,\ 2,\ \cdots,\ N \tag{1.35}$$

而得到矩阵
$$Z = \{Z_1,\ Z_2,\ Z_3,\ \cdots,\ Z_N\} \tag{1.36}$$

(3) 用公式(1.23)计算变差矩阵 $\boldsymbol{D}$。

(4) 先进行最优 2 分割,再进行最优 3 分割,……一直进行到最优 K 分割。最优分割的类数 K 可以根据总变差 $S_N(K;\ a_1,\ a_2,\ \cdots,\ a_{K-1})$ 值的变化确定。

$$\delta = \frac{S_N(K) - S_N(K-1)}{S_N(K-1)} \times 100\% \tag{1.37}$$

式中,$S_N(K-1)$ 与 $S_N(K)$ 分别是最优 $K-1$ 分割与最优 K 分割的总变差。

根据 δ 值确定最优分割的类数,当 $\delta < 5\%$ 时,则最优分割的类数为 K。

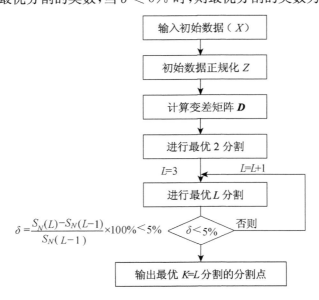

图 1.38　最优 K 分割流程图

1.5.2.3 基于最优分割理论的地基分层工程实例

下面将以南京长江第四大桥锚碇地基土层的分层为例,说明所提出的工程地质分层联合最优分割理论进行地基沉降计算分层的优势。常规来说,一般在图 1.39 所示地基分层基础上进行相应的地基沉降计算。从图中可以看出,由于地处特殊的长江漫滩沉积环境,该场地地层变化剧烈,粘土层与粉土、粉质粘土、粉砂土互层,按钻孔资料提出的地层剖面划分实际上非常粗糙,同一层内往往也有很大的变化(如 CPTU 测试显示),按常规的层内等厚分层的方法,毫无疑问造成沉降计算等产生很大的误差。

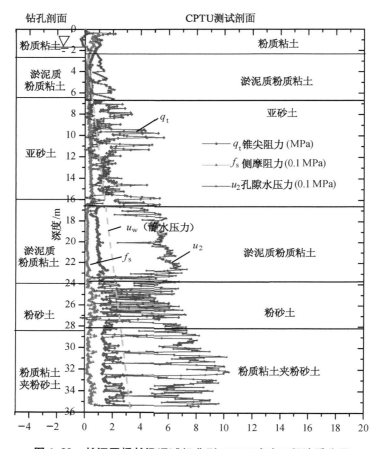

图 1.39　长江四桥长江漫滩相典型 CPTU 试验工程地质分层

图 1.40(a)、(b)、(c)、(e)、(f)是根据最优分割理论分别对图 1.39 长江四桥长江漫滩相软土工程地质分层的粉质粘土、淤泥质粉质粘土、亚砂土、淤泥质粉质粘土、粉砂土与粉质粘土夹粉砂土进行力学分层的结果。从图 1.40 中可以看出,最优分割理论能够很好地根据锥尖阻力 q_t 的变化来对地基土进行分层,充分地反映了地基土的变形指标随深度的变化,从而在进行沉降计算时充分利用 CPTU 测试数据的连续性的优点。在利用分层总和法计算沉降时,根据 CPTU 测试锥尖阻力 q_t 数据利用最优分割理论对地基土进行分层,能够避免传统分层方法的人为性及粗糙性,提高沉降计算的精度。

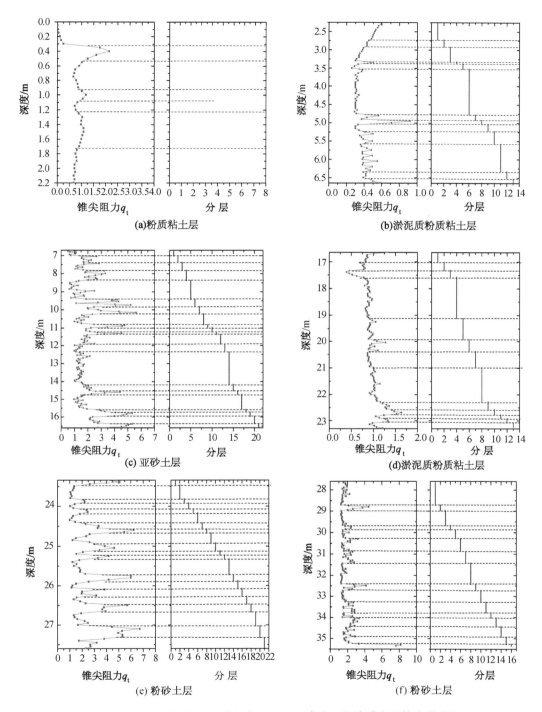

图 1.40　长江四桥长江漫滩相典型 CPTU 试验工程地质分层的力学分层

1.5.3　基坑工程设计中抗剪强度参数确定方法

基坑工程中,岩土的抗剪强度参数主要是指粘聚力、内摩擦角、不排水抗剪强度等,强度参数决定着支护结构所受力的大小、基坑工程的稳定程度,不同的强度参数值将影响支护方案的选择,其合理取值对基坑工程的安全性、经济性有着重要的影响,因此如何选取抗剪强度指标在基坑工程设计中显得尤为重要,一直是岩土工程界讨论的热点问题。

目前,基坑工程中直接测定土体强度参数的方法主要有两类:一类是原位测试法,包括标贯、十字板剪切试验、静力触探试验等;另一类为室内试验法,如直剪试验(包括快剪、固结快剪)、三轴剪切试验(包括 UU、CU 试验)等,如下表所示。

表 1.16 基坑降水与不降水时土体强度试验方法一览表

基坑降水情况	土质	土的特性	试验方法
基坑降水	粘性土	排水固结过程	CD、CU
	淤泥质土	处于饱和状态不能排水固结	UU
基坑不降水	淤泥质土	处于饱和状态不能排水固结	UU
基坑无论降水与不降水	粘性土(特别是老粘土)	不排水	CU
	淤泥质土		UU
	粘质粉土、粉质粘土、粉土	排水或不排水	CD、CU

实践中,强度参数的获取主要依赖于室内三轴试验和直剪试验,但由于钻孔取样、运输、储存都会对土样的扰动,土样应力状态发生了变化,同时在室内试验中对试样的排水条件进行了规定,这样不能很好的反映土样原位的情况。正如沈珠江院士[1]所说的:"尽管可以通过努力把取样扰动和切样扰动降低到最小限度,但是试样从地层深部取出时因应力释放而引起的扰动是永远无法避免的。"尤其对于无粘性粉细砂土等很难取样及室内试验,这就为利用原位测试的方法来获取 C、φ 值提供了必要性。

1.5.3.1 不排水强度对比研究分析

1)基于 CPTU 测试的连云港海相粘土 S_u 值预测

采用现场十字板测试的 S_u 作为参考值,利用量测的净锥尖阻力、超孔压、有效锥尖阻力分别反演 N_k、$N_{\Delta u}$ 和 N_{ke},进而估算类似场地条件下的 S_u。图 1.41 分别为连云港海相粘土 N_k、$N_{\Delta u}$ 和 N_{ke} 的反演,由图中知,$N_k = 16$,$N_{\Delta u} = 8.5$,$N_{ke} = 11.3$。回归经验公式如下:

(a) $S_u = \dfrac{q_t - \sigma_{v0}}{N} = \dfrac{q_t - \sigma_{v0}}{16}$ $R^2 = 0.85$

(b) $S_u = \dfrac{u_2 - u_0}{8.5}$ $R^2 = 0.73$

(c) $S_u = \dfrac{q_t - u_2}{11.3}$ $R^2 = 0.63$

线性回归比较还发现,采用净锥尖阻力预测 S_u 相关性最高,$R^2 = 0.85$。因此可以采用 CPTU 净锥尖阻力预测连云港海相粘土的 S_u。对连云港海相粘土,可以进一步分析 $N_{\Delta u}$ 与 B_q 关系如下:

$$N_{\Delta u} = 10.5 B_q (R^2 = 0.87)$$

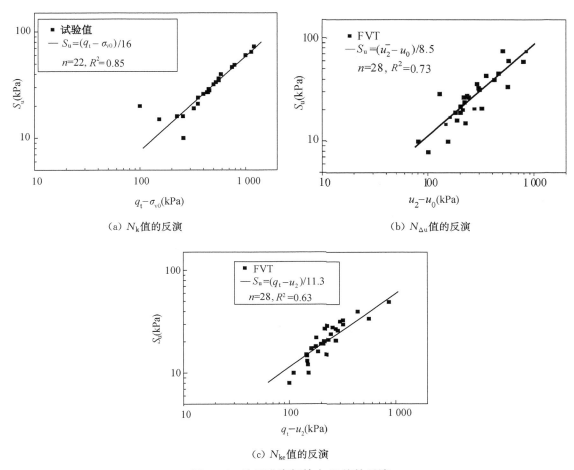

（a）N_k 值的反演

（b）$N_{\Delta u}$ 值的反演

（c）N_{ke} 值的反演

图 1.41　连云港海相粘土 N 值的反演

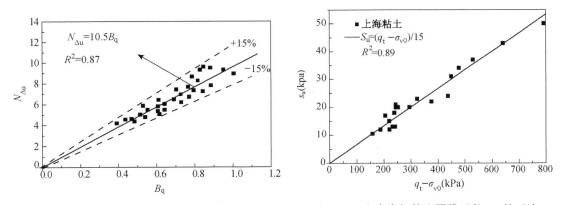

图 1.42　由 B_q 估算孔压圆锥系数 $N_{\Delta u}$　　　**图 1.43　上海海相软土圆锥系数 N_{kt} 的反演**

2）基于 CPTU 测试的上海海相粘土 S_u 值预测

为了更准确的说明 S_u 和 q_t 之间关系,首先采用室内三轴不固结不排水试验（UU）所得的 S_u 来反演 N_{kt} 值,然后再估算整个场地软土层的不排水强度值,并与室内 UU 试验结果进行比较。如图 1.43 所示,反演得到的 N_{kt} 值近似等于 15,相关系数为 0.89,UU 试验值与

q_t 之间存在很好的线性相关关系,这与前人的研究是一致的。

图 1.44 为基于反演值 $N_{kt} = 15$ 预测的 S_u 值与 UU 试验值的比较。从比较结果可以看出,上部 2~3 m 土层不排水强度值变化幅度较大,充分说明了杂填土的不均匀性,对于上海海相土层,随着深度的增加,不排水强度的值是逐渐增大的;图中 UU 试验值跟 CPTU 预测值的变化趋势总体上是一致的,在相同深度处,基于 CPTU 的预测值与 UU 试验值基本一致;同一场地的地质成因相近,基于该场地样本反演出的 N_{kt} 值适用于整个场地不排水强度值的预测。

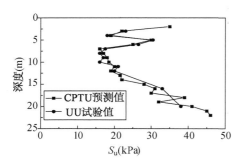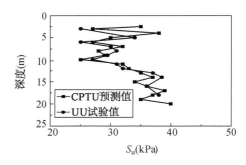

图 1.44 CPTU 预测值与 UU 试验值比较图

3)基于 CPTU 测试参数的苏州粘土 S_u 值预测

对苏州冲湖积相粘土、粉质粘土分别进行基于锥尖阻力估算 S_u 的统计分析,如图 1.45 和图 1.46 所示,由图可知,对于苏州③-1 层的粘土层和粉质粘土层,锥尖阻力与不排水强度间存在很好的线性关系。

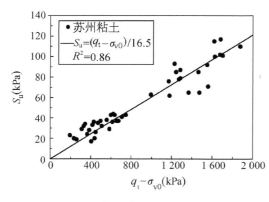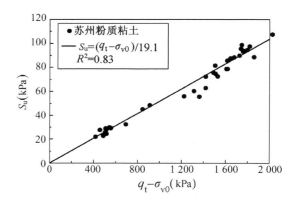

图 1.45 苏州粘土 N_{ke} 值的反演图　　　　**图 1.46 苏州粉质粘土 N_{ke} 值的反演**

1.5.3.2 有效内摩擦角对比分析

选择长江下游地区南京长江四桥、南京长江隧道、泰州长江大桥、苏州地铁玉山公园站、红庄站等重大工程为研究对象,对基于 Robertson & Campanells(1983)、Kulhawy & Mayne(1990)、Mayne & Campanella(2005)等[3, 6, 9, 10]几种有效内摩擦角确定方法进行了对比研究,针对砂性土和粉质粘土等混合土类的内摩擦角确定进行了多样本分析,并对公式的适用性和适用条件作出了评价说明。

1) Robertson & Campanells（1983）预测方法

图 1.47 为长江四桥、玉山公园、长江隧道、红庄站、泰州大桥等场地粉砂层的有效内摩擦角与归一化锥尖阻力的关系，并用 Robertson & Campanells（1983）预测方法对样本点进行拟合，从图中看出，样本点基本落在了 Robertson & Campanells（1983）拟合的函数曲线周围，可见 Robertson & Campanells（1983）方法对砂土是非常适用的。图 1.48 是基于 Robertson & Campanells（1983）方法对长江四桥、玉山公园、星湖街、红庄站等场地有效内摩擦角预测值与室内试验值的对比图，从图中可以看出，Robertson & Campanells（1983）方法得到的有效内摩擦角随深度变化敏感，但预测曲线与室内试验值差值很小，室内试验点基本落在预测曲线周围，这表明用 Robertson & Campanells（1983）方法计算砂土有效内摩擦角是适用的，同时注意到，上述预测分析只针对砂土层，对于粘性土，该方法不一定适用。Robertson & Campanells 方法是基于承载力理论、楔形塑性理论和几个石英砂标定罐试验结果提出的，对混合土的分析是不适用的。所统计的样本点与 Robertson & Campanells 当年的实验样本在成因上是不一样的，但从预测曲线和室内试验点的比较看来，Robertson & Campanells 方法对于长江下游地区砂性土有效内摩擦角的计算是适用的。

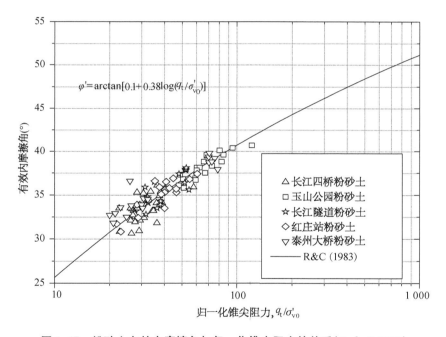

图 1.47　粉砂土有效内摩擦角与归一化锥尖阻力的关系（R & C 1983）

2) Kulhawy & Mayne(1990)预测方法

图 1.49 为长江四桥、玉山公园、长江隧道、苏州红庄、泰州大桥等场地粉砂层的有效内摩擦角与归一化锥尖阻力的关系，并用 Kulhawy & Mayne(1990)方法对样本点进行拟合，从图中看出，样本点基本落在 Kulhawy & Mayne(1990)拟合函数曲线周围，可见 Kulhawy & Mayne(1990)方法对砂土也是非常适用的。图 1.49 是对同一组数据点的拟合，图 1.49 (b)横坐标为对数坐标，从中看来，横坐标取对数后，函数图像为一直线，更直观地说明用对数函数的方法拟合有效内摩擦角是正确的，从图中看出样本点也都落在拟合曲线周围，同时应注

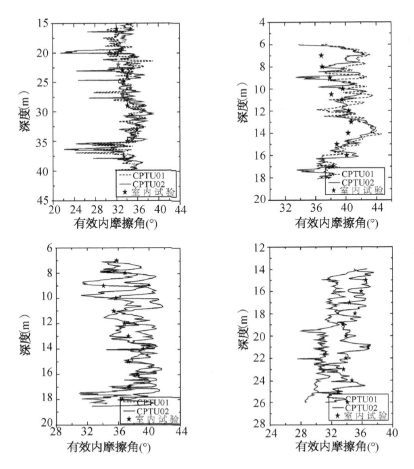

图 1.48 R & C(1983)预测有效内摩擦角值与室内试验对比

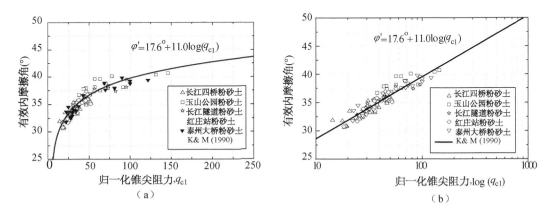

图 1.49 粉砂土有效内摩擦角与归一化锥尖阻力的关系(K & M 1990)

意,该方法中的归一化锥尖阻力与 R & C(1983)法定义是不一样的,Kulhawy & Mayne(1990)对锥尖阻力进行应力水平标准化。图 1.50 分别是 Robertson & Campanells(1983)和 Kulhawy & Mayne(1990)方法的比较,以长江四桥和玉山公园站两个不同地质成因的砂土层为例,两种方法的预测曲线变化趋势是一致的,且两种方法的预测值和室内试验值比较吻合,说明两种方法都适用于砂土,但 Robertson & Campanells（1983）法比 Kulhawy & Mayne（1990）法在同一深度处的离散范围要稍大一点,这说明一定程度上,后者预测值更加稳定。

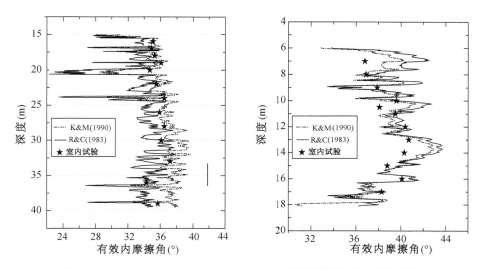

图 1.50　R & C(1983)法和 K & M(1990)法预测值与室内试验比较

3) Mayne & Campanells（2005）预测方法

Mayne & Campanells（2005）方法适用于含有细粒土的混合土,图 1.51 为玉山公园 Mayne & Campanells（2005）方法预测值,从图中看出,粉质粘土有效内摩擦角主要分布在 24°～32°范围内。图 1.52、图 1.53 为玉山公园、红庄等场地粉质粘土层的有效内摩擦角预

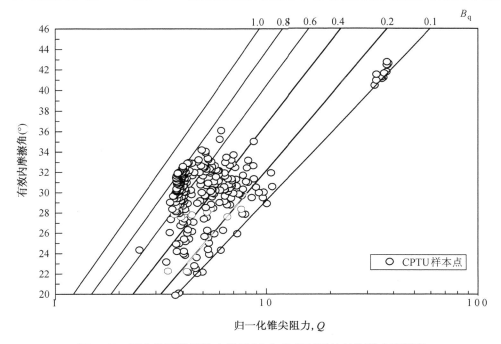

图 1.51　玉山公园粉质粘土基于 M & C (2005)法的有效内摩擦角

测曲线,与室内试验的对比表明该方法对于预测粉质粘土的有效内摩擦角是适用的。

对于长江下游河漫滩地区,粉质粘土的分布范围广,厚度大,绝大部分工程建设都涉及这一土层,用 Mayne & Campanells(2005)方法,可对粉质粘土等含细粒土的混合土有效内摩擦角值进行可靠预测。

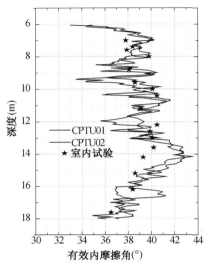
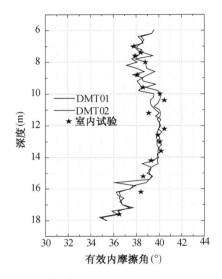

(a) 砂性土有效内摩擦角随深度的变化

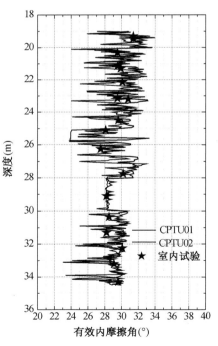
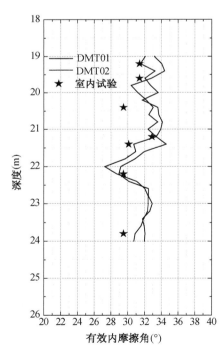

(b) 粉质粘土

图 1.52　玉山公园站有效内摩擦角随深度的变化

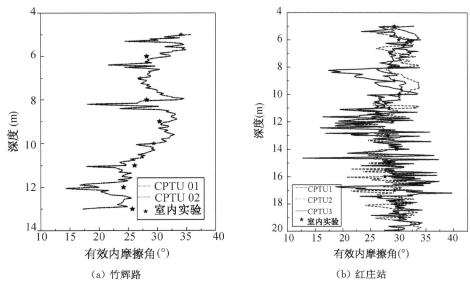

图 1.53　粉质粘土有效内摩擦角随深度的变化

4）讨论

从上面的分析看出,基于 CPTU 测试确定土的有效强度指标是可行的,但对于不同的土类,所采用的估计方法是有区别的。对于有效内摩擦角的计算,Robertson & Campanells(1983)、Kulhawy & Mayne(1990)方法适用于对砂土,且后者的预测结果离散范围小,预测值更加稳定;而 Mayne & Campanells(2005)方法则适用于粉质粘土。

1.5.4　基坑工程设计中变形参数确定研究

基坑工程在开挖和降水过程中都会引起周边环境产生地表沉降及基坑支护结构的侧向位移,而压缩模量是地表沉降预测的关键参数,因此有必要对压缩模量进行系统的研究。

1.5.4.1　已有基于 CPT/CPTU 压缩模量的确定方法

国外学者对室内一维压缩试验得出的压缩模量 E_s 与多功能 CPTU 测试参数之间的关系进行了较系统的研究[3, 6, 9, 10],如表 1.17 所示。这些关系采用的 CPTU 测试参数主要有锥尖阻力 q_c、修正锥尖阻力 q_t、净锥尖阻力 q_e。一般表达式为:

表 1.17　基于 CPTU 评价土压缩模量的方法汇总

方法	相关关系	CPTU 参数	相关系数	备注
Sanglerat(1972)	$E_s=a_c q_c$	q_c	a_c 取决于土类和 q_c 大小(见表 1)	
Jones 和 Rust(1995)	$E_s=a_c q_c$	q_c	$a_c=2.75\pm0.55$	南非冲积相粘土
Senneset 等(1988)	$E_s=2q_t$	$q_t=q_c+u_2(1-a)$	线性关系	$q_t<2.5$ MPa
	$E_s=4q_t-5$	$q_t=q_c+u_2(1-a)$	线性关系	$2.5<q_t<5$ MPa
Senneset 等(1989)	$E_{s\text{-}oc}=a_0 q_n$	$q_n=q_t-\sigma_{v0}$	$a_0=10\pm5$	超固结土
	$E_{s\text{-}nc}=a_n q_n$	$q_n=q_t-\sigma_{v0}$	$a_n=6\pm2$	正常固结土
Kulhawy 和 Mayne(1990)	$E_s=8.25 q_n$	$q_n=q_t-\sigma_{v0}$	8.25	
同济大学	$E_s=3.11 p_s+1.44$	p_s		我国东南沿海粘土
武汉联合试验组	$E_s=3.72 p_s+1.26$	p_s		$0.3<p_s<5$ MPa

$$E_s = a_c q_c$$

式中，a_c 为转换系数，q_c 为 CPTU 实测的锥尖阻力。

1.5.4.2　基于 SCPTu 确定压缩模量的新方法

土的压缩模量主要依赖于土的密实度、超固结比和当前的应力水平等，而剪切波速可以用来评价土的密实度及其原位状态。目前，国内外学者对粘性土和砂土的小应变剪切模量、土的结构性等，已经提出了基于剪切波速的预测判断方法。而对于压缩模量与剪切波速的关系，研究较少。

研究表明，土层压缩模量与土的原位状态有着很大的关系，对一给定的土，剪切波速与压缩模量都似乎取决于相同的因素（如原位孔隙比，土的密实度等）。国内外学者研究建立了各种土和岩石波速与孔隙比 e 的关系[6,9]，而孔隙比与土的压缩模量有直接的数量关系。理论上，探寻剪切波速与土的压缩模量之间的关系是可行的，且若能用剪切波速直接预测土的压缩模量，不需要扰动土的结构，直接快捷。因此，针对类似地质条件下的相同土类，建立起压缩模量与剪切波速的经验关系值得归纳和研究。

在统计长江河漫滩地区粘土、国外参考文献中粘土的剪切波速以及室内试验获得压缩模量基础上，采用一个幂数方程形式建立了压缩模量 E_s 和剪切波速 V_S 之间的关系。具体如下：

$$E_s = 0.176 V_S^{2.003}, \quad R^2 = 0.8997$$

从图 1.54 中可知剪切波速 V_S 与室内试验 E_s 有很好的相关性。由于上述经验关系是在统计了粉质粘土、淤泥质粉质粘土、粘土等不同粘土样本的情况下回归分析得到的，从相关系数看来，该经验关系具有一定的可靠性。这个经验关系的优点在于能够通过剪切波速的大小直接预测压缩模量的数值。

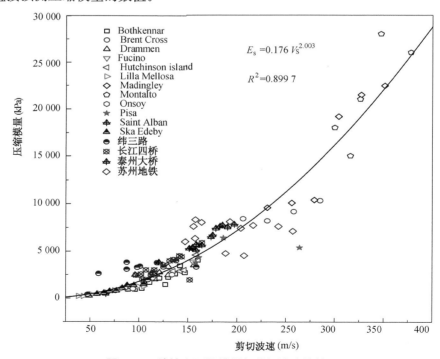

图 1.54　粘性土压缩模量与剪切波速的关系

1.5.4.3　E_s 确定方法的比较研究

为了更好地对表 1.17 中已有方法和提出的新方法进行评估,选择 Sanglerat 法(1972)、Senneset et al 法(1989)、Kulhawy & Mayne 法(1990),Jones & Rust 法(1995)以及上述剪切波速法,对不同解译方法所得的 E_s 预测值和室内试验 E_s 测试值进行了比较,结果见图 1.55,图中标明了 $E_{sf}-E_{slab}$ 最优拟合关系式及其相关系数 R^2。

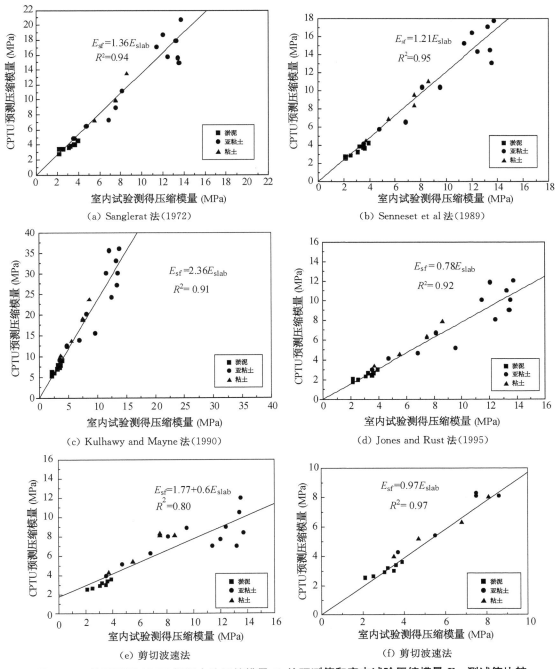

图 1.55　基于不同 CPTU 解译方法压缩模量 E_{sf} 的预测值和室内试验压缩模量 E_{slab} 测试值比较

图 1.55 表明,Sanglerat 法(1972)、Senneset et al 法(1989)、Kulhawy & Mayne (1990)法三种方法过高的预测了 E_s 值,特别是 Kulhawy & Mayne 法(1989),E_{sf}/E_{slab} 大小为 2.36,$R^2 = 0.91$;Jones & Rust 法则过低的预测了 E_s 值,E_{sf}/E_{slab} 大小为 0.84,$R^2 = 0.92$。

图 1.55(e)是剪切波速法预测 E_s 值的比较,由图中拟合关系可以看出,相关系数相对较小,线性相关度不如以上几种预测方法。但从图中可以看出 9 MPa 以内的样本线性相关性非常好,这与图 1.54 中剪切波速较低的样本点基本落在拟合线上的趋势是相吻合的。针对这一特点,针对剪切波速在 200 m/s 以内的样本做了统计分析,见图 1.55(f),由图知 $E_{sf} = 0.97E_{slab}$,$R^2 = 0.97$。对比五种预测方法,可见基于剪切波速的预测方法在压缩模量为 10 MPa 以内时,比其他四种方法预测得更加准确(表 1.18)。

表 1.18 不同 CPTU 方法预测 E_s 结果汇总

方法	最佳拟合计算结果		E_{sf}/E_{slab} 计算结果	
	E_{sf}/E_{slab}	R^2	平均值	标准差
Sanglerat(1972)	1.36	0.94	1.35	0.29
Senneset 等(1989)	1.21	0.95	1.21	0.26
Kulhawy 和 Mayne(1990)	2.36	0.91	2.35	0.31
Jones 和 Rust(1995)	0.78	0.92	0.79	0.31
剪切波速法	0.97	0.97	0.96	0.25

需要注意的是,不同 CPTU 解译方法使用的 CPTU 数据有可能是从存在不同土壤沉积物的不同位置采集来的,使得这些方法在某些情况下是非常适用的,但在其他情况下就不适用,这取决于所在位置土的类型和地质条件。利用多功能 SCPTu 测试预测压缩模量,其相关系数主要依赖于土类和场地地质条件,具有地区性。对于具体某一地区,有一定室内试验数据时,联合这五种预测方法,需先对经验关系式进行校正,以得到更可靠的预测值。

1.5.5 基于 CPTU 的基坑工程渗透系数确定方法试验研究

随着基坑工程向"大、深、紧、近"的发展及其周边环境日益复杂,尤其是在城市繁华地带,有的临近高层建筑物,有的临近地铁隧道等,同时地下水的处置是不可回避的问题,而由于基坑降水引起的环境问题日益严重,如何安排基坑降水才能尽可能减少对周边环境的影响是很多学者及技术人员所关心的问题。为了能够合理地布置降水井,首先要准确详细地了解各土层的渗透特性,而反映渗透特性的关键参数就是渗透系数。渗透系数是表示渗透性强弱的定量指标,也是渗流计算时必须用到的一个基本参数,因此准确测定土的渗透系数是一项十分重要的工作,对于基坑工程降水的成功与否起到至关重要的作用。

目前确定渗透系数的方法主要有常规室内渗透试验和现场抽水试验、压水试验等方法。常规室内渗透试验主要分为常水头渗透试验和变水头渗透试验。室内渗透试验应用较为广泛,主要是由于其操作方便,设备简单,但是也有一些缺点:土样扰动大;无法准确地测试砂性土,尤其是夹砂层或者是互层的渗透系数;无法模拟现场的边界条件;工作量大、费用高。这些缺点使室内渗透试验确定的渗透系数与现场的渗透系数有很大差别。

孔压静力触探(CPTU)测试具有试验时间短,扰动小,方便经济的特点,并能够准确地获取土体的渗透系数,尤其是含有互层和薄夹层地层的渗透系数,国内外专家学者一直致力于研究基于 CPTU 测试的渗透系数的可靠确定方法。

1.5.5.1　基于 CPTU 的固结渗透特性理论分析方法

以 CPTU 试验孔压(消散)测试为基础,国外学者提出了多种粘土渗透固结特性的理论分析方法,主要如下:

(1) Soderburg (1962) 方法:采用孔穴扩张理论＋有限差分方法,适合于单调衰减型孔压消散情况,用于研究桩基;

(2) Torstensson (1975,1977)方法:采用孔穴扩张理论＋有限差分方法,适合于单调衰减型孔压消散情况,用于研究孔压探头贯入;

(3) Baligh and Levadoux (1986)方法:采用应变路径方法＋有限差分法,适合于单调衰减型孔压消散情况,用于桩基、孔压静探、旁压试验等;

(4) Houlsby and Teh (1988,1991):采用应变路径方法＋有限差分法,适合于单调衰减型孔压消散情况,用于孔压静探;

(5) Burns & Mayne (1995,1998,2000):采用孔穴扩张理论＋临界状态理论(剪切界面模型),适合于单调衰减型或剪胀型消散情况,用于研究桩基和孔压静探。

下面介绍基于孔穴扩张理论及临界状态理论相结合的改进混合模型(CE-CSSM 模型)及相应的超孔压消散方程一般解析解,并利用解析解与现场孔压消散曲线进行比较分析[63]。

下图 1.56 为 CE-CSSM 模型简图。粘性土中探头贯入过程中测试孔压由三个部分组成:静水压力、正应力引起的孔压、剪应力引起的孔压,如下式:

$$u_m = \Delta u_{oct} + \Delta u_{shear} + u_0$$

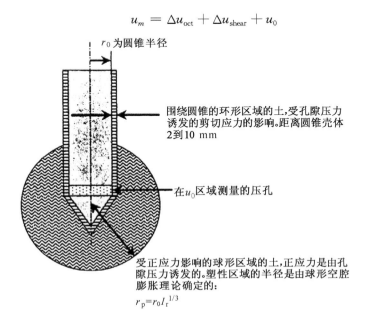

图 1.56　探头周围正应力和剪应力引起孔压影响区概念图

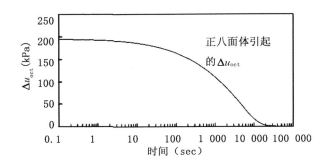

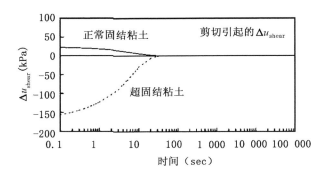

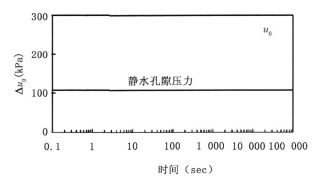

图 1.57　静探贯入测试孔压的组成概念图(Burns, 1997)

1）正应力引起孔压的解析解（CE 模型）

塑性区内平衡方程如下：

球形扩展情况　　$\dfrac{\partial \sigma_r}{\partial r} + 2\dfrac{\sigma_r - \sigma_\theta}{r} = 0$

圆柱扩张情况　　$\dfrac{\partial \sigma_r}{\partial r} + \dfrac{\sigma_r - \sigma_\theta}{r} = 0$

式中，σ_r—径向正应力；σ_θ—环向正应力；r—到孔穴中心的距离。

相应的孔压计算公式如下：

Spherical Cavity　　$\Delta u = \dfrac{4}{3}S_u \ln \dfrac{E}{2S_u(1+\nu)}$

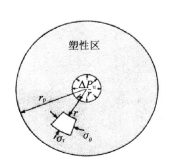

图 1.58　圆柱形孔穴扩张中的土单元[64]（Torstensson, 1977）

Cylindrical Cavity
$$\Delta u = S_u \ln \frac{E}{2S_u(1+\nu)}$$

2）剪应力引起孔压的解析解（基于 MCC 模型）

$$\Delta u_{shear} = \sigma'_0 - \sigma'_f$$

式中，σ'_0 为初始有效正应力；σ'_f 为破坏时的平均有效应力。

根据修正剑桥模型，破坏时平均有效应力为：

$$\sigma'_f = \sigma'_0 \left(\frac{OCR}{2}\right)^\Lambda \qquad (1.38)$$

式中，Λ 为塑性体应变比（$\Lambda = 1 - C_s/C_c$）；C_s 为回弹指数；C_c 为压缩指数，Mayne（1988）根据统计资料指出 $\Lambda = 0.8$，对于大多数的粘土比较适用。

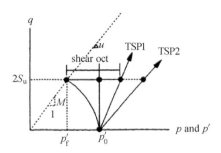

图 1.59 考虑剪应力引起孔压的应力路径图[65]（Chen & Mayne, 1994）

3）固结方程解析解

假定探头不透水及塑性区外无超孔压上升情况（$u = 0$），则非耦合一维径向固结方程为：

$$\frac{\partial u}{\partial t} = c_h \frac{1}{r} \frac{\partial u}{\partial r} + c_h \frac{\partial^2 u}{\partial r^2}$$

采用分离变量法进行求解，对于球形扩张，正应力引起孔压解为：

$$u = \sum_{n=1}^{\infty} B_n e^{-c\alpha_n^2 t} \left[-Y_0(\alpha_n r) J_0(\alpha_n r_{plastic}) + Y_0(\alpha_n r_{plastic}) J_0(\alpha_n r)\right]$$

剪应力引起孔压解为：

$$u = \sum_{n=1}^{\infty} A_n e^{-c\beta_n^2 t} \left[-Y_0(\beta_n r) J_0(\beta_n r_{shear}) + Y_0(\beta_n r_{shear}) J_0(\beta_n r)\right]$$

不透水探头周围径向孔压消散固结解析解为：

$$u = \sum_{n=1}^{\infty} B_n e^{-c\alpha_n^2 t} \left[-Y_0(\alpha_n r) J_0(\alpha_n r_{plastic}) + Y_0(\alpha_n r_{plastic}) J_0(\alpha_n r)\right] +$$
$$\sum_{n=1}^{\infty} A_n e^{-c\beta_n^2 t} \left[-Y_0(\beta_n r) J_0(\beta_n r_{shear}) + Y_0(\beta_n r_{shear}) J_0(\beta_n r)\right]$$

对于圆柱扩张，正应力孔压解：

$$\Delta u_{oct} = \sum_{n=1}^{\infty} \frac{4S_u}{\alpha_n^2} \frac{\psi_0(\alpha_n r_0) - \psi_0(\alpha_n R)}{R^2 \psi_1(\alpha_n R) - r_0^2 \psi_0(\alpha_n r_0)} e^{-c\alpha_n^2 t} \psi_0(\alpha_n r)$$

剪应力孔压解为：

$$\Delta u_{shear} = \sum_{n=1}^{\infty} B_n e^{-c\beta_n^2 t} \psi_0(\beta_n r)$$

静力触探在贯入过程中引起的超孔压为：

$$\Delta u = \Delta u_{\text{oct}} + \Delta u_{\text{shear}} = \sum_{n=1}^{\infty} A_n e^{-c\alpha_n^2 t} \psi_0(\alpha_n r) + \sum_{n=1}^{\infty} B_n e^{-c\beta_n^2 t} \psi_0(\beta_n r)$$

上述基于 CE-CSSM 模型的计算需要如下参数:锥尖阻力 q_t 以及锥肩处孔压 u_2、φ' 为有效摩擦角、OCR 为超固结比、σ'_{v0} 为有效上覆应力、u_0 为静水压力、I_r 为刚度指数($=G/S_u$,G 为剪切模量;S_u 为不排水剪切强度)、r 为钻杆直径。

4)模型的验证

(1)长江河漫滩地区上层淤泥质粘土:采用圆柱孔穴扩张-临界状态理论解析解计算,算例中采用的计算参数如表 1.19 所示,其中 $r_0 = 17.85$ mm。CPTU 实测孔压消散曲线与理论孔压消散曲线比较见图示。从图 1.60~图 1.62 可以看出:当软土为轻微超固结土时,孔压随着消散时间的延长而逐渐减小,当软土为重超固结土时,孔压随消散时间的增长先变大后变小的趋势。从图上也可以看出,由于在静力触探贯入过程中对土体的扰动,而使得初始孔压先升高后降低,同时超孔隙水压力在初始消散速度很快,随时间的推移,消散速度逐渐变小直到消散到静水压力为止。

表 1.19　算例中的计算参数

场地	深度(m)	OCR	φ'(°)	I_r	q_t(kPa)	u_2(kPa)	σ'_{v0}(kPa)	u_0(kPa)
Hole1	12	1.5	27.6	94	830	335	103	68.67
Hole2	10	2.32	29.8	113.4	654	304.8	93.75	88.29
	19	1.52	30.9	140.9	1 102	634.6	167.46	176.58
	25	1.21	28.7	155.1	1 241	749.9	221.18	235.44
	27	1.27	30.9	151.9	1 499	916.7	238.36	255.06
Hole3	18	1.3	31.2	71.2	1 450	386.9	159.27	166.77
	25	4.6	23.4	142	1 010	463.4	221.2	235.44

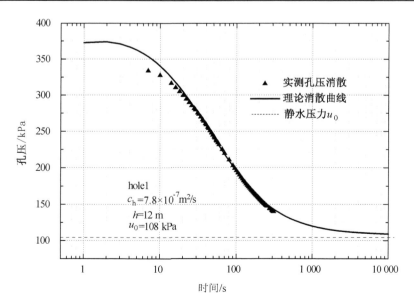

图 1.60　hole1 理论消散曲线与实测数据对比图

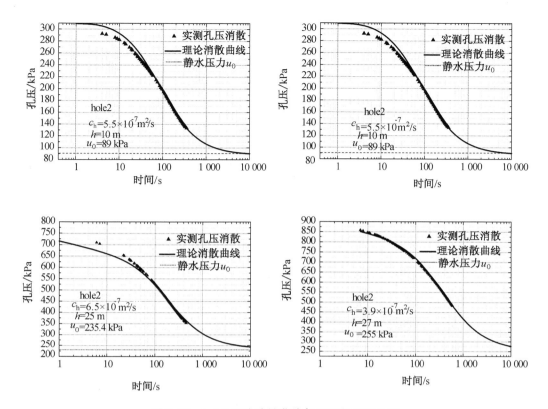

图 1.61　hole2 理论消散曲线与实测数据对比图

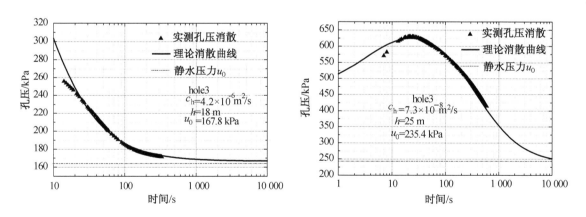

图 1.62　hole3 理论消散曲线与实测数据对比图

（2）国际文献算例

Burns & Mayne（1998）[66]采用球形孔穴扩张-临界状态理论解（SCE-CSSM）对国际文献中 15 个场地的静力触探和打入桩孔压消散过程进行了预测，并与实测值进行了比较。其中，6 个正常固结-轻微超固结软土场地为典型的单调衰减型孔压消散曲线，9 个重超固结硬粘土场地呈现的为非单调剪胀型孔压消散曲线，图 1.63 为典型场地的理论预测与实测孔压消散曲线的比较。从图中可以看出，对于不同固结状态的粘性土，基于 SCE-CSSM 模型的解析解与实测孔压消散曲线吻合很好。在解析分析时,当采用不同剪切厚度,正常固结-轻微超固结软土与重超固结的反映同样差别很大,如图 1.64 所示,说明采用 2 mm 的剪切厚度来进行理论分析是合适的。

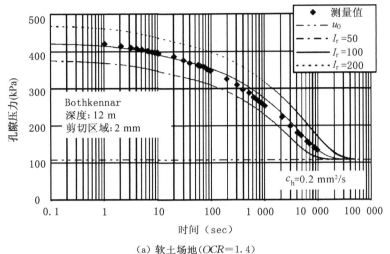

（a）软土场地($OCR=1.4$）

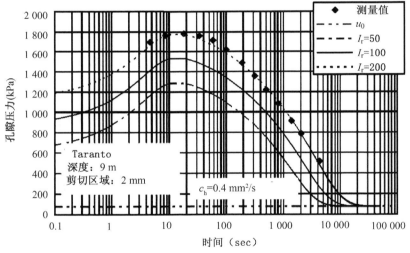

（b）硬粘土场地($OCR=26$）

图 1.63　基于 SCE-CSSM 模型预测孔压消散过程与实测消散曲线的比较

1.5.5.2　基于 CPTU 测试的渗透系数确定方法比较

国外专家学者已经提出了基于 CPTU 测试确定渗透系数的计算方法,主要方法分为两类:①基于土性分类指数的渗透系数确定方法;②基于孔压消散曲线的渗透系数确定方法。

1）基于土性分类指数的渗透系数估算

Lunne 等(1997)[10]提出了利用 Robertson(1986)或 Robertson(1990)年提出的土性分类(SBT)图[9]来估算土体渗透系数的方法。对于每个土类都给了一个渗透系数范围,如表 1.20 所示。

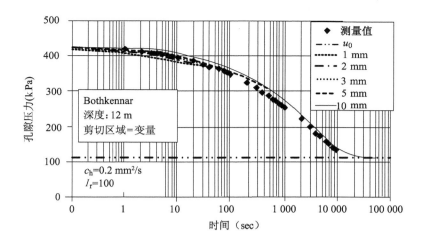

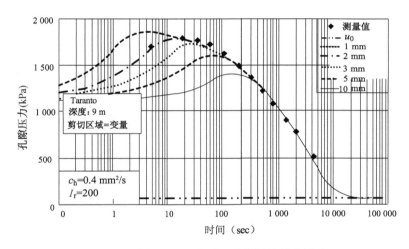

图 1.64　剪切界面厚度对理论分析结果的影响

表 1.20　基于 Robertson(1990)土类(SBTn)估算渗透系数

SBTn 分区	SBTn	渗透系数范围	土性指数 I_C
1	灵敏细粒土	$3\times10^{-10}\sim3\times10^{-8}$	NA
2	有机质粘性土	$1\times10^{-10}\sim1\times10^{-8}$	$I_C>3.60$
3	粘土～粉质粘土	$1\times10^{-10}\sim1\times10^{-9}$	$2.95<I_C<3.60$
4	粉性粘土～粘性粉土	$3\times10^{-9}\sim1\times10^{-7}$	$2.60<I_C<2.95$
5	粉砂～砂性粉土	$1\times10^{7}\sim1\times10^{-5}$	$2.05<I_C<2.60$
6	纯净砂～粉砂	$1\times10^{-5}\sim1\times10^{-3}$	$1.31<I_C<2.05$
7	密砂、砾砂	$1\times10^{-3}\sim1$	$I_C<1.31$
8	密实土或硬土	$1\times10^{-8}\sim1\times10^{-3}$	NA
9	非常硬的细粒土	$1\times10^{-9}\sim1\times10^{-7}$	NA

1993 年 Jefferies 和 Davies[67]提出了土性分类指数的计算方法：

$$I_{C} = \sqrt{\{3 - \lg[Q_t(1 - B_q)]\}^2 + [1.5 + 1.3(\lg F_r)]^2} \tag{1.39}$$

式中，Q_t 为归一化锥尖阻力；B_q 为孔压比；F_r 为摩阻比。

Robertson 和 Wride(1998)[68]修正了 Jefferies 和 Davies(1993)定义的土性分类指数 I_C，提出了土性分类指数的计算公式，并把土性分类指数 I_C 运用到 Robertson(1990)分类图中。

$$I_{C} = [(3.47 - \lg Q_{tn})^2 + (\lg F_r + 1.22)^2]^{0.5} \tag{1.40}$$

式中，$Q_{tn} = [(q_t - \sigma_{v0})/p_a](p_a/\sigma'_{v0})$，$F_r = [f_s/(q_t - \sigma_{v0})] \times 100\%$，$q_t$ 为修正后锥尖阻力，kPa；f_s 为侧壁摩阻力，kPa；σ_{v0} 为上覆总应力，kPa；σ'_{v0} 为有效上覆应力，kPa；$(q_t - \sigma_{v0})/p_a$ 为归一化净锥尖阻力；$(p_a/\sigma'_{v0})^n$ 为应力归一化系数；p_a 为大气压取 100 kPa；n 为随土性分类(SBT)而变化的应力指数，对于竖向应力不大的情况下：粗粒土为 0.5～0.9，细粒土 $n=$ 1.0，对于竖向应力超过 1 MPa 时，$n=1.0$。

Robertson(2009)[69]提出了应力指数 n 的计算公式，即：

$$n = 0.381(I_C) + 0.05(\sigma'_{v0}/p_a) - 0.15 \tag{1.41}$$

其中，$n \leqslant 1.0$。

$$k = 10^{(0.952 - 3.04 I_C)} (\text{m/s}) \quad 1.0 < I_C \leqslant 3.27 \tag{1.42}$$

$$k = 10^{(-4.52 - 1.37 I_C)} (\text{m/s}) \quad 3.27 < I_C \leqslant 4.0 \tag{1.43}$$

长江下游地区七个基坑工程的粉质粘土土性分类指数与土体渗透系数统计结果如图 1.65 所示，通过回归分析，给出了水平渗透系数与土性分类指数 I_C 的关系式(见公式 1.44)，并与 Lunne(1997)、Robertson(2009)的方法进行了比较分析，从图中可以看出长江河漫滩地区粉质粘土的渗透系数比 Lunne(1997)、Robertson(2009)预测值要大，粘质粉土到粉砂层的渗透系数与前人拟合线相近，四个场地的回归分析具有较好的相关性，而粉质粘

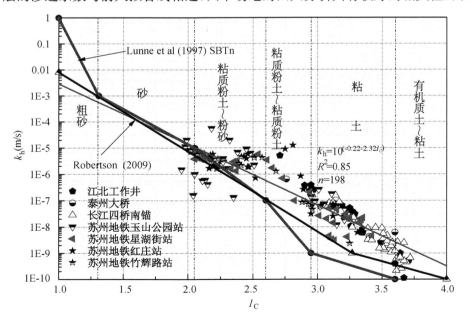

图 1.65　水平渗透系数 k_h 与土性指数 I_C 的拟合线

土部分拟合线位于 Lunne(1997)及 Robertson(2009)预测线之上,为以后长江河漫滩地区粉质粘土渗透系数的确定提供了一种简便方法。

拟合公式:

$$k_{\mathrm{h}} = 10^{(-0.22-2.32I_{\mathrm{C}})} \tag{1.44}$$

基于土性指数的渗透系数估计方法,能够连续估计出整个土层剖面的渗透系数,对薄的夹层也能很好的反映。基于孔压消散试验的方法,只能在有限点进行孔压消散试验,且对于砂性土,基于孔压消散理论计算出的渗透系数准确性较低,而基于土性指数的渗透系数确定方法能够很好地解决这个问题。下面基于以上所拟合的渗透系数与土性指数函数关系,分别对苏州地铁玉山公园站、星湖街站、红庄站、竹辉路站的渗透系数进行了计算。

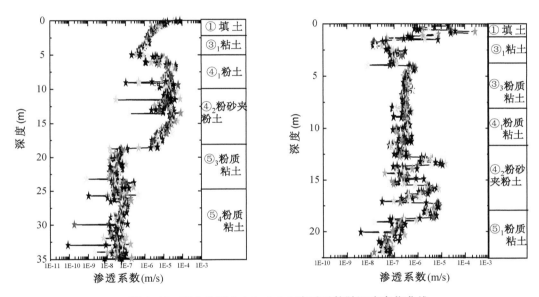

图 1.66 玉山公园 hole1、hole2 渗透系数随深度变化曲线

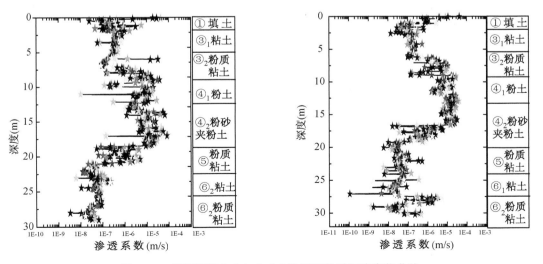

图 1.67 星湖街站 hole1、hole2 渗透系数随深度变化曲线

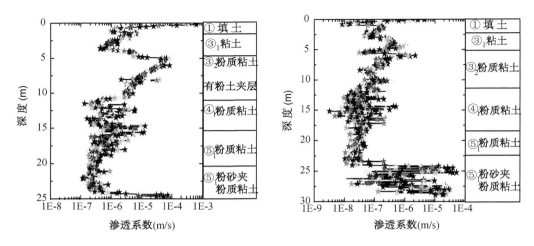

图 1.68　红庄站 hole3、hole4 渗透系数随深度变化曲线

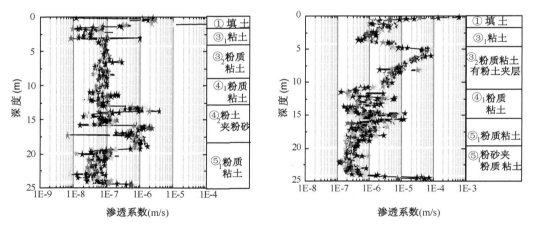

图 1.69　竹辉路站 hole3、hole4 渗透系数随深度变化曲线

2）基于孔压消散试验的 k_h 确定方法

利用孔压消散曲线能够计算土体的固结系数，而土体的渗透系数与固结系数存在以下的关系：

$$k_h = c_h \gamma_w / E_s \tag{1.45}$$

式中，E_s 为压缩模量；c_h 为土体的固结系数；γ_w 为水的重度

Torstensson(1975，1977)[64，70]根据孔穴扩张理论对超孔隙水压力的消散过程进行了解译，并利用弹塑性模型和孔穴扩张理论计算初始超静孔压，用线性单面排水条件计算超孔隙水压力的消散曲线，建议利用超静孔压消散达到 50% 时的参数来计算土体固结系数：

$$c_h = \frac{T_{50}}{t_{50}} r_0^2 \tag{1.46}$$

式中，T_{50} 为理论解的时间因数；t_{50} 为超静孔压消散达到 50% 时所对应的时间；r_0 为圆锥探头

半径。

Houlsby 和 Teh（1988）[71]采用了与 Levadoux & Baligh[37]相似的理论，但是考虑了刚性指数 $I_r(= G/S_u)$ 的变化效应，他们的研究表明：由于初始孔隙水压力的分布取决于刚度指数 $I_r(= G/S_u，G$ 为剪切模量，S_u 为不排水抗剪强度），应采用修正的时间因数 T^* 取代时间因数 T，进而利用下式计算得到 c_h：

$$c_h = \frac{r_0^2 \sqrt{I_r} \times T^*}{t} \tag{1.47}$$

式中，T^* 为改进时间参数，可以查表得到；$r_0 = 35.7$ mm。

Robertson 等（1992）[72]通过室内试验和原位测试参考值，并利用 Houlsby 和 Teh（1988）的解来计算固结系数，研究表明：Houlsby 和 Teh（1988）的解为计算水平向固结系数提供了准确方法。

Parez & Fauriel（1988）[73]提出了直接从 t_{50} 得到渗透系数 k_h 的经验方法，近似计算如下式所示。

$$k_h(\text{cm/s}) = (251 t_{50})^{-1.25} \tag{1.48}$$

Baligh & Levadoux（1980）[74]提出利用水平固结系数 c_h 估算水平渗透系数 k_h 值的经验方法，如下式所示：

$$k_h = \frac{\gamma_w}{2.3\sigma'_{v0}} RR c_h \tag{1.49}$$

式中，RR 为超固结土的压缩比，为压缩试验中有效应力的每个 $\lg$ 循环应变，可以根据室内固结试验确定，Baligh & Levadoux 认为 $5 \times 10^{-3} < RR < 2.0 \times 10^{-2}$。孟高头提出软粘土的 RR 值，见表 1.21 所示。

表 1.21　软粘土的 RR 值（孟高头 1997）[5]

$I_p(\%)$	RR
14～20	0.031
33	0.032
33～50	0.025

根据孔压消散试验计算固结系数 c_h，采用 Burns and Mayne（1998）方法[66]：

$$c_h = \frac{(T^*_{50}) a^2 I_R^{0.75}}{t_{50}} \tag{1.50}$$

式中，T^*_{50} 为修正时间参数，当孔压消散位于锥尖正后方时取 0.245；a 为探头半径，对 10 cm² 锥头，取 1.785 cm；I_R 为刚度指数，可用如下公式近似计算（Keaveny & Mitchell，1988）[75]：

$$I_R \approx \frac{\exp[0.043\,5(137 - PI)]}{[1 + \ln\{1 + 0.038\,5(OCR - 1)^{3.2}\}]^{0.8}} \tag{1.51}$$

公式(1.45)中的压缩模量 E_s 可以采用下述几种方法确定:

1) 利用锥尖阻力求

基于 CPTU 资料估算土体压缩模量 E_s,可以表示为净锥尖阻力 q_n 的函数。对于超固结粘土,Senneset(1982,1989)[76, 77]建议采用如下线性模型:

$$E_i = \alpha_i q_n = \alpha_i (q_t - \sigma_{v0}) \tag{1.52}$$

式中,$q_n = q_t - \sigma_{v0}$ 为净锥尖阻力,α_i 为系数,对于大多数粘土,变化范围为 5~15。

对于正常固结粘土,有类似的关系式:

$$E_n = \alpha_n q_n = \alpha_n (q_t - \sigma_{v0}) \tag{1.53}$$

根据 Senneset(1989)的建议,α_n 取值范围为 4~8。

Kulhawy 和 Mayne(1990)[78]提出了更加一般的关系式:

$$E_s = 8.25(q_t - \sigma_{v0}) \tag{1.54}$$

2) 利用孔隙比求

Janbu(1963,1985)[79, 80]建立了波速与孔隙率 n 或原位孔隙比 e 的关系式,正如前面所示:

$$e_0 = 68 \frac{q_t^{0.818}}{V_S^{1.88}}, \quad n = \frac{e_0}{1 + e_0} \tag{1.55}$$

式中,q_t 为孔压修正锥尖阻力,kPa;V_S 为剪切波速,m/s。

Janbu 估算粘土压缩模量时利用式(1.56)~式(1.58)计算:

对于正常固结土:

$$E_s = m\sigma'_{v0} \tag{1.56}$$

超固结土:

$$E_s = m\sigma'_a \tag{1.57}$$

其中:
$$m = [(1 + e_0)/C_c]\ln 10 \tag{1.58}$$

式中,m 为模量系数;C_c 为压缩指数;$\sigma'_a = 100$ kPa。

3) 利用剪切波速求

采用前文建立的压缩模量 E_s 和剪切波速 V_S 之间的幂数方程式求。

根据以上所述,基于孔压消散的方法可以总结归纳为以下四种方法:

方法一:采用锥尖阻力的 Kulhawy & Mayne(1990)方法

$$k_h = \frac{c_h \gamma_w}{8.25(q_t - \sigma_{v0})} \tag{1.59}$$

方法二:Janbu 方法,由锥尖阻力和剪切波速估算渗透系数

$$k_{\mathrm{h}}^{\mathrm{upper}} = \cfrac{c_{\mathrm{h}}\gamma_{\mathrm{w}}}{1.112\left[\cfrac{\cfrac{68q_{\mathrm{t}}^{0.818}}{V_{\mathrm{S}}^{1.88}}}{1+\cfrac{68q_{\mathrm{t}}^{0.818}}{V_{\mathrm{S}}^{1.88}}}\right]^{-4.12}\sigma'_{\mathrm{v0}}} \tag{1.60}$$

$$k_{\mathrm{h}}^{lower} = \cfrac{c_{\mathrm{h}}\gamma_{\mathrm{w}}}{2.503\left[\cfrac{\cfrac{68q_{\mathrm{t}}^{0.818}}{V_{\mathrm{S}}^{1.88}}}{1+\cfrac{68q_{\mathrm{t}}^{0.818}}{V_{\mathrm{S}}^{1.88}}}\right]^{-5.66}\sigma'_{\mathrm{v0}}} \tag{1.61}$$

方法三：剪切波速法

$$k_{\mathrm{h}} = \frac{c_{\mathrm{h}}\gamma_{\mathrm{w}}}{0.176 \times V_{\mathrm{S}}^{2.003}} \tag{1.62}$$

方法四：Parez & Fauriel(1988)方法

$$k_{\mathrm{h}} = (251 \times t_{50})^{-1.25} \tag{1.63}$$

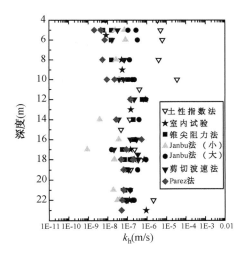 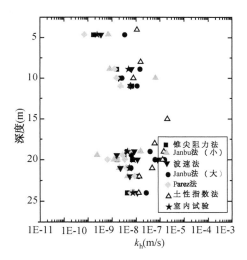

图 1.70　红庄站(左)、竹辉路站(右)不同渗透系数确定方法的比较

图 1.70、图 1.71 为基于 SCPTu 的不同渗透系数确定方法预测结果与室内变水头试验结果的比较,从中看出不同方法之间具有比较大的离散性,从图中所列的五种方法比较看来,基于 SCPTu 所估计的渗透系数要比室内试验的渗透系数大,尤其是基于土性指数的方法和 Janbu(大)方法。造成这种结果的原因主要是：①苏州粘性土层中或多或少含有连续的薄透水夹层或不连续的砂透镜体,室内试验试样多为均匀粘土层,不能反映透水薄夹层的影响,从而所得渗透系数偏小;②对于某一特定位置处的原位消散试验,能够更好地反映实际土层渗透特性不均匀的特点。

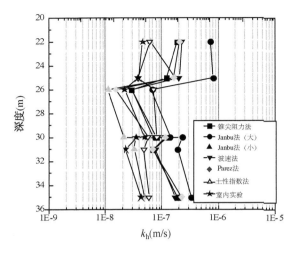 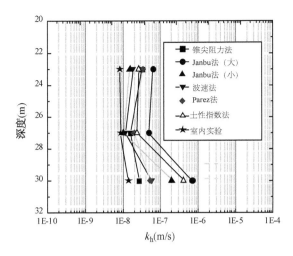

图 1.71　玉山公园站(左)和星湖街站(右)不同渗透系数确定方法的比较

各种基于 SCPTu 测试的预测方法中,若以 Parez 法预测 k_h 值为参考值,可以发现土性指数法、剪切波速法有类似的趋势,但 k_h 值要普遍大一些。而 Janbu(小)预测 k_h 值总体上要比 Parez & Fauriel 法预测 k_h 值要小。此外,锥尖阻力法、剪切波速法分别采用 q_t 和 V_s 预测 D',进而计算 k_h 值,而后一种方法预测得到的 k_h 值与室内含夹层试样渗透试验得到的 k_h 值更为接近。

值得指出的是,从图 1.70、图 1.71 也可以看出,无论是基于 SCPTu 试验预测得到的 k_h 值还是室内实验值均具有一定的不确定性和高离散性,分析认为主要原因为:土性的空间变化、土层的高度分层性、试验尺寸和试验方法、样品的不均匀性、复杂的试验边界条件等,特别是对于 SCPTu 试验来说,由于试验时 q_t, u_2 和 V_s 测试位置的不同,对式(1.59)~式(1.63)的计算结果也有一定的影响。

综合比较结果显示,对于长江三角洲沉积土,由于粉土、粉砂和粘性土的混合特性,各种基于 SCPTu 预测 k_h 值的方法中,基于土性指数的预测方法和 Janbu(大)方法比室内试验渗透系数大,其他方法和室内试验相接近,表明基于 SCPTu 的预测方法是可靠的,从图中比较看来不能根据少量试验得出"某一种预测方法明显比其他方法更有优势"的结论,在工程应用中,如果结合试验点颗粒组成成分和沉积环境的详细调查,对预测结果的进一步比较会得出更为可靠的结论。虽然具有上述的不确定性,但作为近似预测方法,与室内试验相比,基于 SCPTu 预测 k_h 值的方法仍然可以作为工程初设阶段的重要手段,特别是基于土性指数的 k_h 预测值可以作为初步参考值。

1.5.5.3　部分排水条件下中间土渗透系数确定方法[63]

针对固结系数小于 7.1×10^{-5} m/s² 的完全不排水状态下粘性土渗透系数的计算可以采用孔压消散试验的方法先确定固结系数,然后根据渗透系数与固结系数的关系确定渗透系数,但是针对固结系数处于 7.1×10^{-5} m/s² ~ 1.4×0^{-2} m/s² 之间的部分排水状态下中间土(粉土、粉砂、粉质粘土等)的渗透系数并不能用孔压消散的方法进行准确计算,Elsworth[81, 82]提出了部分排水状态的边界范围为 $B_q Q_t < 1.2$、$Q_t F_r < 0.3$,$B_q / F_r < r$,下面将根据 Elsworth 给出的部分排水状态边界条件提出一种利用孔压静力触探指标直接确定部分排水状态下土层渗透系数的计算方法。

1) 孔穴扩张理论解

对于不排水条件下饱和粘性土,圆柱形孔穴扩张的径向应力可以利用下式计算,即:

$$\sigma_r = \sigma_{v0} + \frac{4}{3} S_u [1 + \ln(G/S_u)] \tag{1.64}$$

式中,G 为剪切模量,$G = E/[2(1+\nu)]$,ν 为泊松比;S_u 为不排水抗剪强度;σ_{v0} 为上覆应力,kPa。

不排水条件下由于孔穴扩张引起的超孔压 Δu 可以用平均总应力增量 $\Delta \sigma_m$ 来计算,即:

$$\Delta u = u_2 - u_0 = \Delta \sigma_m = \frac{1}{3}(\Delta \sigma_r + 2\Delta \sigma_\theta) = \frac{4}{3} S_u \ln(G/S_u) \tag{1.65}$$

式中,u_2 为锥肩孔压;u_0 为静水压力;q_t 为锥尖阻力。

在静力触探贯入过程中假设水平应力等于孔穴扩张应力,即:$\sigma_h = q_t$。对于砂性土假设粘聚力 $c = 0$,归一化摩阻比 F_r 可以与孔压建立关系,此时注意到套筒侧壁与土的摩擦力为 $f_s = \nu \sigma'_h$,$\sigma'_h = \sigma_h - u_2$,$c$、$\varphi$ 为土的强度参数。土与孔压静力触探的摩擦系数假设为 $\mu = \tan \varphi$,如图 1.72 所示。

$$f_s = (\sigma_h - u_2) \times \tan \varphi \tag{1.66}$$

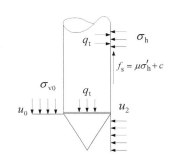

图 1.72 锥头应力分布图

2) 无量纲参数

孔压静力触探在贯入过程中可以得到锥尖阻力 q_t,锥肩孔压 u_2,侧壁摩阻力 f_s,把测试数据进行归一化处理,分别得到归一化锥尖阻力 Q_t,孔压比 B_q 和摩阻比 F_r,如公式(1.67)～公式(1.69)所示。

$$Q_t = \frac{q_t - \sigma_{v0}}{\sigma'_{v0}} \tag{1.67}$$

$$B_q = \frac{u_2 - u_0}{q_t - \sigma_{v0}} \tag{1.68}$$

$$F_r = \frac{f_s}{q_t - \sigma_{v0}} \tag{1.69}$$

式中,σ'_{v0} 为有效上覆应力,kPa;u_0 为静水压力,kPa;u_2 为锥肩孔压,kPa。

把公式(1.65)和公式(1.66)代入公式(1.67)～公式(1.69)整理得出归一化参数,经简化后得到:

$$B_q = \frac{u_2 - u_0}{q_t - \sigma_{v0}} = \frac{\ln(G/S_u)}{1 + \ln(G/S_u)} \tag{1.70}$$

$$Q_t = \frac{q_t - \sigma_{v0}}{\sigma'_{v0}} = \frac{4S_u}{3\sigma'_{v0}} [1 + \ln(G/S_u)] \tag{1.71}$$

$$F_r = \frac{f_s}{q_t - \sigma_{v0}} = \tan \varphi \left(1 + \frac{1}{Q_t} - B_q\right) \tag{1.72}$$

$$B_q Q_t = \frac{u_2 - u_0}{q_t - \sigma_{v0}} \cdot \frac{q_t - \sigma_{v0}}{\sigma'_{v0}} = \frac{\ln(G/S_u)}{1 + \ln(G/S_u)} \cdot \frac{4S_u}{3\sigma'_{v0}}[1 + \ln(G/S_u)] = \frac{4S_u}{3\sigma'_{v0}}\ln(G/S_u)$$

$$(1.73)$$

假设圆锥头以稳定速度贯入土中，依据流体的连续性定理和达西定律可知单位时间内透水体积等于单位时间内圆锥贯入体积，即 $dV = \pi r_0^2 U$，如公式（1.74）所示，这里 u_s 是在 r_h 处的静水压力，锥壁处产生孔压 u_2，如假设静力触探在贯入过程中土层的渗透系数变化微小并忽略不计，同时当 $r_h \to \infty$ 时孔压为静水压力 u_0，同时 $r_0/r_h \to 0$，即提出了式（1.75）的关系式，计算简图如图 1.73 所示。

$$u_2 - u_s = \frac{\gamma_w}{4\pi k_h r_0}\left(1 - \frac{r_0}{r_h}\right)dV = \frac{U r_0 \gamma_w}{4 k_h}\left(1 - \frac{r_0}{r_h}\right)$$

$$(1.74)$$

式中，u_s 为在 r_h 处的静水压力，kPa。

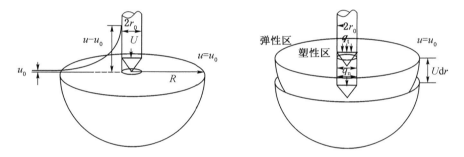

图 1.73　静力触探贯入过程中区域几何图

$$u_2 - u_0 = \frac{\gamma_w}{4\pi k_h r_0}dV = \frac{U r_0 \gamma_w}{4 k_h}$$

$$(1.75)$$

同时考虑到：

$$B_q Q_t = \frac{u_2 - u_0}{q_t - \sigma_{v0}} \cdot \frac{q_t - \sigma_{v0}}{\sigma'_{v0}} = \frac{u_2 - u_0}{\sigma'_{v0}}$$

$$(1.76)$$

令：

$$B_q Q_t = \frac{1}{K_T}$$

$$(1.77)$$

可以得到

$$k_h = \frac{U r_0 \gamma_w \cdot K_T}{4 \cdot \sigma'_{v0}}$$

$$(1.78)$$

式中，U 为贯入速率 m/s；r_0 为静力触探半径 m；K_T 为无量纲渗透指数；k_h 为水平渗透系数，m/s。

把 $Q_t = \dfrac{1}{B_q K_T}$ 代入公式（1.72）可以得到：

$$K_T = \frac{1}{B_q}\left(\frac{F_r}{\tan\varphi} - 1 + B_q\right) \qquad (1.79)$$

同样,把 $B_q = \dfrac{1}{Q_t K_T}$ 代入公式(1.72)可以得到:

$$K_T = \frac{1}{Q_t\left(1 + \dfrac{1}{Q_t} - \dfrac{F_r}{\tan\varphi}\right)} \qquad (1.80)$$

公式(1.79)表明可以通过摩阻比 F_r 和孔压比 B_q 计算出无量纲渗透指数 K_T,公式(1.80)表明可以利用摩阻比 F_r 和归一化锥尖阻力 Q_t 计算出 K_T。利用得到的 K_T 值,根据 $k_h = U r_0 \gamma_w \cdot K_T/4 \cdot \sigma'_{v0}$ 得出部分排水状态下砂性土的渗透系数。

3)计算方法的验证

某工程场地 2 个 CPTU 试验孔土分类结果见图 1.74 和图 1.75 所示。从图 1.74、图 1.75 可以看出场地粉土、粉砂层测点基本都落在 $B_q Q_t < 1.2$,$F_r Q_t < 0.3$,$F_r < 0.2$,$B_q/F_r < 4$ 范围内,属于部分排水条件,因此可以根据上述公式计算各土层渗透系数,如图 1.75 渗透系数随深度的变化曲线,与室内渗透试验结果的对比表明,与室内试验所得的渗

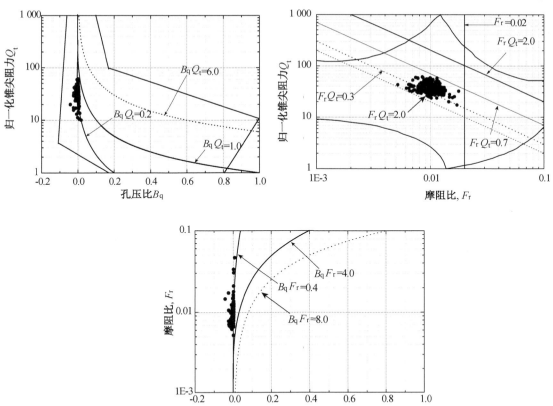

图 1.74　$B_q - Q_t$、$F_r - Q_t$、$B_q - F_r$ 图(hole1)

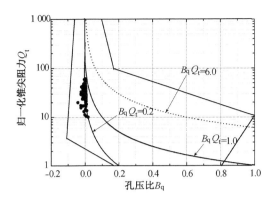

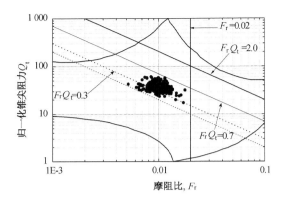

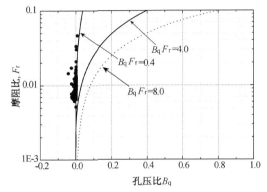

图 1.75　B_q-Q_t、F_r-Q_t、B_q-F_r 图（hole2）

透系数相差不大,渗透系数变化趋势基本相同,同时和 Robertson（1990）根据土性指数确定的渗透系数在同一范围,且相差不大。

试验孔内粉砂层的平均渗透系数可以根据分层平均法进行计算,即:

$$k = \sum_{i=1}^{n}(k_i \times h_i) \bigg/ \sum_{i=1}^{n} h_i \qquad (1.81)$$

式中,k_i 为部分排水条件下第 i 层的渗透系数;h_i 为第 i 层的厚度,这里取 0.05 m。

$$\begin{aligned} k &= \sum_{i=1}^{n}(k_i \times h_i) \bigg/ \sum_{i=1}^{n} h_i \\ &= 0.000\,156(\mathrm{m/s}) \\ &= 13.48(\mathrm{m/d}) \end{aligned}$$

计算结果与场地抽水试验计算的渗透系数平均值（13.5 m/d）基本相等,说明用此种方法求取的渗透系数完全可以准确测定部分排水条件土层的渗透系数。

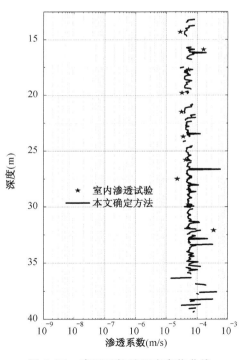

图 1.76　渗透系数随深度变化曲线

1.5.6　深基坑工程静止土压力系数原位测试研究

静止土压力系数(K_0)是岩土工程中一个非常重要的参数,是地铁深基坑工程数值模拟必需的参数,也是室内试验中恢复原始应力状态的必备参数,同时也是挡土结构、桩基、边坡分析等需要的参数,因此能否准确地确定 K_0 对工程设计、工程造价、安全可靠性程度均有直接影响。国内外针对 K_0 的确定方法进行了大量研究[64],取得了不同程度的成功,但由于工程中涉及的土体往往经历了复杂的加卸载过程,室内外试验均很难恢复或保持土体真实的应力历史,因此,原位水平应力(σ'_{h0})及 K_0 的确定仍然是目前岩土工程中的难题之一。国内,目前主要采用 K_0 固结仪或三轴仪进行室内 K_0 固结试验确定。国外广泛使用的扁铲侧胀试验(DMT)、自钻式旁压(SBP)或预钻式旁压试验(PMT)、水力劈裂试验及地震波孔压静力触探试验(SCPTu),过去在国内应用并不是很多。进入 21 世纪,随着地铁工程的大规模建设,深基坑工程及相应的技术规范对 K_0 的试验确定提出了新的要求,DMT、PMT 等原位试验方法开始在勘察中得到了一定应用,提出了一些地方的经验公式。下面将以江苏苏州地铁 1 号线星湖街站和玉山公园站为工程案例,采用多功能 SCPTu、扁铲、旁压试验等多种原位测试技术,并与室内试验及地区经验进行综合比较,对各种确定 K_0 的技术方法进行了评价比较,重点对基于 SCPTu 的确定方法进行了深入分析。

1.5.6.1　静止土压力系数对基坑开挖位移的影响分析

图 1.77～图 1.79 为不同静止土压力系数取值时深基坑的变形曲线,从图 1.77 可以看出:随着静止土压力系数的增大坑底隆起逐渐变小,且整个基坑内变化不大。从图 1.77 静止土压力系数对坑底隆起的影响、图 1.78 静止土压力系数对地下连续墙侧向位移的影响、图 1.79 静止土压力系数对墙后地表沉降的影响可以看出:随着静止土压力系数的增大,地下连续墙的侧向位移和墙后地表沉降逐渐变小,且变形规律基本一致。

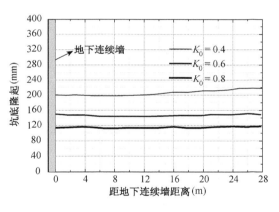

图 1.77　静止土压力系数对坑底隆起的影响

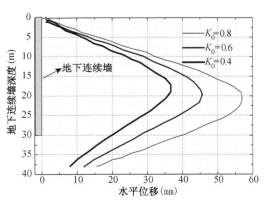

图 1.78　静止土压力系数对地下连续墙侧向位移的影响

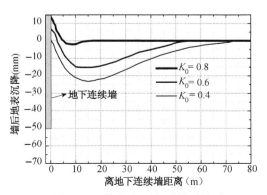

图 1.79　静止土压力系数对墙后地表沉降的影响

正是由于静止土压力系数的大小对基坑开挖的变形有很大影响,所以有必要准确地确定静止土压力系数的大小,本文将基于原位测试技术探求确定静止土压力系数的方法。

1.5.6.2　静止土压力系数(K_0)确定方法

获得 K_0 的方法主要包括:经验公式法,室内试验法,原位测试法和反分析法。目前,国内外常用的各种确定方法总结于表 1.22 中。下面将对其中的基于 SCPTu 的三种确定方法:Mayne & Kulhawy (1982)、Kulhawy & Mayne (1990)、Mayne (2001),基于 DMT 的4 种确定方法,基于 PMT 的确定方法进行对比研究。

表 1.22　K_0 确定方法总结表[83]

来源		关系式	说明
理论关系式	Jaky (1944)	$K_{0(NC)} = 1 - \sin \varphi'$	正常固结土
	Brooker & Ireland (1965)	$K_{0(NC)} = 0.95 - \sin \varphi'$	砂土
室内试验方法	Schmidt (1966)	$K_{0(OC)} = K_{0(NC)} OCR^m$	Meyerhof(1976),$m = 0.5$;Mayne & Kulhawy(1982),$m = \sin \varphi'$;Simpson 等 (1981),$m = 0.41 \sim 0.5$
	Alpan (1967)	$K_0 = 0.19 + 0.233 \log I_p$	正常固结粘土
基于 SCPTu 的确定方法	Andresen 等 (1979)	使用 S_u/σ'_{v0} 和 I_p 图确定 OCR、K_0	粘性土和无粘性土
	Mayne & Kulhawy (1982)	$K_{0(OC)} = K_{0(NC)} OCR^{\sin \varphi'}$ $= (1 - \sin \varphi') OCR^{\sin \varphi'}$	粘土,粉土,砂土和砾类土;对干净砂,$\sin \varphi' = 0.65$
	Kulhawy & Mayne (1990)	$K_0 = \alpha \left(\dfrac{q_t - \sigma_{v0}}{\sigma'_{v0}} \right)$	(自然沉积超固结)细粒土,$\alpha = 0.1$
	Mayne (2001)	$K_0 = 1.33 (q_t)^{0.22} (\sigma'_{v0})^{-0.31} OCR^{0.27}$	粗粒土
基于 DMT 的确定方法	Marchetti (1980)	$K_0 = \left(\dfrac{K_D}{1.5} \right)^{0.47} - 0.6$　($I_D < 1.2$)	非胶结粘土和砂土
	Lunne 等 (1990)	$K_0 = 0.34 K_D^{0.54}$,($c_u/\sigma'_{v0} \leqslant 0.5$);	新近沉积土
		$K_0 = 0.68 K_D^{0.54}$ ($c_u/\sigma'_{v0} > 0.8$)	老粘土
	苏州地区经验公式 (陈雪元,2005)	$K_0 = 0.34 K_D^{0.54} - 0.06 K_D$	粘性土
		$K_0 = 0.34 K_D^{0.47} - 0.06 K_D$	砂土
	上海地区经验公式 (2002)	$K_0 = 0.34 K_D^n$	淤泥质粉质粘土,$n = 0.44$;淤泥质粘土,$n = 0.6$;
		$K_0 = 0.34 K_D^n - 0.06 K_D$	棕黄色硬壳层,$n = 0.54$;粉土和砂土,$n = 0.60$
基于 PMT 的确定方法		$K_0 = (p_0 - u)/\gamma h$	混合土

(注:φ' 为有效摩擦角;I_p 为塑性指数;S_u 为不排水抗剪强度;σ_{v0}、σ'_{v0} 为总的和有效上覆应力;K_D 为水平应力指数;I_D 为材料指数;c_u 为粘聚力;p_0 为起始水平应力;u 为孔隙水压力;γ 为重度。)

1.5.6.3　试验方法及试验过程

苏州地铁 1 号线的勘察包括 233 个取土钻孔、150 个国产双桥静力触探孔、21 个 PMT 试验孔、24 个 DMT 试验孔、71 个下孔法波速试验孔及 24 个抽水试验孔。在玉山公园站和星湖街站,进行了补充 SCPTu 试验,共 4 孔,并钻孔采用薄壁取土器取原状土样进行了室内

K_0 固结试验,下面主要使用这两站的试验数据。其中,室内土工试验严格按照《土工试验方法标准》(GB/T 50123—1999)进行,DMT 试验采用国产扁铲侧胀仪,PMT 试验采用国产预钻式梅纳旁压仪,SCPTu 试验采用原装进口美国 Vertek-Hogentogler 公司产 200 kN (20 ton)的地震波孔压静力触探仪。

1.5.6.4　试验结果分析

1) 基于预钻式旁压试验(PMT)的方法

PMT 测试的最大深度为 24 m,经过修正的测试结果如图 1.80 所示(图 1.80 扁铲测试结果,图 1.81 K_D 随深度变化曲线)。分析显示,15 m 深度以内采用预钻式 PMT 试验过大地估计了 K_0 值,一般得到室内试验值的 2~3 倍;在 15 m 深度以下,又低估了 K_0 值。这种不吻合现象表明应用预钻式 PMT 确定 K_0 值是不可靠的。造成此种情况的原因主要是预

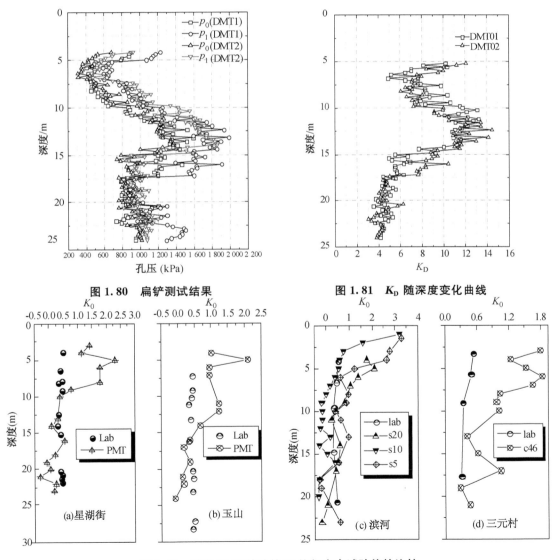

图 1.80　扁铲测试结果　　　　图 1.81　K_D 随深度变化曲线

图 1.82　基于 PMT 试验的 K_0 值与室内试验值的比较

钻式 PMT 本身的缺陷,如预钻孔的过大扰动,旁压器与孔壁的接触,试验时气液压力的损失等。特别是在粉土,砂土中,由于塌孔的原因导致性更低。

2)基于扁铲侧胀试验(DMT)的方法

扁铲侧胀试验看上去非常适合确定静止侧压力系数,在过去很多学者推导出了粒状土和粘性土的 K_0 与 K_D 的关系式[83],但是这些经验关系主要是针对某一特定地区的,由于扁铲侧胀试验引进国内的时间较短,还没有很多的经验关系,对于已经存在的关系也应该慎用。对于该地区地铁一号线的十多个车站进行了各土层 K_D 统计分析,如图 1.83 所示。

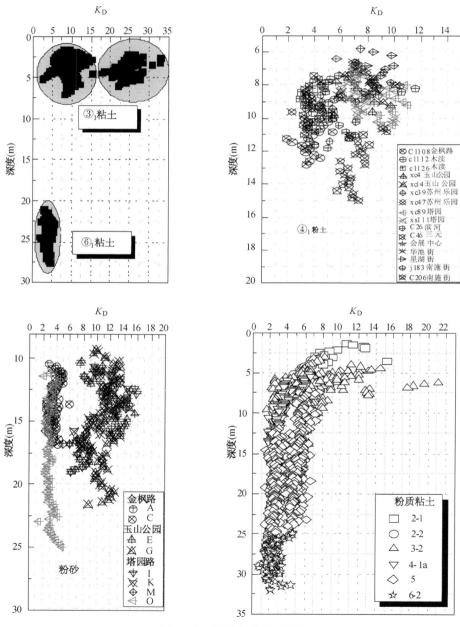

图 1.83　不同土的 K_D 剖面

从上图可以看出土层的 K_D 比较分散,粘土的 K_D 在 2～30 之间,在表层离散性非常大,而在 20 m 以下较为均一,平均值为 4 左右。粉土的离散性也较大,在 2～11 之间,主要是在不同场地土质的组成不一样。对于粉砂,根据不同的场地,有两种趋势,平均值分别为 3 和 11。对于研究场地广泛分布的粉质粘土,K_D 值在 2～6 之间,由于受人为活动的影响,10 m 以上 K_D 值偏大。

取两个车站以室内 K_0 固结试验作为参考对国外提出的关系式进行了比较(图 1.84),正如期望的那样,上海与苏州的地区经验公式与室内试验 K_0 值吻合程度非常好,原因主要是因为经验公式来源于室内试验与 DMT 的比较,数据样本是一致的。其他方法(Marchetti,1980;Lunne 1990)严重地高估了 K_0 值,其中 Lunne(1990)方法相对更接近于实验值。分析认为地区土性的差异导致了这种不吻合现象。Marchetti(1980)和 Lunne(1990)方法在该地区的应用需要进行适当的校核修正。考虑到室内实验值一般低估了实际的 K_0 值,应用 DMT 与其他更精确的原位测试方法(如自钻式旁压仪)进行比较得到经验公式将更符合实际。

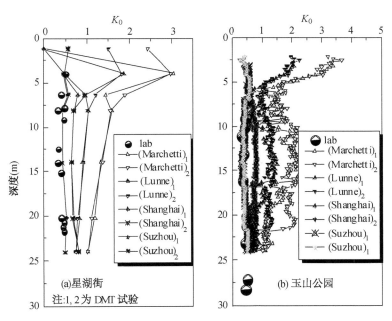

图 1.84　基于 DMT 试验的 K_0 值与室内试验值的比较

3) 基于地震波孔压静力触探(SCPTu)的测试方法

针对两个场地利用 Mayne & Kulhawy(1982)关系式、Kulhawy & Mayne(1990)关系式以及 Mayne(2001)关系进行比较。应该指出的是这三种方法分别针对不同的土,Mayne & Kulhawy(1982)主要针对的是混合土,Kulhawy & Mayne(1990)主要针对细粒土,Mayne(2001)主要针对粗粒土。利用这些方法必须先估算 OCR 和有效内摩擦角 φ,分别采用如下公式[16]:

(1) 有效内摩擦角的估算

对于混合土(砂土、粉土、粘土),$0.1 < B_q < 1.0$ 及 $20° < \varphi' < 45°$,可以根据下式进行计算:

$$\varphi'(°) = 29.5°B_q^{0.121}[0.256 + 0.336B_q + \log Q]$$

式中，B_q 为孔压比 $[=(u_2-u_0)/(q_t-\sigma_0)]$，$Q$ 为归一化锥尖阻力 $[=(q_t-\sigma_{v0})/\sigma'_{v0}]$。

对于颗粒土，$B_q < 0.1$：

$$\varphi'(°) = 17.6° + 11.0\log\left[\frac{q_t}{\sqrt{\sigma'_{v0}\sigma_{atm}}}\right]$$

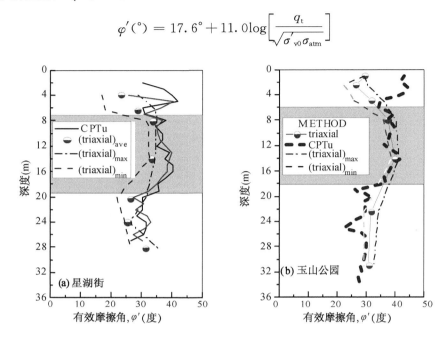

图 1.85　苏州地区第四纪土的实测与预测有效内摩擦角对比图

（2）超固结比 OCR

对于混合土（砂土、粉土、粘土），Mayne 等人提出了先前固结压力的计算公式：

$$\sigma'_p = 0.161(G_0)^{0.478}(\sigma'_{v0})^{0.42}$$

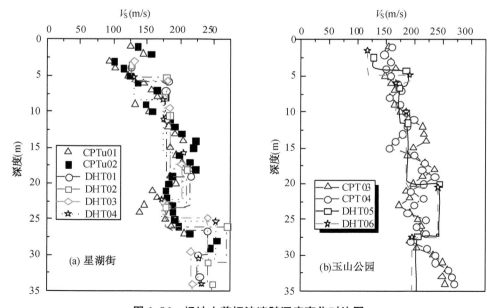

图 1.86　场地土剪切波速随深度变化对比图

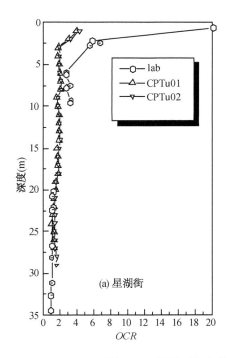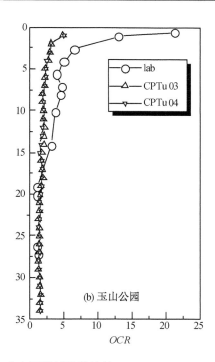

图 1.87　基于 CPTU 的 *OCR* 估算与室内固结试验的比较

图 1.88 为基于 SCPTu 的三种 K_0 预测方法预测结果,从图中可以看出,基于 SCPTu 的预测方法一定程度上高估了 K_0 值(以室内实验值作为参考)。图 1.88(a)显示 Kulhawy & Mayne（1990）方法在 5 m 以内严重地高估了 K_0 值,这意味着该方法不太适合受人工活动影响的年代久远结构性的粘土。而对 20 m 以下的粘性土,该法与实验值吻合较好。图 1.88(b)显示,对于粉砂,Mayne（2001）方法趋向于轻微的高估 K_0 值(与室内试验值相比)。

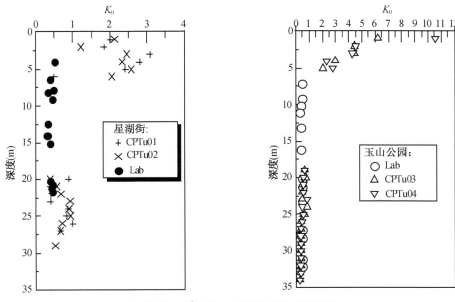

（a）Kulhawy & Mayne（1990）方法（细粒土）

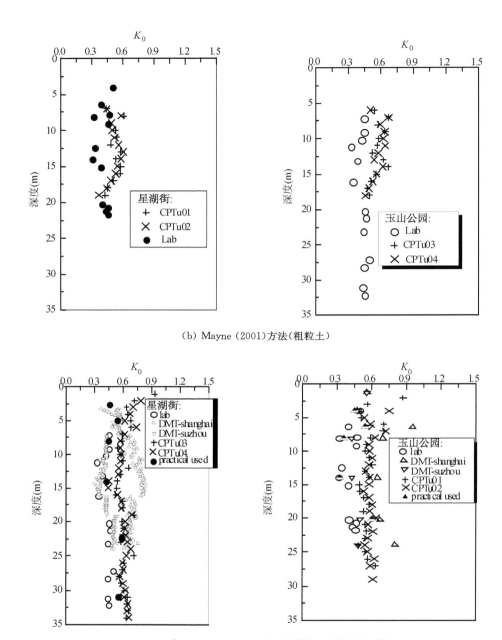

(b) Mayne（2001）方法（粗粒土）

(c) Mayne & Kulhawy（1982）方法（混合土，即各种土类）

图 1.88　苏州三种方法预测 K_0 值与室内固结试验对比图

图 1.88(c)显示，如果与苏州地区的 DMT 试验确定 K_0 值比较，Mayne & Kulhawy（1982）方法有点高估了 K_0 值，而比上海地区 DMT 经验公司得到值要稍小；而 Mayne & Kulhawy（1982）方法确定值与实际使用值比较接近。

对于粉砂，图 1.88(b)、(c)表明，Mayne（2001）和 Mayne & Kulhawy（1982）方法得到的 K_0 值没有明显的差异。考虑到苏州地区土层中粉粒含量较高，具有低的化学固结，取样时对应力释放的高灵敏性，对比时使用的室内试验参考值实际上低估了真实的 K_0 值。因而，Mayne（2001）方法和 Mayne & Kulhawy（1982）方法预测值一定程度上来说是合理的，可以作为初步设计参考值。

4）讨论

国内外的研究表明，无论是室内试验还是原位测试，初始水平应力 σ'_h 或 K_0 的预测值受控于多种影响因素，从而导致预测值不是很可靠，通常认为，σ'_h 的大小与土的组成、应力历史、应力路径、结构特征、土骨架蠕变、胶结物理化学特性等相关。特别是下述几种情况，导致 σ'_h 或 K_0 的确定复杂化：①除了简单的加载-卸载情况外，上述多种因素对 σ'_h 的影响机理并不是很清楚；②在土形成的地质历史中，土的形成会受到多种超固结机制影响；③即使微小的水平应变施加在土体上也会导致 σ'_h 值的实质性改变。

鉴于上述复杂情况，加之真实的参考值难以得到，实际工程中，很难具体判断哪一种方法可以得到 K_0 的代表值。室内试验方法，比如 K_0 固结试验，可以精确控制试验边界条件，不需要进行假定或复杂的分析。但缺陷同样很明显，包括试验尺寸小、取样扰动及应力释放、试验程序要求严格、耗费时间等，一般只适用于粘性土。国外有学者提出基于室内剪切波速测试确定砂类土 K_0 的方法[13]同样存在这些问题。而且，研究表明，室内试验得到的 K_0 值或多或少低估了实际的 K_0 值。

原位测试的方法，包括 DMT、PMT、SBP、SCPTu、应力铲、水力劈裂试验等，通常有一套比较容易操作和分析的方法，在直接测试或间接计算 σ'_h 的大小方面相对有更高的精确性。随着各种原位测试技术商业产品的推出及功能的增加，目前显示出更多的优越性。但各种原位测试技术都存在不同的缺陷，包括试验仪器插入土体造成的不同程度扰动、分析方法需进行假设及简化（特别是土各向异性的简化）等。一般认为应用 SBP 试验可直接确定 K_0，其扰动最小，在国外通常作为参考性试验；DMT、PMT、应力铲、水力劈裂试验等是半直接性试验，试验时对土体应力状态有一定程度的扰动；而 SCPTu 等需要通过建立经验公式来间接确定 K_0。特别值得一提的是，上述各种方法中，由于缺乏设备及经验等原因，SBP、SCPTu、应力铲、水力劈裂试验等在国内应用较少。国外在应用地面无损测试方法（如面波法、电阻率法）或孔内波速法进行 σ'_h 或 K_0 确定方法也做了尝试研究[14]，但并未提出能普遍接受的相应解释方法。

上述分析采用的各种方法之中，SCPTu 可以通过计算 OCR 及 K_0 提供关于土应力历史的丰富信息，但作为一种非直接性方法，需要根据场地特点对已有经验公式进行验证；预钻式的 PMT 试验因其严重的孔壁扰动，试验值往往严重失真；而 DMT 试验结果受试验设备、试验程序及试验人员的影响较大，在国内的应用仍需在测试程序及资料解译等方面建立严格的规程。

本文试验结果也表明采用不同试验方法确定的 K_0 值具有一定程度的变化，其原因一方面是因为土层特征造成，比如土的分层性、土性空间变化、土应力历史、土结构性、土骨架蠕变、化学胶结特性等；另一方面，各种测试方法的固有不同特点也会造成测试结果的变化，比如仪器插入土层的不同扰动、测试速率、操作失误、试验样本大小及试验方向、取样扰动及分析方法假定等。国外亦有学者指出[84]，土颗粒的排列组成、土颗粒间的电化学力、土的矿物组成及来源等更精细的试验分析有助于提高试验结果的精度。

1.5.7 土体小应变条件下特性及基坑围护结构变形分析

随着我国城市建设的快速发展，出现了越来越多大型、复杂的岩土工程，如地铁隧道工程、超高层建筑的深基坑工程等。这些重大工程往往位于建筑物密集、地下设施(各类管线和构筑物)复杂的闹市区,出于保护周边环境的需要,对土体变形有着严格的要求,如上海地铁对一级保护基坑,其允许地表最大沉降量不超过 $0.1\%H$,允许围护结构最大水平位移值不超过 $0.14\%H$(H 为基坑开挖深度),在变形控制要求如此高的条件下,这些重大工程地下结构周围的土体明显处于小应变状态。大量工程实测资料也显示,相当数量的地下结构周围的土体在工作荷载状态下处于小应变状态。Jardine 等[86]、Mair 等[87]、Clayton[88] 认为在基础、基坑和隧道周围的土体除极小一部分区域发生塑性变形外,其他区域土体的应变整体上都很小,主要集中在 $0.01\%\sim0.1\%$ 之间。

表 1.23 给出了国内外一些岩土工程的实测结果,它们证实了许多岩土工程的典型应变均在 $0.01\%\sim0.1\%$ 之间,通常可认为处于小应变状态。

表 1.23　一些岩土工程的实测应变范围[89]

作者及年代	发现或结论
Burland(1989) Tatsuoka 等(1995)	在工作荷载下重要建筑物基础和深基坑周围土体应变基本上要比 0.1% 要小,最大不超过 0.5%
Ward 等(1968)	油罐地基应变不超过 0.01%
Kriegel 等(1973)	德国一些建筑地基的大部分应变不超过 0.1%
Attewell 等(1974)	伦敦一地下隧道除拱顶上方一倍直径范围内的土体垂直应变超过 0.1% 外,其余应变都在 0.05% 以下
Bauer 等(1976)	在 200 kPa 压力下,加拿大软土基础底座(3.1 m×3.1 m)以下 0.78 m 处的土体应变基本上小于 0.2%
罗富荣(2001)	地铁天安门西站隧道施工过程中土体最大变形位于地下 9 m,其最大应变值为 0.45%

实践中,对地下结构周围土体变形的准确预测取决于土体刚度的正确定义,土体的小应变刚度不仅与土体类型、当前应力状态有关,而且与应力路径的改变量和改变方向有重大关系,在土体与结构相互作用过程中,特别是像基坑分级卸载条件下,应力路径比较复杂,土体单元刚度表现为高度非线性。然而,在当前地下工程设计中,受试验条件限制,工程师们通常以常规室内试验手段来确定土体刚度,而从常规试验得到的名义弹性刚度值明显要比小应变条件下土体的真实刚度值小很多,这必然导致理论预测与实际性状之间的差异(数值模拟与实测变形不吻合的问题)。因此,为准确预测基坑的变形性状,应充分考虑土体的小应变特性,并利用土体在小应变条件下的高模量特性进行工程设计优化,这对节省工程投资、提高工程效益具有重大意义。

1.5.7.1　土的非线性刚度

理论上,土的应力-应变特征是完全非线性的,土的刚度也会随着应变的增大不断衰减。这就意味对于一个土木工程,例如基础、挡土墙或者隧道,土的刚度随着支护结构变形以及荷载的变化而变化。关于土的非线性刚度,它的许多方面已经被充分理解,并且包含在数值模型当中,成功用于岩土设计。但这些非线性模型以及数值分析相对复杂,需要特别的测试以及冗长的计算,常常导致应用这些复杂模型和分析方法的实际案例合理性存疑。

图 1.89 描述了典型的土刚度-应变曲线,如图所示,在非常低的应变情况下($\gamma<10^{-5}$),土的剪切模量表现出最大值(G_{max}),并且随着剪应变的增大而减小,在应变接近破坏时,刚

度很小。图 1.89 还给出了试验及工程结构的典型应变范围。Atkinson 和 Sallfors (1991)[90]，Mair(1993)[87] 指出典型土的应变是 0.1%，这说明计量长度为 10 m 时，产生的变化时 10 mm。一般来说，地基土的应变会从远离工程结构的零处，增加到结构附近相当大的值，并且在刚性基础的边缘，这些值会非常大。值得指出的是，Mair(1993)提出的典型应变范围是以为结构提供合理设计的伦敦粘土的刚度为根据。（Burland，1989）[91]也指出土木工程中大多数的变形更接近于原位 K_0 状态和以 G_{max} 为特征的小应变区（如图 1.90 所示）。

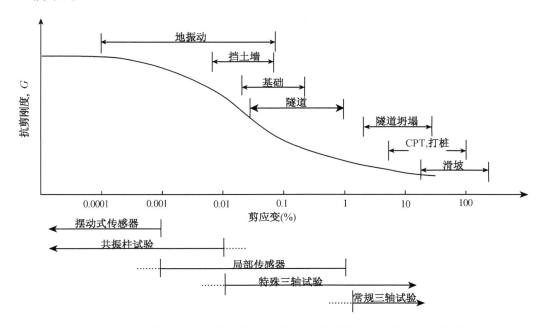

图 1.89　土的刚度-应变特征及室内试验、工程结构具有的典型应变范围

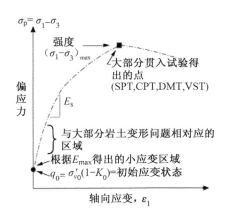

图 1.90　不同模量对应的应变及其与实际工程的关系

目前，土的刚度可以采用现场旁压试验、扁铲侧胀试验、平板荷载试验、螺旋板载荷试验、物探方法来测试（图 1.91），这些试验能够提供应力-应变曲线中某个位置的模量

（图 1.92）。

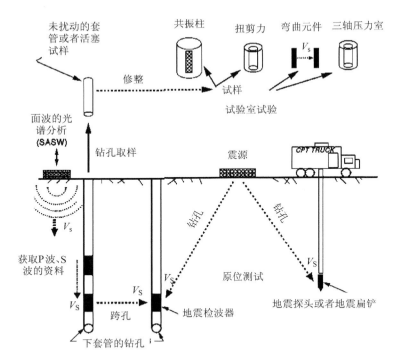

图 1.91 剪切波速(V_s)和小应变刚度 $(G_0 = \rho V_s^2)$ 的室内及现场试验方法

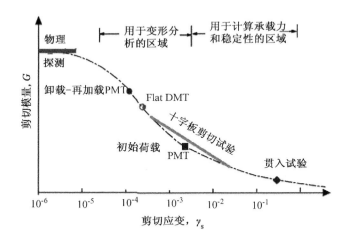

图 1.92 不同应变水平下剪切模量的衰减曲线

剪切模量随剪切应变水平的增加而较少，一般以标准化形式展现，即用现在的 G 除以它的最大值 $G_{\max}$（或者 G_0）。小应变剪切模量(G_0)适用于排水和不排水性状，因为在如此小的应变下，孔隙水压力尚未产生。相应的等价弹性杨氏模量如下：

$$E_0 = 2G_0(1 + \nu)$$

式中，$G_0 = \rho V_s^2$，小应变下泊松比的范围为 $0.1 \sim 0.2$。

土的应力-应变-强度-时间反应是
很复杂的,呈现高度非线性,并且依靠
荷载方向、各向异性、加荷速率、应力水
平、应变历史、时间效应和其他因素。
不同加载情况下剪切模量随着剪应变
水平递减的情况(G/G_0 和剪应变的对
数关系)如图 1.93 所示,其中单调静荷
载曲线显示随应变更快的衰减。新的
测试方法可以精确地测得在小应变、中
等应变、到大应变下的土刚度。

动态荷载条件下 G/G_0 与剪切应变
对数之间的关系得到了很好的研究
(Vucetic 和 Dobry,1991),目前,已经
提出许多的表达式来描述模量衰减过

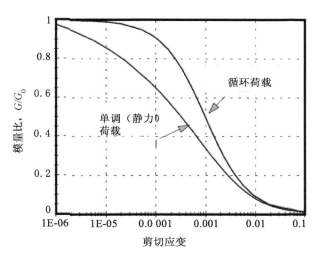

图 1.93　单调和循环荷载下模量衰减

程曲线。对简单双曲线(Kondner,1963)表达式中,仅仅需要两个参数,非常方便:① 剪切
模量 G_{max};② 最大剪应力,或者剪切强度 τ_{max},如图 1.94 所示。但简单双曲线不能够充分
地模拟复杂土性状,后来,提出了许多修正的双曲线表达式,但导致需要的参数增加到 3~4
个。图 1.94 和图 1.95 描述的是非结构性粘土和未固结砂土的代表性剪切模量衰减曲线,
其一般形式可以写成(Fahey 和 Carter,1993;Fahey 等,1994)[92, 93]:

$$E/E_0 = 1 - f\,(q/q_{ult})^g$$

式中,f 和 g 是拟合参量。通过试验和原位荷载资料研究发现,对非结构性土和未胶结土初
步假设 $f = 1$ 和 $g = 0.3$(Mayne,1999)[94]。所发挥应力水平可以通过安全系数的倒数表
示,或者 $(q/q_{ult}) = 1/FS$。也就是说,当应力水平为极限的 1/2 时,相应的安全系数为 2。

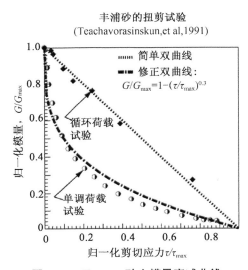

图 1.94　Toyoura 砂土模量衰减曲线

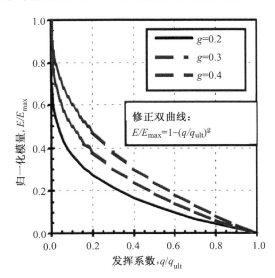

图 1.95　模量衰减的修正双曲线

1.5.7.2 基于SCPTu土体小应变剪切模量(G_{max})的确定方法研究

1) 测试结果

在南京长江四桥南北锚碇试验场地开展了一系列SCPTu探测与传统DHT方法结合，获取了场地V_S分布图。图1.96给出了SCPTu和DHT井下测试中得到的V_S结果。图中可以看出，两种方法测试结果吻合较好，证明了SCPTu方法是可取的；V_S剖面曲线显示出V_S随深度的增加而增加，在深度40 m的地方出现非常大的变化，表明进入到了密实砂土之中；在场地A处淤泥质粉土沉积的深度，可以看到非常低的剪切波速；测试数据还可以看出，SCPTu测试V_S值比DHT测试值要分散得多，B场地的离散性比A场地相对要小一些，这些规律都是与长江漫滩沉积物的复杂性相对应的。

同时，图中显示，DHT测出的V_S值看起来与SCPTu测出的V_S平均值基本相等，因此，考虑到DHT测试成本的高昂以及要花费的时间，SCPTu可以作为测量V_S的主要方法，而DHT测试可以用来作为对比。

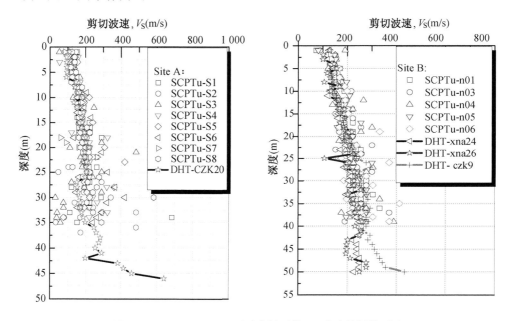

图1.96　SCPTu和DHT测试得到的V_S试验数据的对比

2) 基于CPTU预测G_0值的方法

土的变形特性包括固结指数(C_c，C_s，C_r)和弹性模量(E，G，K，B)，以及速率和蠕变参数。事实上，大部分土工工程变形的研究都与原位试验K_0的状态以及对应的小应变刚度G_{max}(G_0)密切相关，正如以下公式：

① G_0或$G_{max} = \rho_T V_S^2$，式中，ρ_T是总质量密度；V_S是通过不同的试验和原位方法确定的剪切波速。

虽然通过室内试验可以确定G_{max}(如，共振柱，弯曲元，扭剪试验，三轴试验等)，但是测量值受贯入取样、运输、样品制作以及装配干扰，特别是对于砂/粉土，采取原状采样极为困难，除非进行原位冻结取芯，由于成本昂贵，重要工程时才可能使用。鉴于此，工程中倾向于使用现场原位技术获取G_{max}值，其中SCPTu测试技术提供了一种经济、方便的方法来评估土的小应变特性(G_0)以及大应变特性(τ_{max})。对于砂土和粘性土,提出了许多基于 SCPTu 测试数据估算 G_0 的方法,如下表所示。

表 1.24　基于 CPT/CPTU 预测 G_0(或 V_S)方法的总结表

CPT 预测方法	相互关系	主要来源
根据 q_c	V_S 或 $G_0 = \alpha \cdot q_c^\beta$	Jamiolkowski 等, 1985[95]; Baldi 等, 1989[96]; Rix 和 Stokoe, 1991[97]
根据 q_c 和 f_s	$V_S = A \cdot q_c^a \cdot f_s^\beta$	Hegazy 和 Mayne 等 1995[98]
根据 q_c 和 σ'_{v0} 或者 σ_{v0}	$V_S = \alpha \cdot q_t^\beta \cdot (\sigma'_{v0})^\gamma$	Baldi 等,1989[96]
根据 q_c 和 e_0	V_S 或 $G_0 = \alpha \cdot q_t^\beta \cdot (e_0)^\gamma$	Burns 和 Mayne, 1996[99]; Simonini 等,2000[100]
根据 q_c 和 B_q	$G_0 = A \cdot q_t^a \cdot (1+B_q)^\beta$	Simonini 和 Cola, 2000[100]

表中所述方法或者基于 V_S 的直接测量值预测 G_0,或者间接地使用 CPTU 测量值 q_c, f_s, e_0 或者 B_q 来预测,如下述简单表达式:

② $G_0 = f(q_c; q_c, \sigma_{v0}$ 或者 $\sigma_{v0}/; q_c, e_0; q_c, f_s; q_c, B_q)$

这些表达式的主要区别是使用不同的测试参数,公式的适用性与地区相关,取决于不同的数据库。一般来说,对于相同的地区,若仅需粗略估计 V_S 或者 G_0,可以建立使用 q_t 的函数;但当公式中使用其他相关参数时(如 $\sigma_{v0}/, e_0$ 或者 B_q),相关性会得到提高。对两种基于 SCPTu 测试预测 G_0 值的方法介绍如下:

Susan E. Burns 和 Paul W. Mayne[99] 提出了一个适用于粘土的 V_S, q_t, e_0 之间的经验公式 ($n = 339, R^2 = 0.832$):

③ $V_S = 9.44(q_t)^{0.435}(e_0)^{-0.532}$

式中,e_0 是孔隙率,q_t 的单位是 kPa,V_S 的单位是 m/sec。其中,岩土材料的质量密度与剪切波速之间关系如下式 ($n = 438, R^2 = 0.82$):

④ $\rho_T = 0.85\log(V_S) - 0.16\log(z)$ 式中,z 为深度(m),V_S 单位 m/s。

Paolo Simonini 和 Simonetta Cola [100] 根据威尼斯泻湖土(夹层砂土、粉土,以及沉积的粉质粘土)的静力触探试验测量值,提出了小应变模量 G_0 和静探测试参数之间的经验关系式,并得出以下结论:基于 CPT 预测的刚度,使用锥尖阻力及孔隙压力参数 B_q,比单独使用桩端阻力 q_t 更加合理。提出的关系式如下 ($R^2 = 0.628$):

⑤ $G_{max} = 21.5 \cdot q_t^{0.79} \cdot (1+B_q)^{4.59}$

3)孔压静力触探的数据与 V_S 的关系

(1)V_S 与 ρ_T 的关系

为了获得初始刚度 G_0,需要质量密度或重度的估计值或测量值。图 1.97 为应用公式④预测 ρ_T 值与室内试验测试值的比较,可以看出,方程④的预测值一般比试验室测量值稍低,特别是 B 场地。对长江漫滩沉积土(包括粉质粘土,粉土和粉砂,砂土)的数据进行统计,得出 V_S, ρ_T 和深度之间的关系式(图 1.98,$n = 263, R^2 = 0.69$):

⑥ $\rho_T = 0.89\log(V_S) - 0.13\log(z)$

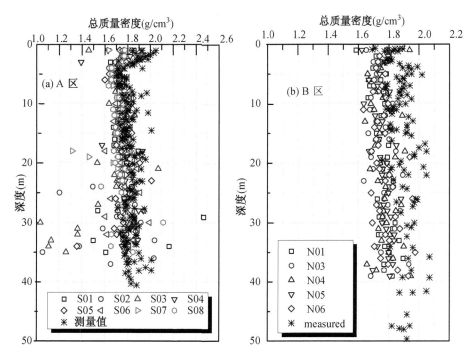

图 1.97 场地 A 和 B 预测 ρ_T 值和实验室测量值的比较

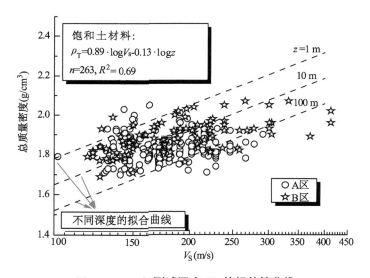

图 1.98 ρ_T 与测试深度、V_S 的相关性曲线

（2）$V_S-q_t-e_0$ 关系

由于桩端阻力 q_t 和剪切波速 V_S 取决于土有效应力状态，可以建立 V_S-q_t 二者之间的关系。图 1.99 显示的是 A、B 场地 SCPTu 测量 V_S 值与使用公式③预测得到 V_S 值的对比，图中可以看到两个场地预测值均有一定程度的分散性，尤其是 B 场地的砂土（图 1.99），原因可能是由于上述方程适用的数据库主要包括粘土区域，而且，在较薄的土层，差异更加明显，V_S 值呈现迅速增加或者减少。

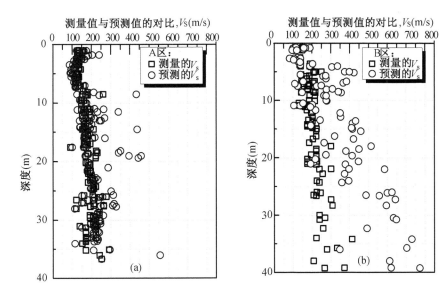

图 1.99　场地 A 和 B 处 V_S 测量值和预测值的比较

采用多元回归的方法对场地 A 和 B 处混合土（粘土和砂土）V_S，q_t 和 $\sigma_v{}'$ 或者 e_0 的关系式进行了统计，具体如下：

⑦ $V_S = 49.4(q_t)^{0.17}$，$n = 262$，$R^2 = 0.45$

⑧ $V_S = 39.3(q_t)^{0.18}(\sigma_v')^{0.06}$，$n = 260$，$R^2 = 0.64$，

⑨ $V_S = 107.8(q_t)^{0.06}(e_0)^{-0.82}$，$n = 259$，$R^2 = 0.71$，

其中 V_S 单位是 m/s，q_t 单位是 kPa，σ_v' 单位是 kPa。

图 1.100 中 $V_S - q_t - e_0$ 的关系曲线显示三者之间具有很强的相关性。若仅根据 q_t 和 σ_v' 的函数，能够对 V_S 进行粗略的估算；然而，当把孔隙率 e_0 也作为一个相关参数时，能够明显提高它们之间的相关性。但是，使用⑨式时，需要可靠的 e_0 估计值。

（3）$V_S - q_t - B_q$ 的关系

相对于标准贯入试验（SPT），SCPTu 能提供沿深度孔隙压力 u_2 以及 q_t 和 f_s 的连续剖面，特别是，孔隙压力曲线的振荡可以作为土局部变化非常敏感的指标，此外，观察到的超孔隙压力的波动在解释土的力学机理时，也非常重要。对于长江漫滩沉积土，超固结比具有很小的变化，而

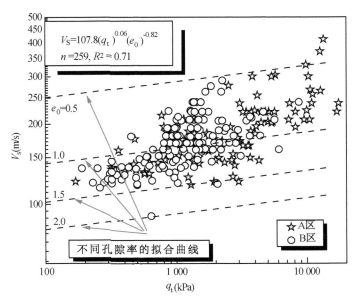

图 1.100　剪切波速 V_S —锥尖阻力 q_t —e_0 的关系曲线

95

层状沉积结构,使得孔径分布及相关土的渗透性随着深度变化显著。因此,贯入时超孔隙压力水平的提高,受土类型变化的影响比超固结比的影响更大。对于粗粒土(如砂土和粉砂土),B_q 近似等于零,甚至比零还小,孔隙水压力的影响是很小的,因此,不在统计的范围内。对于细粒土(粘土或粉质粘土),考虑到土的类型和结构状态,利用函数 $f(B_q)$ 代替 $f(e)$ 是合适的。

对于这种漫滩沉积的细粒土,统计公式如下:

⑩ $V_S = 38.1 \cdot q_t^{0.23} \cdot (1+B_q)^{-0.32}$, $n = 172$, $R^2 = 0.78$

通过上述分析对比,可以对分别使用 σ'_v、e_0 以及 B_q 预测 V_S 关系式的适用性进行评价。很明显,⑩式细粒土 V_S 预测值,通过引入 B_q 值可靠性得到改进,使用该模型对细粒土 V_S 试验值的拟合度比公式⑦、⑧和⑨要好。换句话说,考虑细粒土的结构条件,应用孔隙压力参数 B_q 以及锥尖阻力 q_t 更加合理,预测时,孔隙压力参数以及锥尖阻力可作为上覆应力和孔隙率的代替参数。值得注意的是,在使用测量值 u_2 计算孔压参数 B_q 时,必须牢记 B_q 对小的误差非常敏感,因此在进行孔压静力触探时,建议采用严格的试验程序,确保孔压元件的饱和。

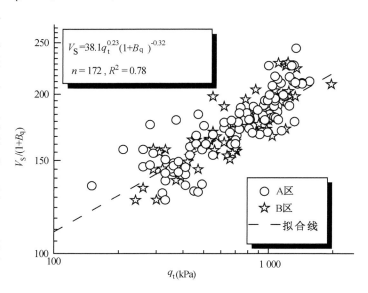

图 1.101　$V_S - q_t - B_q$ 关系曲线

1.5.7.3 考虑土体小应变特性的基坑工程数值分析比较

在前文土体小应变模量计算参数分析基础上,下面采用一种能够考虑土体小应变特性的土体模型,以某深基坑工程为例,开展基坑三维有限元模拟方法,并以实测数据验证考虑小应变特征分析方法的优越性。

1) 工程概况

某地铁车站主体结构外包尺寸长约 122.0 m,标准段宽约 18.7 m。车站两端区间均采用盾构法施工,本车站东端头井均为始发井,西端头井分别为始发井和接收井。基坑采用明挖法(局部盖挖)施工,主体围护结构采用 $\phi 1\,000@800$ 咬合桩,桩长有 27.2 m、28.2 m、31.2 m 三种,围护桩在使用期间通过压顶梁(桩顶冠梁)参与车站抗浮。基坑第一道支撑采用截面 800 mm × 700 mm 的现浇钢筋混凝土支撑,车站标准段第二、三、四道撑均采用直径 609 mm(壁厚 16 mm)的钢管支撑。混凝土支撑的纵向最大间距为 6 m,钢支撑的平均纵向间距为 3 m。车站标准段基坑埋深 15.3 m,端头盾构井基坑埋深 17.3 m。西端头井段设置临时钢格构立柱,立柱桩采用 $\phi 800$ 的钻孔灌注桩+钢立柱。

基坑开挖深度范围内土层主要物理力学指标如表 1.25 所示,基坑底板处于④层和⑤层土,围护结构插入土层⑥。场地内地下水主要有潜水、微承压水和承压水。浅层孔隙潜水主要接受大气降水的入渗补给,同时接受沿线污水、自来水的渗漏补给,实测潜水稳定水位埋深 0.5～2.0 m,年水位变幅 1.0 m 左右,微承压含水层的补给来源主要为潜水和地表水,此外有部分地下水管网的渗漏,微承压水头埋深 1.0～2.0 m,年变幅 1.0 m 左右;承压水主要分布在⑦粉质粘土夹粉土层,该土层埋深在 −31.50 m 以下,承压水头标高 −6.68 m,经验算,承压水对本工程施工及运营影响不大。

表 1.25　主要土层物理力学指标

土层号及名称	层厚/m	含水量/(%)	重度/(kN·m⁻³)	粘聚力/kPa	内摩擦角/(°)	与锚固体摩阻力/kPa
①素填土	2.1	32.9	19.1	21.2	13.2	18
③粘土	8.4	28.6	19.7	43.6	10.7	60
④₃粉质粘土夹粉土	4.5	30.9	19.1	13.7	18.3	28
⑤粉质粘土	9.0	30.6	19.3	21.5	17.2	34
⑥₁粘土	8.1	23.2	20.3	51.0	12.7	65
⑥₂粉质粘土	10.9	28.4	19.4	25.8	17.0	48
⑦粉质粘土夹粉土	7.0	32.2	19.0	16.8	16.1	40

基坑标准段横剖面如图 1.102 所示,基坑第一道支撑平面布置如图 1.103 所示,第二、三、四道支撑平面布置如图 1.104 所示。

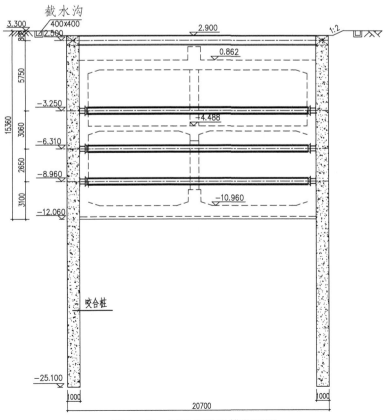

图 1.102　基坑标准段横剖面图

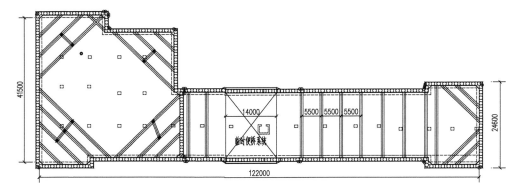

图 1.103　基坑第一道支撑平面布置图

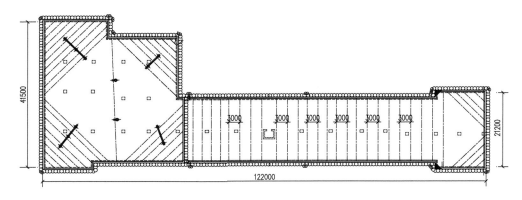

图 1.104　基坑第二、三、四道支撑平面布置图

2）基坑三维有限元模拟方法

（1）几何模型

车站几何模型按照基坑实际尺寸建立，基坑纵向长 122 m，西端头井沿基坑横向长 41.5 m，基坑标准段宽 19.7 m，东端头井沿基坑横向长 24.6 m。基坑最西侧和东端头井处咬合桩长 32 m，其余咬合桩长 28 m，底板下工程桩长 35 m。基坑开挖深度为 15.3 m。

本例中几何模型平面尺寸取 330 m×230 m，约为开挖深度的 6～7 倍；模型深度方向取 100 m，以尽量消除基坑的尺寸效应影响。

模型的边界条件为：左右两侧面节点约束水平方向的自由度，底部节点约束所有的自由度，上表面边界自由。在基坑周边考虑地面超载，作用在距基坑边缘 2～12 m 范围内，大小为 20 kPa。图 1.105 为三维模型的网格划分图，总

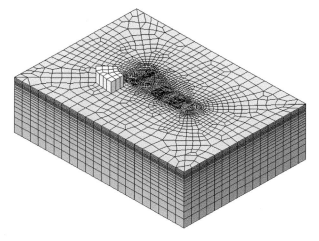

图 1.105　三维模型的有限元网格划分图

单元数为 59 399 个,总结点数为 55 293 个。

（2）土体和结构构件的模拟

土体采用 8 节点实体单元模拟。对于土体本构模型的选取,若全部土层均采用前述考虑土体小应变特性的 Jardine 模型,那么由于该模型参数较多势必带来计算时间的难以接受,因而对于土层①、③、④₃、⑥₁、⑥₂、⑦以及加固区土体,采用 Mohr-Coulomb 模型模拟;同时为检验 Jardine 模型[86]的优越性,对影响基坑变形的主要土层⑤,分别采用 Jardine 模型和 Mohr-Coulomb 模型模拟以进行对比分析;在模型计算范围合理时,距离基底较远的深部土体的变形必在弹性范围内,因此土层⑧采用线弹性模型,这能保证在计算结果合理的前提下加速计算的收敛,提高计算效率。此外,基坑周围的建筑物也采用实体单元线弹性本构模拟。

表 1.26 为建筑物和土层所采用的线弹性模型、Mohr-Coulomb 模型的计算参数,表 1.27 为前文粉质粘土小应变试验研究得到的 Jardine 小应变模型的计算参数,由于场地土层分布有一定变化,表中土层厚度按平均值取。

对于结构构件的模拟,按照刚度等效的原则把咬合桩等效成地下连续墙进行分析,这样有利于模型的建立和网格的划分。前人的经验表明,按等效的壁式地下连续墙设计,结果是偏于安全、合理的。本例咬合桩直径为 1 000 mm,桩间距为 800 mm,等效后的地下连续墙厚度为 892 mm。

表 1.26　基坑土层、建筑物计算参数

土层	层厚 /m	γ /(kN·m⁻³)	E /MPa	ν	c /kPa	φ /(°)	τ_{max} /kPa
①素填土	2.0	19.1	13.3	0.28	21.2	13.2	18.0
③粘土	8.5	19.7	17.0	0.32	43.6	10.7	60.0
④₃粉质粘土夹粉土	4.5	19.1	15.7	0.28	13.7	18.3	28.0
⑤粉质粘土	9.0	19.3	10.4	0.33	21.5	17.2	34.0
⑥₁粘土	8.0	20.3	20.3	0.31	51.0	12.7	65.0
⑥₂粉质粘土	11.0	19.4	18.6	0.32	25.8	17.0	—
⑦粉质粘土夹粉土	7.0	19.0	31.7	0.28	16.8	16.1	—
⑧粉质粘土	—	19.0	49.1	0.32	—	—	—
加固区土体	4	22.0	60.0	0.49	50.0	40.0	—
建筑物	20.0	2.0	30 000	0.17	—	—	—

表 1.27　主要土层小应变模型计算参数

土层	最大刚度 /kPa	中等刚度 /kPa	粘土抗剪强度/kPa	最大刚度的应变	中等刚度的应变	最小刚度的应变	最小应变	最大应变
⑤粉质粘土	136 422	67 781	42.9	0.000 01	0.000 17	0.002 3	0.000 01	0.003 2

结构构件的计算参数见表 1.28。

表 1.28　结构构件计算参数

构件名称	单元类型	γ /(kN·m^{-3})	E /MPa	ν	截面尺寸 /mm
围护墙	板	25.0	30 000	0.167	892
混凝土支撑	梁	25.0	30 000	0.167	800×700
冠梁	梁	25.0	30 000	0.167	1 000×800
钢支撑	梁	78.5	212 000	0.310	ϕ609(壁厚 16)
钢围檩	梁	78.5	212 000	0.310	H400×400×13×21
抗拔桩	梁	25.0	30 000	0.167	ϕ800
立柱	梁	78.5	212 000	0.310	箱形:400×400(壁厚 25)
底板	板	25.0	30 000	0.167	1 100
中板	板	25.0	30 000	0.167	400
顶板	板	25.0	30 000	0.167	800
侧墙	板	25.0	30 000	0.167	700
中柱	梁	25.0	30 000	0.167	1 000×700

图 1.106 围护墙网格划分图,图 1.107 支护体系网格划分图为整个支护体系的网格划分图,其中第一道支撑和第二、三、四道支撑的网格划分分别如图 1.108 第一道混凝土支撑网格划分图,图 1.109 第二、三、四道钢支撑网格划分图所示。

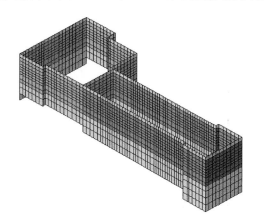

图 1.106　围护墙网格划分图

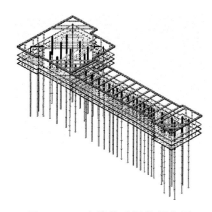

图 1.107　支护体系网格划分图

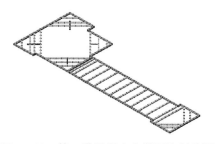

图 1.108　第一道混凝土支撑网格划分图

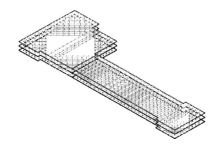

图 1.109　第二、三、四道钢支撑网格划分图

（3）有限元分析的实施过程

采用分期围挡施工，先施工西端头井（一期工程），再施工剩余主体（二期工程），其中主体部分由两端向中间施做。依据现场实际施工情况，有限元分析的实施过程具体如下：

a. 激活土体和建筑物，在自重作用下做初始应力分析；

b. 施工围护墙、抗拔桩、立柱，加固被动区土体，并施加超载；

c. 一期工程中，浇筑桩顶冠梁并开挖至第一道支撑底；

d. 一期工程中，浇筑第一道混凝土支撑并开挖至第二道支撑底；

e. 一期工程中，架设第二道钢围檩和钢支撑，施加预应力，并开挖至第三道支撑底；

f. 一期工程中，架设第三道钢围檩和钢支撑，施加预应力，并开挖至第四道支撑底；

g. 一期工程中，架设第四道钢围檩和钢支撑，施加预应力，并开挖至基底；

h. 一期工程中，施工底板，并拆除第四道支撑；

i. 一期工程中，施工下部侧墙，架设临时换撑，并拆除第三道支撑；

j. 一期工程中，施工中部侧墙、站台层中柱和中板，并拆除第二道支撑；

k. 一期工程中，施工上部侧墙、站厅层中柱和顶板，并拆除临时换撑和第一道支撑；

l. 一期工程中，回填覆土，恢复路面。

m. 二期工程和一期工程施工顺序一样，相应地，重复（c）～（l）步骤。

3）基坑围护结构变形及环境效应分析比较

（1）墙体水平位移

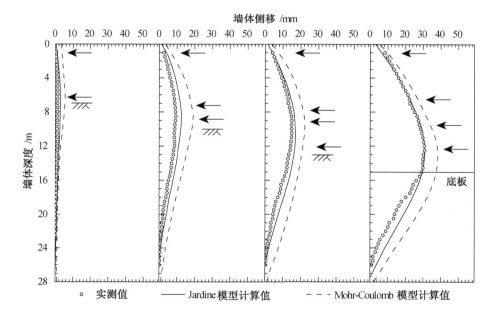

图 1.110　不同工况下围护墙体水平位移实测值与计算结果的比较

图 1.110 为二期基坑围护墙 CX4 测点位置在不同工况下水平位移的实测值、Jardine 模型计算值与 Mohr-Coulomb 模型计算值三者的比较。在第二道支撑架设后，实测墙体侧移值很小，Jardine 模型模拟的墙体侧向变形与监测结果非常接近，Mohr-Coulomb 模型模

拟的结果则偏大;在第三道支撑架设后,Jardine 模型的预测值略微大于实测值,但整体变形趋势与监测结果吻合,侧向变形的影响深度约为 25 m,而 Mohr-Coulomb 模型的计算值和影响深度均偏大;在第四道支撑架设后,Jardine 模型的预测值仍略大于实测值,整体变形趋势与监测结果吻合,侧向变形的影响深度较上一工况有所发展,约为 26 m,而 Mohr-Coulomb 模型的计算值和影响深度均大于监测结果;在底板浇筑后,实测墙体侧移值比架设完第四道支撑后有了很大增长,这是因为基坑已开挖至强度相对较低的⑤粉质粘土层,致使墙体位移有了较大发展,该工况下 Jardine 模型预测的墙体最大侧移及其出现的深度都和监测结果非常一致,墙体侧向变形趋势在底板以上与监测结果一致,在底板以下略大于监测值,而 Mohr-Coulomb 模型的计算值要比实测值高出 23.6%。整体而言,Jardine 模型预测围护墙体水平变形的准确性高,而 Mohr-Coulomb 模型模拟的墙体变形都明显高于监测结果和 Jardine 模型预测结果,这表明 Jardine 模型能够较好地模拟土体在小应变条件下高初始模量及模量随应变衰减的特性,可以大幅改善 Mohr-Coulomb 模型预测不准的问题,同时也反映了城市基坑工程数值分析中采用小应变模型的必要性。

(2)墙顶竖向位移

图 1.111 为不同开挖深度下围护墙顶部竖向位移的实测值、Jardine 模型计算值与 Mohr-Coulomb 模型计算值三者的比较。从图中可以看出,Jardine 模型模拟的墙顶回弹值与监测结果比较接近,且两者趋势一致,都表现为随着开挖深度的增大,墙顶回弹值持续增加,而 Mohr-Coulomb 模型模拟的结果在前四步开挖中均大于实测值,开挖至基底时模拟值有所回落。同样的,Jardine 模型预测围护墙体竖向变形的准确性高于 Mohr-Coulomb 模型,表明小应变模型能更合理地预测基坑开挖引起的围护结构变形。

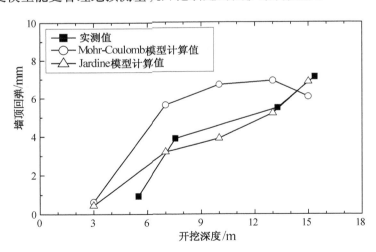

图 1.111　不同开挖深度下围护墙顶竖向位移实测值与计算结果的比较

(3)墙后地表沉降

图 1.112 为不同工况下墙后地表的横向(与围护墙长度方向相垂直的方向)沉降的实测值、Jardine 模型计算值与 Mohr-Coulomb 模型计算值三者的比较。从图中可以看出,Jardine 模型与 Mohr-Coulomb 模型模拟的趋势一致,都表现为凹槽型沉降,Mohr-Coulomb 模型的模拟结果大于 Jardine 模型模拟值。南施街站基坑每个地表沉降监测断面共布置 6

个测点,分别在距离基坑边缘 4 m、10 m、14 m、18 m、22 m、26 m 处,由于距坑边 10 m 处仅有两个测点,因而实测地表沉降曲线未能观察到明显的凹槽形状,但总的来看,Jardine 模型模拟值与监测结果是很接近的,显示出该模型对于地表变形行为的评估有着不错的表现,然而对于沉降影响范围的预估,Jardine 模型预测值略显高估。这可能是实际施工时坑边堆载少、行车荷载少,没有达到数值分析中距坑边 2～12 m 范围内所施加的 20 kPa 的超载,致使实测地表沉降的影响范围比模拟的结果小。

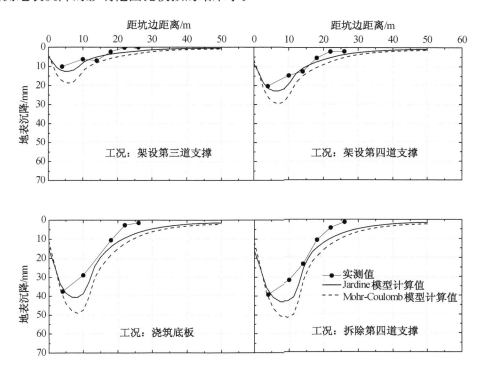

图 1.112　不同工况下墙后地表横向沉降实测值与计算结果的比较

参考文献

［1］沈珠江. 原状取土还是原位测试—土质参数测试技术发展方向刍议[J]. 岩土工程学报,1996, 18(5):90-91.

［2］刘松玉,吴燕开. 论我国静力触探技术(CPT)现状与发展[J]. 岩土工程学报,2004, 26(4):553-556.

［3］孟高头,张德波,刘事莲,等. 推广孔压静力触探技术的意义[J]. 岩土工程学报,2000,22(3):314-318.

［4］张诚厚. 孔压静力触探应用[M]. 北京:中国建筑工业出版社,1999.

［5］孟高头. 土体原位测试机理、方法及其工程应用[M]. 北京:地质出版社,1997.

［6］刘松玉,蔡国军,童立元. 现代多功能 CPTU 技术理论与工程应用[M].北京:科学出版社,2013.

［7］王钟琦,孙广忠,刘双光,等. 岩土工程测试技术[M]. 北京:中国建筑工业出版社,1986.

［8］唐贤强,谢瑛,谢树彬,等. 地基工程原位测试技术[M]. 北京:中国铁道出版社,1993.

［9］Robertson P K, Cabal K L (Robertson). Guide to cone penetration testing[R]. Gregg Drilling & Testing, Inc. ,2012.

［10］ Lunne T，Robertson P K，Powell J J M. Cone Penetration Testing in geotechnical practice［M］. Taylor & Francis Group，1997.

［11］ Campanella R G，Weemees I. Development and Use of an Electrical Resistivity Cone for Groundwater contamination studies［J］. Canadian Geotechnical Journal，1990，27（5）：557-567.

［12］ Robertson P K，Campanella R G，Gillespie D，et al. Seismic CPT to measure in-situ shear wave velocity［J］. Journal of Geotechnical Engineering，1986，112（8）：71-803.

［13］ Hryciw R D，Ghalib A M，Raschke S A. In-Situ Soil Characterization Using Vision Cone Penetrometer［C］. Rotterdam The Netherlands：Balkema，Geotechnical Site Characterization，（Proc. ISC-1，Atlanta，Ga.），1998. Vol. 2，pp. 1081-1086.

［14］ Mayne P W. The 2nd James K. Mitchell Lecture：Undisturbed Sand Strength from Seismic Cone Tests［J］. Geomechanics and Geoengineering，2006，1（4）：239-247.

［15］ Burns S E，Mayne P W. Penetrometers for soil permeability and chemical detection［R］. Georgia Institute of Technology，1998：7-14.

［16］ Paul W Mayne. Cone Penetration Testing，A Synthesis of Highway Practice，NCHRP SYNTHESIS 368［R］. Transportation Research Board，Washington，D. C.，2007.

［17］ Paul W Mayne. Stress-strain-strength-flow parameters from enhanced in-situ tests［C］. Proceedings，International Conference on In-Situ Measurements of Soil Properties and Case Histories，Bali：27-48.

［18］ Yu H S，Mitchell K. Analysis of cone resistance：review of methods［J］. Journal of Geotechnical and Geoenvironmental Engineering，ASCE，1998，124（2）：140-149.

［19］ Durgunoglu H T，Mitchell J K. Static penetration resistance of soils. I：Analysis［C］. Proc.，ASCE Spec. Conf. on In Situ Measurement of Soil Properties，New York：ASCE，1975. Vol. I：151-171.

［20］ Yu H S. Cavity expansion theory and its application to the analysis of pressuremeters［D］. Oxford：Oxford University，1990.

［21］ Bishop R E，Hill R，Mott N E. The theory of indentation and hardness tests［C］. Proc. Phys. Soc.，1945（57）：147-159.

［22］ Vesic A S. Expansion of cavities in infinite soil mass［J］. J. Soil Mech. and Found. Div.，ASCE，1972，98（3）：265-290.

［23］ Mitchell J K，Keaveny J M.. Determining sand strength by penetrometers［C］. Proc. ASCE Spec. Con on Use of In Situ Tests in Geotech. Engrg.，Geotech. Spec. Publ. New York：ASCE，1986（6）：823-839.

［24］ Burns S E，Mayne P W. Monotonic and dilatory pore-pressure decay during piezocone tests in clay［J］. Can. Geotech. J.，1998（35）：1063-1073.

［25］ Skempton A W. The pore-pressure coefficients A and B［J］. Geotechnique，1954，4（4）：1-9.

［26］ Henkel D J. The shear strength of saturated remoulded clays［C］. Proceedings，Research Conference on shear strength of cohesive soils. Boulder，Colorado，1960：533-560.

［27］ Mohsen M Baligh. Strain Path Method［J］. Journal of Geotechnical Engineering，1985，Vol. Ⅲ（No. 9），September.

［28］ Baligh M M. Undrained deep penetration，Ⅰ：shear stresses［J］. Geotechnique，1986a，Vol. 36（No. 4）.

［29］ Baligh M M. Undrained deep penetration，Ⅱ：pore pressure［J］. Geotechnique，1986b，Vol. 36（No. 4）.

［30］ Houlsby G T，Wheeler A A，Norbury J. Analysis of undrained cone penetration as a steady flow problem[C]．Proc．，5th Int．Conf．on Numer．Methods in Geomech．Inc．，Tarrytown，N. Y. Rotterdam，The Netherlands：A. A. Balkema，1985(4)：1767-1773．

[31] Teh C I．An analytical study of the cone penetration test[D]．Oxford：Oxford University，1987．

[32] Charles Paul Aubeny．Rational interpretation of in-situ tests in cohesive soils[D]．Massachusetts：MIT，1992．

[33] Andrew J Whittle．Interpretation of In-situ Testing of Cohesive Soils Using Rational Methods[R]．Annual Technical Report．

[34] Whittle A J．Constitutive modelling for deep penetration problems in clay[C]．Conf．On Computational Plasticity：Fundamentals and Applications．Proc．，3rd Int．，1992. Vol. 2，883-894．

[35] Yu H S，Mitchell J K．Analysis of cone resistance：a review of methods[R]．University of Newcastle，Australia：Internal Rep．Dept．of Civ．Engrg．，1996. 09(No. 142)．

[36] Yu H S，Schnaid F，Collins I F．Analysis of cone pressuremeter tests in sands．[J]．Geotech．Engrg．，ASCE，1996b，122(8)：623-632．

[37] Levadoux J N，Baligh M M．Pore Pressure During Cone Penetration[R]．Research Report R80-15，(No. 666，)Dept．of Civil Engineering，Massachusetts Institute of Technology，Cambridge，Mass．，1980. 310 pages．

[38] De Borst R，Vermeer P A．Finite element analysis of static penetration tests[C]．Proc．，2nd Eur．Symp．on Penetration Testing，1982(2)：457-462．

[39] Griffths D V．Elasto-plastic analysis of deep foundation in cohesive soil[J]．Int．J．Numer．and Analytical Methods in Geomech，1982(6)：311-218．

[40] Budhu M，Wu C S．Numerical analysis of sampling disturbance in clay soils[J]．Int．J．Numer．and Analytical Methods in Geomech，1991(16)：467-492．

[41] Cividini A，Giodatsi G．A simple analysis of pile penetration[C]．Proc．，6th Int．Conf．Numer．Methods in Geomech．，Rotterdam，The Netherlands：A. A. Balkema，1988：1043-1049．

[42] Kiousis P D，Voyiadjis G Z，Tumay M T．A large strain theory and its application in the analysis of the cone penetration mechanism[J]．Int．J．Numer．Analyt．Meth．Geomech．，1988(12)：45-60．

[43] Van den Berg P．Analysis of cone penetration[D]．PhD thesis，The Nethe-rlands，Delft，Delft University，1994．

[44] 蒋明镜．用于触探试验分析的粒状材料本构模型之展望[J]．岩土工程学报,2007，29(9)．

[45] 周健,崔积弘,贾敏,等．静力触探试验的离散元数值模拟研究[J]．岩土工程学报,2007，29(9)：1281-1288．

[46] 马淑芝,贾洪彪,孟高头．孔隙水压力静力触探动态贯入过程的有限元模拟[J]．岩土力学,2002,4．

[47] 陈铁林,沈珠江,周成．用大变形有限元对土体静力触探的数值模拟[J]．水利水运工程学报,2004,2．

[48] Sloan S W，Randolph M F．Numerical prediction of collapse loads using finite element methods[J]．Int J Numer Anal Methods Geomechan，1984(6)：47-76．

[49] Yu H S，Herrmann L R，Boulanger R W．Advanced numerical methods for the analysis of cone penetration in soils[R]．Internal Rep．，Dept．of Civ．Engrg．，University of Newcastle，Australia：1996a．

[50] Salgado R，Mitchell J，Jamiolkowski M．Calibration chamber size effects on penetration resistance in sand[J]．Journal of Geotechnical and Geoenvironmental Engineering，1998，124(9)：878-888．

[51] Robertson P K，Campanella R G．Interpretation of cone penetration tests：sands[J]．Canadian Geotechnical Journal，1983，20(4)：719-733．

[52] Tumay M T，Acar Y，Cekirqe M H，et al．Flow field around cones in steady penetration[J]．Journal

of Geotechnical Engineering, ASCE, 1985, 111(2):193-204.

[53] Kerisel J. Foundations profondes[J]. AITBTP, 1962, 3(179):32-43.

[54] Schnaid F, Houlsby G T. Measurement of the properties of sand in a calibration chamber by the cone pressuremeter test[J]. Geotechnique, 1992, 42(4):587-601.

[55] Gui M W, Bolton M D. Guidelines for cone penetration tests in sand. Centrifuge 98, Kimura, Kusakabe & Takemura (eds)@1998 Balkema, Rotterdam.

[56] Silva M F, Bolton M D. Centrifuge penetration tests in saturated layered sands[R], Proceedings ISC-2 on Geotechnical and Geophysical Site Characterization. Rotterdam: Millpress, Viana da Fonseca & Mayne (eds.), 2004.

[57] Lech Bałachowski. Size Effect in Centrifuge Cone Penetration Tests[C], Archives of Hydro-Engineering and Environmental Mechanics, 2007, 54(3):161-181.

[58] Bolton M D, Gui M W. The Study of Relative Density and Boundary Effects for Cone Penetration Tests in Centrifuge[R]. Report of Cambridge University Engineering Department, UK.

[59] Kurup P U, Voyiadjis G Z, Tumay M T. Calibration chamber studies of piezocone test in cohesive soils[J]. Geotech. Engrg., ASCE, 1994, 120(1):81-107.

[60] 蔡国军. 现代数字式多功能 CPTU 技术理论与工程应用研究[D]. 南京:东南大学博士学位论文,2010.

[61] 涂启柱. 基于 CPTU 测试预测软土路基沉降方法研究[D]. 南京:东南大学硕士学位论文,2010.

[62] 王学仁. 地质数据的多变量统计分析[M]. 北京:科学出版社,1986:223-239.

[63] 王强. 深大基坑设计参数原位测试及优化反分析研究[D],南京:东南大学博士学位论文,2012.

[64] Torstensson B A. Pore pressure sounding instrument[C]. Proceedings of the ASCE Specialty Conference on In Situ Measurement of Soil Properties, Raleigh, North Carolina:ASCE, 1975(2): 48-54.

[65] Chen B S Y, Mayne P W. Profiling the Overconsolidation Ratio of clays by piezocone tests[R]. Georgia Institute of Technology Internal Report, No. GICEEGEO-94-1, Atalnta: 1994: 279.

[66] Burns S E, Mayne P W. Montonic and dilatory pore pressure decay during piezocone tests in clay[J]. Canadian:Geotechnical. Journal, 1998, 35(6):1063-1074.

[67] Jefferies M G, Davies M P. Use of CPTu to Estimate Equivalent SPT N60[J]. Geotechnical Testing Journal, Dec. 1993, 16(4):458-468.

[68] Robertson P K, Wride C E. Evaluating Cyclic Liquefaction Potential Using the Cone Penetration Test [J]. Canadian Geotechnical Journal, 1998, 35(3):442-459.

[69] Robertson P K. Estimating in-situ soil permeability from CPT & CPTu[J]. Canadian Geotechnical Journal, 2009, 46(1):442-447.

[70] Torstensson B A. The pore pressure probe. Norsk jord-og fjellteknisk forbund. Fjellsprengningsteknikk bergmekanikk geoteknikk, Oslo, Foredrag, 34.1-34.15, Trondheim, Norway, Tapir. 1977.

[71] Houlsby G T, Teh C I. Analysis of the piezocone in clay[C]. Proceedings of the International Symposium on Penetration Testing, ISOPT-1, Orlando, Balkema Pub., Rotterdam:1988(2): 777-783.

[72] Robertson P K, Sully J P, Woeller D J, et al. Estimating coefficient of consolidation from piezocone tests[J]. Canadian Geotechnical Journal, 1992, 29(4): 551-557.

[73] Parez, Fauriel. Le piezocone ameliorations apportees a la reconnaissance de sols[J]. Revue Francaise de Geotech, 1988(44): 13-27.

[74] Baligh M M, Levadoux J N. Pore pressure dissipation after cone penetration[R]. Department of Civil Engineering, Massachusetts Institute of Technology, Cambridge, Mass., 1980. R80-11.

［75］ Keaveny J M，Mitchell J K. Strength of Fine-Grained Soils Using the Piezocone. Norwegian Geotechnical Institute，Publication：1988(171)：1-9.

［76］ Senneset K，Janbu N，Svano G. Strength and deformation parameters from cone penetration tests [C]. Proceedings of the 2nd European Symposium on Penetration Testing，ESOPT-Ⅱ. Amsterdam：Balkema Pub.，Rotterdam，1982(2)：863-870.

［77］ Senneset K，Sandven R，Janbu N. Evaluation of soil parameters from piezocone tests［M］. Transportation Research Record 1235，Natl. Acad. Press，1989：24-37.

［78］ Kulhawy F H，Mayne P W. Manual on estimating soil properties for foundation design［M］. Electric Power Research Institute，EPRI，August，1990.

［79］ Janbu N. Soil Compressibility as Determined by Oedometer and Triaxial Tests［C］. Proceedings，3th European Conference on Soil Mechanics，Wiesbaden：1963，1：19-25.

［80］ Janbu N. Soil Models in Offshore Engineering［J］. Geotechnique，1985，35(3)：241-281.

［81］ Elsworth D，Lee D S. Methods and limits of determining permeability from on-the-fly CPT sounding ［J］. Geotechnique，2007，57(8)：679-685.

［82］ Elsworth D，Lee D S. Permeability determination from on-the-fly piezocone sounding［J］. Geotech. Geoenviron. Eng.，2005，131(5)：643-653.

［83］ 童立元，刘松玉，张焕荣，等. 应用 SCPTu 确定静止土压力系数的试验研究［J］. 土木工程学报，2013 (4)：117-123.

［84］ Kamei T. Simplified procedure for evaluating the coefficient of earth pressure at rest［J］. Memoirs of the Faculty of Science and Engineering，Shimane University，Series A，1997(30)：39-54.

［85］ 上海市勘察设计协会. DBJ08-61-97 上海市标准 基坑工程设计规程［S］. 上海：上海市建设委员会，1997.

［86］ Jardine R J，Potts D M，Fourie A B，Burland J B. Studies of the influence of non-linear stress-strain characteristics in soil-structure interaction［J］. Geotechnique，1986，36(3)：377-396.

［87］ Mair R J，Taylor R N，Bracegirdle A. Subsurface settlement profiles above tunnels in clays［J］. Geotechnique，1993，43(2)：315-320.

［88］ Clayton C R I. Stiffness at small strain：research and practice［J］. Geotechnique，2011，61(1)：5-37.

［89］ 高新南. 小应变条件下基坑围护结构变形分析方法及应用研究［D］. 南京：东南大学博士学位论文，2012.

［90］ Atkinson J H，Sallfors G. Experimental determination of stress-strain-time characteristics in laboratory and in-situ tests［C］. Proceedings of 10th European Conference on Soil Mechanical and Foundation Engineering，Florence，1991(3)：915-956.

［91］ Burland J B. Ninth Laurits Bjerrum Memorial Lecture："Small is beautiful" — the stiffness of soils at small strains［J］. Canadian Geotechnical Journal，1989(26)：499-516.

［92］ Fahey M，Carter J P. A finite element study of the pressuremeter test in sand using a nonlinear elastic plastic model［J］. Canadian Geotechnical Journal，1993，30 (2)：348-362.

［93］ Fahey M，Robertson P K，Soliman A A. Towards a rational method of predicting settlements of spread footings on sand［J］. Vertical & Horizontal Deformations of Foundations. & Embankments (GSP 40)，Reston，：ASCE，1994，1：598-611.

［94］ Mayne P W，Schneider J A，Martin G K. Small and large-strain soil properties from seismic flat plate dilatometer tests［J］. Pre-Failure Deformation Characteristics of Geomaterials. Torino，Balkema，Rotterdam：1999，1：19-426.

［95］ Jamiolkowski M，Ladd C C，Germaine J T，et al. New developments in field and laboratory testing of soils［C］. Theme Lecture，Proc. XI ICSMFE. San Francisco：August 12-16，1985，1：57-153.

［96］ Baldi G，Bellotti R，Ghionna V N，et al. Modulus of sand from CPT and DMT［C］. Proc. ，12th Int. Conf. on Soil Mech. And Found. Engrg. ，Balkema，Rotterdam，the Netherlands：1989，1：165-170.

［97］ Rix G J，Stoke K H. Correlation of initial Tangent Modulus and Cone Penetration resistance［C］. Proceedings of the international symposium on calibration chamber testing，1991：351-362.

［98］ Hegazy A Y，Mayne P W. Statistical correlations between Vs and cone penetration data for different soil types［C］. Proceedings CPT'95，Swedish Geotechnical Society，1995，2：173-178.

［99］ Burns S E，Mayne P W. Small-and high-strain measurements of in-situ soil properties using the seismic cone penetrometer［M］. Transportation Research Record，No. 1548，Washington D. C. ：National Academy Press，1996，81-88.

［100］ Paolo Simonini，Simonetta Cola. Use of piezocone to predict maximum stiffness of Venetian soils ［J］. Journal of Geotechnical and Geoenvironmental Engineering，2000，126(4)：378-382.

第 2 章　剑桥式旁压仪测试理论及应用

旁压测试自上世纪 50 年代以来已经逐渐成为一种在岩土工程勘察行业内广泛使用的原位测试手段。随着越来越多的科研人员参与到旁压仪的研发中来,旁压仪的制造技术得到了极大提升,测试数据的精度也有了很大改善,同时也出现了大量新的旁压试验数据分析方法。虽然旁压测试的基本理念和理论基础没有根本的变化,但是现代旁压仪已经成为一种精密的测试机器,不同厂商的产品也存在较大差异。由于国内外已经有很多专家学者撰写了多部有关旁压测试基本原理和分析方法的著作,本章就此不再赘述,而着重介绍剑桥式旁压仪的技术特点,使用方法,数据处理及在实际工程当中的应用。

2.1　旁压仪发展简介

工程勘察能够为岩土工程师提供一系列反映土壤力学性质的参数,例如强度、变形特性、初始侧压力以及渗透系数等,这其中很多参数都可以由旁压测试直接测量或推导得到。20 世纪 30 年代,德国工程师 Kögler 首先提出了在钻孔中通过对土施加横向载荷从而测量土力学性质的方法。1957 年,法国工程师 Louis Ménard 研制出第一代三腔式旁压仪,并且随后在全世界得到广泛的应用,由 Louis Ménard 发明的旁压仪也被命名为梅纳式旁压仪。一系列基于梅纳式旁压仪的实验方法及数据处理的经验公式也在同一时期提出。我国于上世纪 80 年代引进了这一技术,在随后的应用中总结建立了一套适合我国地质特点和国情的试验方法和数据处理方法。国内的几家科研机构也成功仿制了梅纳式旁压仪,至今国产梅纳式旁压仪仍然在国内工程勘察领域发挥着巨大作用。

由于梅纳式旁压仪在全世界范围内获得巨大成功,并迅速作为一种标准原位测试手段而被广泛采用,自上世纪 50 年代以来,对旁压仪从原理到应用的研究从来没有停止过。法国、英国、日本、加拿大等多家研究机构或岩土工程设备制造商都推出过各自的改进型梅纳式旁压仪和基于全新理念设计的新型旁压仪。

2.1.1　旁压仪及旁压测试简介

旁压测试是利用安装在旁压仪上的膨胀膜对周围的土体施加均匀的力(如图 2.1 所示),由于旁压仪为圆柱体,所以土体的变形过程可假设满足平面应变条件。在测试过程中,旁压仪对土施加的压力和土体变形之间的关系可转换为土体的应力-应变曲线,而大量的土力学参数即可从曲线分析中得到。

图 2.2 和图 2.3 所示为梅纳式旁压仪的实物图和基本结构图。此款旁压仪可基本分为三个部分:测试单元(旁压仪)、控制单元和管路。旁压仪共有三个腔,上下两个辅助腔冲入

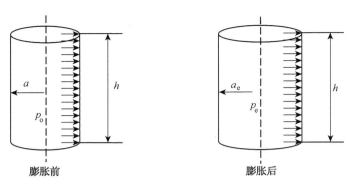

图 2.1 旁压测试原理示意图

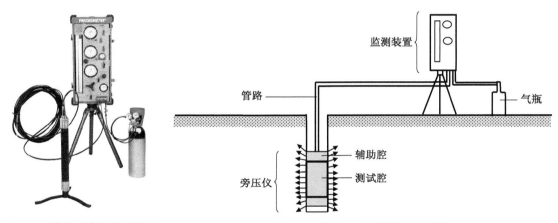

图 2.2 梅纳式旁压仪实物图　　　　图 2.3 梅纳式旁压仪装配示意图

气体并确保中间的测试腔能够对周围土体施加均匀的径向压力,从而使膨胀过程满足平面应变条件。控制单元为旁压仪提供测试动力并且监控测试进程,此类型旁压仪的压力来源为压缩空气,被压入到测试腔内的水的体积由监测装置内的量管读出,从而可以换算得到测试腔的膨胀量。管路是连接旁压仪和控制单元之间的管路系统,用于输送水和气。图 2.4 为梅纳式旁压仪的典型测试曲线,横轴为钻孔体积的变化,纵轴为相对应的压力。梅纳式旁压仪的典型测试数据一般由 10 到 20 个数据点组成。

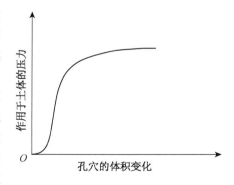

图 2.4 梅纳式旁压典型测试曲线

2.1.2 旁压测试特点

巴居兰(1984)[1]总结了旁压仪作为基础工程的一种测试方法所具有的优点:

(1)旁压测试可以一次性测量或推导大量土力学参数,这些参数可以相对准确地描述土体的弹塑性特征。

(2)旁压测试的本质是测试土在原始位置及状态下的力学特征,这就决定了旁压实验的结果是基于大体积土的测试,而这一点是所有实验室方法所不能达到的。

（3）实验室测试方法对土样品质量要求很高,实验操作相对复杂并且花费较大。同时土样品在提取过程中,采样设备对土体性质的影响也较难控制。而旁压测试完全不用提取土壤样品,而直接在原始位置测试,从而最大限度地保留了土体的力学性质。

（4）不同于很多原位测试方法,某些旁压仪(如自钻式旁压仪)在安装到测试土体过程中,仅对土的原始力学性质产生相对小的扰动。

（5）现代旁压仪安装有多种传感器,这些传感器可以使旁压测试的精度大大提高。

（6）随着制造技术的改进,旁压测试已经可以在几乎所有土体,甚至岩石中进行。

（7）现代旁压仪能够对土体施加很大载荷,从而很好地模拟土体在工程建设和使用过程中真实的受力情况。

（8）科研人员针对梅纳式旁压仪推导了一系列半经验分析方法,并可以直接用于地基设计。而如今在计算机模拟技术的帮助下,工程师们更愿意用旁压仪得到相对准确的土力学特性,从而进行更复杂的设计和分析(如沉降分析,载荷分析等)。

在工程勘察实践中,原位测试和实验室测试一般都会同时进行,多种测试方法之间相互比较可以帮助岩土工程师更好地了解土的力学性质。旁压测试虽然可以在勘察现场即时操作,但是设备安装到土层中的过程对土的影响还很难确定。不同于实验室测试方法,旁压测试能对土施加的载荷种类相对有限,并且在进行数据分析时土层的边界条件也很难定义,同时大量土力学参数是由复杂的数学方法推导得出,这些都直接影响了旁压测试的推广。早期的旁压仪是一种相对简单的装置,很容易操作和校准。但是现代旁压仪由于安装了复杂的电子元器件,旁压测试通常要求经过专业培训的操作人员来完成,尤其是在自钻式旁压仪得到广泛应用以后,旁压仪钻进过程和钻进质量直接影响到旁压测试的结果,没有经过培训的操作人员很难对钻进过程进行有效控制,同时也很难对测试数据进行合理的分析。

2.1.3　旁压仪分类

旁压实验基本上可以理解成为一个圆柱形腔体在内部压力的作用下向土层中膨胀的过程。内部的膨胀压力和腔体体积的变化或者腔体横断面半径的变化是旁压测试的基本数据。旁压仪基本可以分为三大类,一类为预钻式旁压仪,即先在土体中形成一纵向钻孔,再将旁压仪安放到钻孔中的实验位置进行旁压实验(图 2.5);不同的厂商所制造的旁压仪尺寸均有所不同,基本上取决于仪器大规模使用的地区的标准勘察钻孔设备。如在英国,剑桥预钻式旁压仪的直径为 95 mm,而英国常见的钻机能够提供四英寸(大约 101.6 mm)钻孔,这样剑桥式旁压仪就能够方便地和大多数钻机搭配使用。

梅纳式旁压仪为典型的预钻式旁压仪,由于它使用广泛,在许多国家梅纳式旁压仪的操作方法及数据处理仍然是预钻式旁压仪的唯一标准。梅纳式旁压仪通常使用水作为膨胀介质,注入旁压仪的水的体积可换算成为旁压仪的膨胀量,但由于旁压仪在钻孔中的膨胀形态有很大不确定性及注水过程中人为因素和设备条件限制,用水的体积

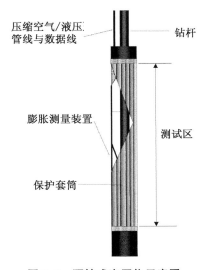

压缩空气/液压管线与数据线　　钻杆

膨胀测量装置

保护套筒

测试区

图 2.5　预钻式旁压仪示意图

换算膨胀量会产生很大误差。为了最大限度地避免次误差,日本的 OYO 旁压仪(Oyometer)和剑桥预钻式旁压仪都采用传感器直接测量膨胀量。

第二类为自钻式旁压仪,即旁压仪头部安装钻进设备,借助钻机提供的下压力,旁压仪可自主钻进到测试位置,同时循环钻进液可以把切削碎屑带回地面,从而保证钻进过程对土的扰动(即土的力学性质的改变)最小。Jézéquel et al(1968)[2]首先提出了自钻式旁压仪的概念,并由此制造了 PAF 旁压仪,而 Wroth et al(1973)[3] 开发了用于测量土的横向应力的 Camkometer,并随后升级为剑桥自钻式旁压仪。不同制造商生产的自钻式旁压仪的构成差异较大,主要是因为在旁压仪内部有限的空间内需要安装大量零部件。图 2.6 展示出自钻式旁压仪的基本内部构成,其中空套筒与外层钻杆相连接,内层钻杆从中间穿过并与钻头相连。位移传感器和压力传感器及附属电子器件安装在套筒与膨胀膜之间的空腔内。钻头与套筒底部的切削器相连,这样钻机提供的下压力,可以使钻头和整个旁压仪整体移动,进入到切削器内的土都可以被钻头切削并由循环钻进液带回到地面。(钻进过程及土碎屑传递过程见 2.3.2 节)

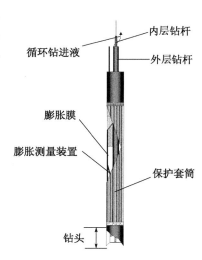

图 2.6　自钻式旁压仪示意图

第三类为贯入式旁压仪,及旁压仪依靠外力强行推进到测试位置。第一章所介绍的CPTU 就是一种典型的贯入式旁压仪。各类旁压仪有不同的适用条件和不同功能,工程师在选用旁压仪的时候,要结合工程项目的实际需求,进行全面考虑。Clarke(1995)[4] 比较全面地介绍了市场上流行的各类旁压设备,虽然近年来各生产厂商大力改进各自的产品,但是基本原理和构造并没有大幅度变化。

旁压仪广义上可以分为这三大类,但是不同的厂商所制造的产品也各有不同。比如自钻式旁压仪,现在在市场上广泛使用的就包括剑桥自钻式旁压仪,法国 PAF 系列的自钻式旁压仪,虽然同为自钻式,但是钻进的方式及所安装的测试设备都各有不同,从而导致了产品的实用性方面存在较大差异。本章将主要介绍剑桥预钻式及自钻式旁压仪两种旁压仪,并重点介绍旁压仪的数据分析方法,很多方法都可以用于分析其他旁压设备得到的原始数据。

2.2　旁压实验的基本过程及土的变化

在介绍旁压数据及其基本分析方法以前,首先要明确旁压测试过程中,土发生了什么样的变化。如前所述,无论旁压仪以何种方式安装到测试位置(预钻或自钻),旁压实验的最终目的是对土施加横(径)向荷载,并记录土在加载及卸载过程中的应力-应变关系。旁压仪为一圆筒状设备,为简明起见,旁压测试可简化为一圆柱体在土层中均匀膨胀及收缩①(如图

---

①　有的学者认为旁压测试过程能否简化为圆柱体均匀的膨胀和圆柱体的高宽比有关 Yu(1990)[5]。通常认为,只要高宽比大于 6,即可基本认为非均匀膨胀对土力学参数推导的影响很小。

2.7 所示）。旁压仪膨胀压力为 p，距旁压仪任意距离 r 的土地单元受到来自径向，纵（轴）向及周向的应力，分别以 σ_r、σ_z 及 σ_θ 表示。图 2.8 为一典型旁压测试曲线示意图。当旁压仪安装到测试位置后，其内部压力开始增加，并对钻孔孔壁施加载荷。通常认为这时孔壁上的土体仍然处于弹性状态，如假设土体是线弹性体的话，此段曲线可视为一段直线，当作用于土体上的应力到达屈服应力（p_f）时，土体开始屈服，也就是说土体的变形不再是完全弹性的。当膨胀压力达到足够大时，旁压仪停止对土体加载，其内部压力开始减小，周围的土体开始卸载。卸载曲线亦可基本分为弹性变形和塑性变形两部分，在本章后边的分析中我们可以发现，卸载曲线所能够传递的信息同样重要，它并不只是加载曲线的反过程。同样应当注意到的是，这条曲线和前述梅纳式旁压仪测试曲线有很大不同，早期的梅纳式旁压仪和很多以梅纳式旁压仪为蓝本的旁压仪并不具有记录土体卸载过程的功能，而现代旁压仪由于安装了更多的传感器，使更多的土参数可以在旁压测试过程中被精确测量，从而使岩土工程师更全面地了解土的力学特征。

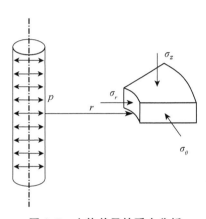

图 2.7　土体单元的受力分析

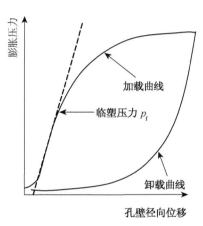

图 2.8　旁压测试的典型曲线

2.3　剑桥式旁压仪

自从上世纪 50 年代 Louis Ménard 研制了第一款商用旁压仪以来，法国道桥研究中心、英国剑桥大学和其他科研机构都独立进行了对旁压仪及旁压测试技术进一步的开发和研究。其中剑桥大学 Peter Wroth 教授和 John Hughes[6, 7] 博士研发了剑桥自钻式旁压仪，并于 70 年代末实现了商业化。在随后大量的工程实践过程中，科研人员又开发了剑桥预钻式旁压仪，时至今日，这两种旁压仪都在全世界得到广泛使用，并积累了大量实践经验。本节对仪器本身只做简单介绍，详细的使用方法和操作请参见相应的产品手册。

2.3.1　剑桥预钻式旁压仪

如前所述，预钻式旁压仪需要安装在一个已经钻好的测试孔中使用。剑桥预钻式旁压仪在早期被称作高压膨胀仪（High Pressure Dilatometer, HPD）（Hughes et al (1980)[6]），主要用于测量软岩,硬质粘土和砂土的力学特性。如图 2.9 所示,此款旁压仪有直径 73 mm 和 95 mm 两个版本,适合不同钻孔,最大测试压力可达到 20 MPa。仪器中间部分为测试区,图中所示测试区被膨胀膜保护套筒覆盖,此保护套可防止土层中坚硬的物体破坏旁压仪及其膨胀部件。图 2.10 所示为保护套筒下的膨胀膜。95 mm 旁压仪膨胀膜的长度大约为一米,也就是大约十倍于旁压仪直径,通过这样的设置可以基本保证测试区膨胀均匀,并且对土体所施加的载荷满足平面应变条件。膨胀膜两端的银色装置(密封垫板)的作用是增加气密性而又保护膨胀膜两端不会受到太大的内部压力。

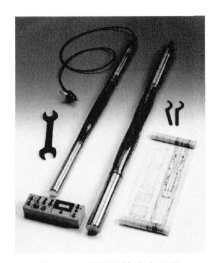

图 2.9　剑桥预钻式旁压仪

图 2.10　剑桥预钻式旁压仪膨胀膜

图 2.11 为预钻式旁压仪的内部结构剖面图,其主要零部件安装在中空钢管(4)上,中空钢管上部连接上保护套筒(3)和液压管线(2),其内部用于通过数据线(11)传递实时测试数

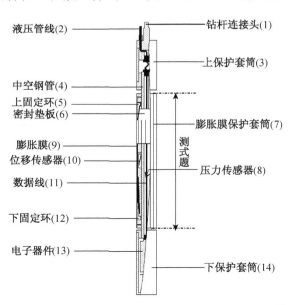

图 2.11　剑桥预钻式旁压仪剖面图(据 Clarke (1995)[4])

据。由于旁压仪内部空间有限,所需大部分电子器件都封存在底部下保护套筒(14)内。膨胀膜(9)和中空钢管之间主要用于安装位移传感器(10)及压力传感器(8)。膨胀膜的安装过程非常重要,如果安装后两端漏气,会直接影响旁压仪所能够达到的最大压力及操作人员对测试进程的控制。膨胀膜安装到旁压仪中空钢管上以后,上下两端都要加装密封垫板(6),同时使用固定环(5,12)固定膨胀膜位置及保证两端的密封性。由于密封垫板在固定环压力作用下可能会产生一点变形,通常操作人员会使用胶带固定其位置(如图 2.10 所示),最后再安装膨胀膜保护套筒(7)。

2.3.2　剑桥自钻式旁压仪

开发自钻式旁压仪的初衷是尽量减小安装旁压仪到测试位置的过程对土体力学特征的扰动。通过在旁压仪前端安装钻头,剑桥自钻式旁压仪可以自行钻进到测试位置,从而最大程度上避免了土体性质由于开凿钻孔而受到破坏。自钻式旁压仪的安装和操作要比预钻式复杂很多,所以操作人员对实时数据的分析和对仪器设备的工作状态的监控,都对随后进行的旁压测试和测试结果的分析起到关键作用。

图 2.12 和图 2.13 所示分别为剑桥自钻式旁压仪的系统示意图和实物图。动力源为柴油发动机连接到钻进系统,使其能够通过钻杆为旁压仪提供钻进所需的下压力,水泵使循环钻进液(通常为水)能够把钻进过程产生的土壤切割碎屑传送到水箱中。监控系统能够实时反馈钻进过程中各个传感器的工作状态,并在旁压仪钻进到测试位置后能够进行旁压测试。

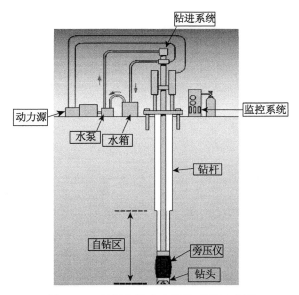

图 2.12　剑桥自钻式旁压仪系统示意图
(根据 Mair et al (1987)[8])

图 2.13　剑桥自钻式旁压仪系统实物图

图 2.14 A 为剑桥自钻式旁压仪实物图,体长大约 1.2 m,直径 83 mm。除了前方钻头以外,此款旁压仪和预钻式旁压仪一样都有一层膨胀膜保护套筒,此套筒为条状金属薄片,钻进开始前,操作人员通常都会在保护套筒上缠上胶带,以防止金属薄片受力变形而损

坏膨胀膜。图 2.14B 所示旁压仪膨胀膜和孔隙水传感器上的透水石,膨胀膜大约 0.5 m 长,在钻进和旁压测试过程中,周围土体的孔隙水压力可通过在透水石下的孔隙水压传感器测得。图 2.14 C 是膨胀膜下的旁压仪主体部分,箭头所指为位移测量臂的顶端并和膨胀膜内侧紧密接触,从而可以精确测量膨胀量。图 2.14 D 为旁压仪内部结构,此款旁压仪在中部圆周上有六个位移测量臂,这样可以更加准确地测量膨胀膜在整个圆周的即时形态。旁压仪上的位移和孔隙水压传感器的分辨率能够分别到达 0.3 微米和 0.1 kPa。

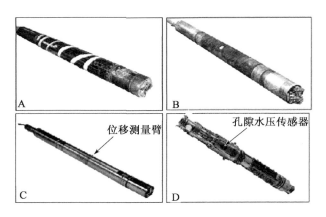

图 2.14　自钻式旁压仪内部结构

旁压仪前端钻头的选用对钻进过程的控制以及对随后的旁压测试有着至关重要的作用,图 2.15 所列为自钻式旁压仪所装配的三种钻头,(A)牙轮钻头,(B)平面钻头和(C)刮刀钻头。通常情况下牙轮钻头适用于硬质粘土/砂土/风化岩石,平面钻头适用于软沙土,刮刀钻头适用于软粘土。操作人员通常需要对测试区域土层有一定了解,才可以选用比较合适的钻头。钻头在切削腔中的位置也是可以调整的,不同的位置决定了切削的效率,从而直接影响到钻进过程对土体原始性质的影响,我们会在关于扰动的章节里更加详细地讨论这个问题。

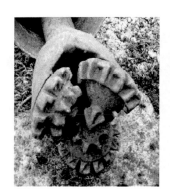

图 2.15　自钻式旁压仪钻头

图 2.16 是剑桥自钻式旁压仪的剖面图。该设备是一个微型掘进机,顶部连接配套的内外两层钻杆,外层钻杆固定在外壳上传输压力,而内层钻杆则驱动设备底部的旋转钻头。钻进时,地面上的钻进系统通过钻杆施加下压力,钻头由内层钻杆带动,土体被旋转钻头切成

很小的碎块。同时地面上水泵把钻进液(通常为水，空气和钻井泥浆也可视情况使用)通过内层钻杆压到钻头前部，再通过内层钻杆和外层钻杆之间的环形腔返回地面，同时带走了所有的土壤切削碎屑，从而保证对孔壁产生最小的扰动。当到达测试位置后，旁压仪可以用空气或非导电的流体膨胀。监控系统配备自动加压装置可以自动控制膨胀膜以恒定的应变速率膨胀。

对自钻式旁压仪的几点说明：

(1) 自钻式旁压仪的优势在于旁压仪能够自主钻进到测试位置从而周围土体的原始力学性质得到最大程度的保留。这就要求在钻进过程中钻头一定能够有效地切削土体，同时切削碎屑能够非常快速地转移到地表，从而避免堵塞钻进液流动通道。对于不同的地质情况可以选用不同的钻头，同时钻头的安装位置也是可以调节的，也就是说切削刃与钻头的顶点之间的距离是非常重要的。如果钻头安装太接近切削刃，如图 2.17(A) 所示，土体会在被切削前受到应力卸载的影响，同时钻进液也会泄漏到切削刃外而对周围土体的孔隙水压产生很大影响。如果太远，会造成设备堵塞从而形成一个闭口管桩，由于下压力的作用，而造成土体受压，如图 2.17(B) 所示。通常自钻式旁压仪钻进过程对土体力学性质的改变称之为扰动，我们会在之后的章节特别加以描述。

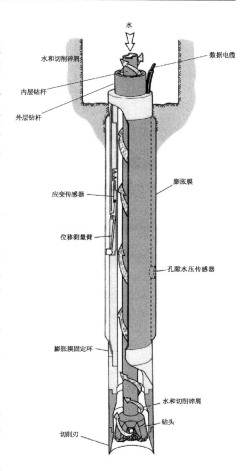

图 2.16　剑桥自钻式旁压仪剖面图

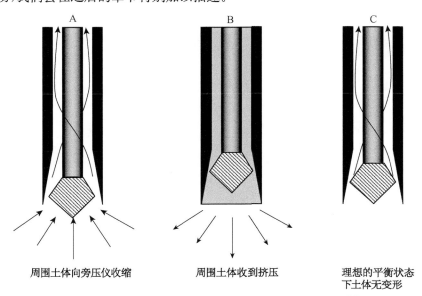

图 2.17　钻头位置对周围土体的影响 (Clarke, 1995)[4]

（2）很多工程师认为自钻式旁压仪可以完全独立自主地从地面钻进到测试位置，而不用借助任何辅助的钻进设备，这种情况其实是非常少见的。图 2.12 所示的钻进系统从理论上的确可以做到独立钻进，但是在实际工程中，很少会这样做，主要因为自钻式旁压仪的切削刃是非常锋利的金属边缘，它能够保证在切削土体时产生尽量小的扰动，而如果旁压仪从地表就开始钻进，整个钻进过程遇到的土层中的坚硬物体很有可能会损坏切削刃，从而影响到旁压测试的质量。但是如果测试位置距地表很近，同时钻进的土层构成相对单一，如均质粘土或砂土，图 2.12 所示钻进系统是可以独立使用的。实际操作中，更多的情况是剑桥自钻式旁压仪和钢绳冲击钻（A）或旋转钻机（B）配合使用，如图 2.18 所示。钻机开钻孔到测试位置大约 1.5 m 以上的位置，然后使用旁压仪的钻进系统，或者直接连接旁压仪到旋转钻机上继续钻进 1.5 m，到达测试位置。需要注意的是，这里所说的到达测试位置，是指旁压仪的位移传感器，也就是旁压仪中部到达测试位置而不是钻头位置。

(A)　　　　　　　　　　　　　　　　(B)

图 2.18　剑桥自钻式旁压仪和钻机配合使用

2.3.3　剑桥式旁压仪的典型曲线

图 2.19 所示为自钻式旁压仪的典型测试曲线，如前所述，位移传感器和压力传感器的测量精度非常高，并且旁压仪的膨胀和收缩过程都是由软件自动控制的，所以可以保证测试曲线是连续和平滑的。这样十分有利于之后使用分析软件对此测试曲线进行分析。

当自钻式旁压仪钻进到测试位置后，操作人员开始向旁压仪内部泵入空气或液压油，旁压仪内部压力开始升高，这里我们暂且假设旁压仪的钻进过程没有扰动周围土体，即周围土体的原始力学性质没有改变。当旁压仪的膨胀压力大于测试位置土体的横向压力时，膨胀膜即开始膨胀（expansion），钻孔壁开始受压并同时产生径向位移，此压力即为膨胀起始点。如果我们假设土体是弹塑性材料，那么在开始阶段，土体的变形是弹性的（图 2.20(b)）。随着对土体的载荷不断加大,在钻孔壁上的土体单元最先到达它的屈服应力,并变成塑性体,这样就在旁压仪周围的土体中形成一个塑性环,并随着载荷的增加而扩大(图 2.20(c))。当载荷增加到一定程度后,操作人员会停止向旁压仪内加压,此时旁压仪的膨胀膜达到最大膨胀量(图 2.20(d))。土体的卸载过程在膨胀量达到最大后马上开始,旁压仪内的气体或液体由于内部压力作用会快速返回地面,膨胀膜迅速收缩(contraction)。土体的卸载过程如同加载过程一样,初期为弹性变形,随后为塑性变形(图 2.20(e)、(f))。

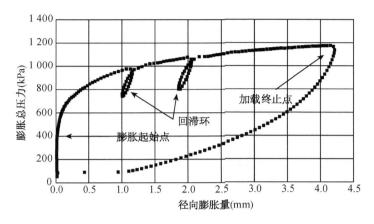

图 2.19　剑桥自钻式旁压仪典型测试曲线

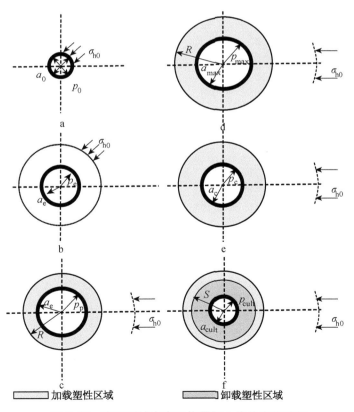

图 2.20　旁压测试中旁压仪周围土体的变化特征

从图 2.19 可以看到,这个测试还包括两个卸载/再加载的回滞环,从经典的固体力学可以知道,塑性材料的卸载和再加载过程可以反映材料的弹性特性,通过分析这些回滞环,可以推导出土体的弹性模量及其变化。我们会在后面数据分析的章节里详细介绍推导方法和土体的弹塑性变化。通常情况下,建议进行至少 2～3 个回滞圈以保证试验的准确性。

图 2.21 所示为预钻式旁压仪的典型测试曲线,由于传感器的使用和自钻式旁压仪没有本质区别,所以曲线的平滑度、解析度和自钻式的曲线是一致的。由于预钻式旁压仪是放置到已经开凿好的钻孔中,所以可以想象旁压仪和孔壁会有一定的空隙,并且孔壁在旁压测试开始前已经完全卸载了,所以在加载曲线的初始部分,膨胀膜持续膨胀填充空隙但是压力并没有随之增加。需要注意的是,虽然孔壁完全卸载导致土体力学性质改变,但是我们会在之后数据分析的章节里了解到,通过对数据进行合理的数学分析,这并不意味着所进行的旁压测试不能得到有意义的数据。

我们知道梅纳式旁压仪也是一种典型的预钻式旁压仪,但由于构造上的根本不同,梅纳式旁压仪不能进行回滞环和土体卸载的测试,所以梅纳式旁压仪所得到的测试曲线和图 2.21 所示的曲线加载部分相似,但是只会有 10～20 个数据点。

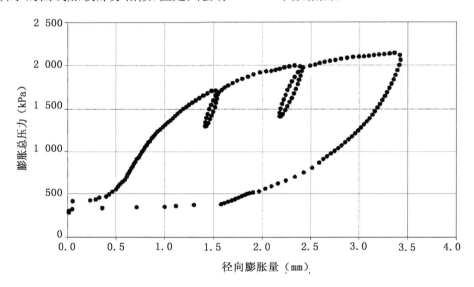

图 2.21　剑桥预钻式旁压仪典型测试曲线

2.3.4　剑桥旁压仪的优势及不足

除了具有 2.1.2 节所提到的旁压测试所具有的特点以外,剑桥式旁压仪独特的优势和不足在于:

1) 优势

(1) 单一测试便可获得土壤大量基础参数。几乎所有数据分析都是基于如图 2.19 和图 2.21 所示的测试曲线。正如上节所述,此测试曲线包括了土体在加载和卸载阶段从弹性体过渡到塑性体的全过程,并且在加载阶段还有回滞环可以描述土体的弹性特征。岩土工程师应用基于弹塑性模型的分析方法可以推导得到土体的重要力学参数,如强度(摩擦角)、弹性模量、屈服应力等。

（2）由于剑桥式旁压仪可以一次性获取大量土壤参数，测试结果通常可以直接应用在复杂的岩土工程数值分析中。

（3）测试精度高。剑桥式旁压仪使用的传感器精度很高，所以可以捕捉到土体在微小应变下的力学特征。我们会在之后的旁压测试的应用章节谈到为什么土体小应变下的力学特征非常重要。

（4）不同于早期旁压仪的分析方法，要获得这些特性，不需要校正经验系数。现代旁压仪的数据采集和分析一般都在计算机上利用商业软件自动进行，从而保证了快速的数据获取和最大程度上减小了人为因素的影响。

（5）旁压测试的速度很快。典型的预钻式旁压测试大约为 20～30 min，自钻式旁压测试由于需要钻进大约 1～1.5 m，所以在均质粘土中进行测试大约共需要 1 h。

（6）测试范围大。以自钻式旁压仪为例，一次标准测试所测试的土体范围约为 0.5 m 高，直径超过孔径十倍的一个柱体。这比室内三轴试验所测试的 38 mm 土样大很多。

（7）图 2.19 所示的曲线的最大应力达到 1 200 kPa，这相当于对土体施加了大约 16 吨的载荷。

（8）商业运行表明，该仪器虽然比传统的原位测试设备更复杂，但其可靠性能很好。

（9）由于旁压仪所施加的载荷是横向的，旁压测试的结果特别适用于预测深基坑的侧向压力，侧向受荷桩的性能。

2）不足

（1）自钻式旁压仪无法在碎石层、硬岩或类似物体中进行钻进，所以一般旁压测试需要常规钻井技术支持。

（2）旁压测试对土体施加横向载荷，此载荷方向和土体的破坏平面往往与具体设计项目所预计情况不一致，例如对垂直平面土体的特性要通过土体的各向异性进行推测。

（3）梅纳式旁压仪被广泛使用之后，许多成熟的设计规范和经验系数都是基于此种旁压测试得到的参数为依据的。尽管剑桥式旁压仪更准确地反映土体的真实状态，但由其得出的参数并不一定都能与梅纳式旁压仪得到的参数一起使用。

（4）大多数简单易用的数据分析方法是基于两个假设实现的，即土体是完全不排水或者完全排水，而真实的土体排水情况要复杂很多，而且取决于很多其他因素。

（5）旁压仪及其相关设备的操作要遵循复杂的现场标准，只能由受过训练的专业人员来操作。

（6）对旁压测试的数据分析需要具备一定岩土工程和土力学知识的专业人员来完成，如使用不恰当方法进行参数分析，测试结果可能会严重误导工程设计人员。

2.3.5　预钻式和自钻式旁压仪的选择

表 2.1 总结了剑桥预钻式及自钻式旁压仪的主要区别，但是在实际的勘察项目中使用何种旁压仪不可一概而论，除了技术方面的考虑，其他的因素往往成为决定因素，如项目预算的设置，钻孔设备的限制等。岩土工程师往往还要考虑勘察项目是否真的需要进行旁压测试，如果工程师对项目地区的土层非常了解，并且已经掌握一些勘察数据，那么高精度旁压测试有可能并不会显著提升施工质量或者使设计更经济实用。而如果项目本身处在城市中心区，或者周围其他设施如高层建筑、市政管线、地铁隧道等对项目设计及施工要求非常

苛刻,那么岩土工程师有可能需要进行大量的数值模拟计算以确保周围设施的安全性。在这种情况下,使用更可靠的原位测试方案以确保设计的有效性就更重要了。

旁压测试所需要的时间也是一个非常重要的考虑因素,旁压测试本身大约需 30～40 min,但是测试之前的钻孔工作和测试之后的收回旁压仪的工作往往更加耗时。尤其是在海底进行旁压测试时,海水在膨胀膜破坏的情况下很容易腐蚀旁压仪内部电子元器件,所以操作人员会选择使用液压油而非压缩空气进行测试。在测试结束后,由于液压油的密度很大,往往需要很长时间才可以回流到地表的存储器,而如果在旁压仪内部液压油没有完全排空的情况下强行使用钻机提升旁压仪的话,很有可能会损坏还处于膨胀状态的膨胀膜。

很多岩土工程师会在进行旁压测试的钻孔中提取土样品用于实验室测试,例如自钻式旁压仪由于自主钻进到测试位置,那么此测试位置的土体结构已无法进行任何其他测试,岩土工程师只能选择在此位置之上/下取样。而预钻式旁压仪情况则很不同,钻机可以在同一位置取得土样,而后旁压仪才被放置进入钻孔进行旁压测试,而所得到的结果可以和基于此位置的土样测试进行比较。

表 2.1　剑桥预钻式和自钻式旁压仪的比较

钻进方式	预钻式	自钻式
钻孔形式	钻机形成大约 2 m 测试空间	通常向前自钻 1～1.5 m
直径	95 mm	83 mm
位移观测系统	6 个位移测量臂	3 或 6 个位移测量臂
位移传感器分辨率	0.5 μm	0.3 μm
最大膨胀量	20～25 mm	6～7 mm
压力传感器分辨率	0.5 kPa	0.1 kPa
最大工作压力	20 MPa(加装密封垫板可达到 30 MPa)	10 MPa
适用土层	均质粘土、砂土、软岩	硬质粘土、砂土、各种岩层
优点	• 土层适用范围广 • 对土体施加的载荷和应变都较大 • 操作相对简单 • 通常比自钻式旁压仪更加节省时间 • 可在同一位置对土壤进行实验室测试	• 对土体扰动小 • 可以测量孔隙水压力 • 经过简单调整可测试土体渗透性
缺点	• 测试土体完全卸载 • 测试孔如果发生塌孔,测试结果会受到影响	• 操作相对复杂 • 通常需要钻机配合使用 • 切削刃容易受到损坏 • 不能提取土样

2.4　剑桥式旁压测试数据分析

在不考虑安装扰动的情况下,旁压测试的过程通常可以认为是一个圆柱腔体在连续的各向同性的弹塑性土体中膨胀或者收缩的过程。半个多世纪以来,众多专家学者和工程师总结和归纳了多种分析旁压数据的方法,由于本节篇幅有限,并不能逐一完整介绍,所有这些分析方法的详细数学推导可参见参考书目或对应的文章。同时需要注意的是,绝大多数分析方法是基于对土的基本力学特征进行的推演,而与用何种方法、何种设备得到的测试曲线没有绝对关系,也就是说这些分析方法并不一定是针对剑桥式旁压仪,也可适用其他旁压仪。但是由于剑桥式旁压仪能够直接测量某些土体参数(如孔隙水压变化,土体的微小应变等),从而使某些分析方法能够得到更有效的应用。

旁压测试可测量或者推导的土力学参数包括[①]:

(1) 变形模量,例如杨氏模量(E),剪切模量(G)。

(2) 强度参数:

① 粘土和弱岩的不排水剪切强度(c_u)

② 砂土的摩擦角(φ)

③ 砂土的膨胀角(ψ)

(3) 土体初始侧压力(σ_{h0})

土体的力学参数往往和土体所受的应力状态和剪切平面有关,通常岩土工程师在使用这些参数的时候,一定要十分明确旁压测试得到的参数是否可以使用到设计方案中,同时还要考虑土体的实际剪切平面和旁压测试有多少相关性,需要的参数是否可以通过换算得到等问题。例如,旁压测试是对土体施加横向的载荷,但是通常土是各向异性的材料,那么旁压测试所得到弹性模量就要通过一定的系数转化成为设计所需要的量,如纵向模量。

在分析旁压测试时,为了简化数学推导的过程,我们通常假设土体是完全不排水(土体体积在测试过程中不会变化)和完全排水(土体体积在测试过程中会发生变化)两种情况。以剑桥式旁压仪在英国的使用情况为例,旁压测试在伦敦地区硬质粘土层(London Clay)中的测试通常认为是完全不排水的,因为此土层的渗透系数一般认为小于 1×10^{-10} m/s,而在伦敦地区 Thanet Sand 砂土层中的测试一般认为是完全排水的,此土层的渗透系数一般大于 1×10^{-5} m/s。当然在使用旁压仪进行固结试验时,以上假设就不成立了。

2.4.1　基本概念及定义

如前所述,旁压测试可以理解成为一个垂直并且无限长的柱状腔体在均质土壤中径向膨胀和收缩的过程,旁压仪周围土体可认为满足平面应变条件,并且轴向位移为零($\varepsilon_z = 0$)。图 2.22 和图 2.23 显示了这个柱状腔体膨胀时的截面和平面视图。假设旁压仪安装在测试位置,并且没有任何扰动,那么当旁压仪内部压力开始升高并与土体水平总应力相等($p_0 = \sigma_{h0}$)时,旁压仪膨胀膜半径为 a_0。内部压力(p)持续增加,膨胀膜开始径向膨胀,此时膨胀膜半径为 a。

因为旁压仪测试是一柱状膨胀腔体,周围的土体的变形可以理解成为是轴对称的,那么在任一距膨胀膜 r 的土体单元上,主应力可以分解为径向应力 σ_r,垂直应力 σ_z 和周向应力 σ_θ,并且它们满足如下解析式(Timoshenko & Goodier(1934))[10]:

$$\frac{\mathrm{d}\sigma_r}{\mathrm{d}r} + \frac{\sigma_r - \sigma_\theta}{r} = 0 \tag{2.1}$$

---

① 剑桥自钻式旁压仪由于安装了孔隙水压传感器,所以还可以进行横向固结测试。同时对设备进行简单调整之后,还可以测量土体的渗透系数,具体方法参见 (Soga, 2001)[9]

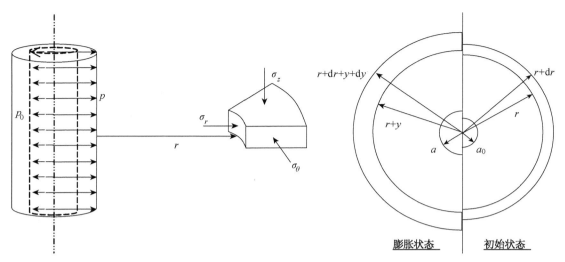

图 2.22 柱状腔体扩张截面视图及任意土体单元应力分布　　**图 2.23 柱状腔体扩张平面视图**

腔体半径从 a_0 膨胀到 a，土体单元内径增加至 $r+y$，同时厚度增加至 $\mathrm{d}r+\mathrm{d}y$。通常土体单元的径向应变定义为：

$$\varepsilon_r = \frac{\mathrm{d}y}{\mathrm{d}r} \tag{2.2}$$

周向应变定义为：

$$\varepsilon_\theta = \frac{y}{r} \tag{2.3}$$

剪应变定义为：

$$\gamma = \varepsilon_r - \varepsilon_\theta \tag{2.4}$$

在孔壁上的土体的周向应变即可定义为：

$$\varepsilon_c = \frac{a - a_0}{a_0} = \frac{y_c}{a_0} \tag{2.5}$$

大多数旁压测试的解析解及分析方法都是从以上几个基本概念出发的。我们知道旁压测试可以直接给出在测试孔壁的土体单元所受的径向载荷以及径向位移，从而可以得到土体的径向应力和应变。同时由于旁压测试在土体原位进行，理论上测试半径为无限大，那么土体在无限远的径向应力即为土体原始的水平应力，并且位移为零。这样的边界条件为旁压测试解析解的推导提供了极大的便利。

2.4.2 弹性形变分析及模量推导

在初始膨胀阶段时，旁压仪周围土体的形变可认为是完全弹性的。那么根据胡克定律可以得到：

$$E\varepsilon_r = \Delta\sigma_r - \mu(\Delta\sigma_\theta + \Delta\sigma_z) \tag{2.6}$$

$$E\varepsilon_\theta = \Delta\sigma_\theta - \mu(\Delta\sigma_z + \Delta\sigma_r) \tag{2.7}$$

$$E\varepsilon_z = \Delta\sigma_z - \mu(\Delta\sigma_\theta + \Delta\sigma_r) \tag{2.8}$$

E 为弹性模量，μ 为泊松比。结合公式（2.1）到（2.4），（2.6）到（2.8），并结合边界条件：

$$y = 0,无限远$$

$$y = a - a_0,孔壁$$

可以给出：

$$y = y_c a/r = \varepsilon_c a_0 a/r \tag{2.9}$$

$$\Delta\sigma_r = \sigma_r - \sigma_{h0} = 2G\varepsilon_c \frac{a_0 a}{r^2} \tag{2.10}$$

$$\Delta\sigma_\theta = \sigma_\theta - \sigma_{h0} = -2G\varepsilon_c \frac{a_0 a}{r^2} \tag{2.11}$$

G 为土体的剪切模量。径向应力 σ_r 和周向应力 σ_θ 变化大小相等，如图 2.24 所示。由于轴向位移为零，所以土体的形变是在体积恒定的情况下进行的，同时平均有效应力变化亦为零，可表示为 $\Delta\sigma_r + \Delta\sigma_v + \Delta\sigma_\theta = 0$。由有效应力原理可知，土体在此过程中不会产生任何超孔隙水压。同时土体的应变随土体距旁压仪膨胀膜的距离增加而减小，在无限远处，土体应变状态不会受到旁压测试影响，同时也不会产生任何应力变化。

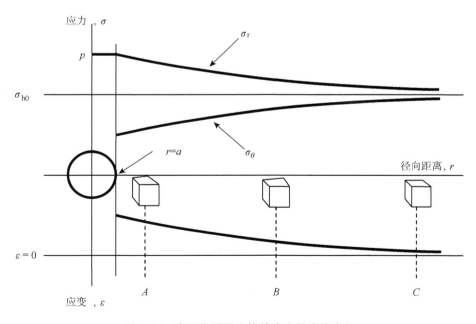

图 2.24　旁压仪周围土体的应力及应变变化

公式（2.10）和公式（2.11）是土体在距膨胀膜任意半径内的通解，当应用边界条件 $r = a$ 和 $\sigma_r = p$ 时，公式（2.10）可以变化为：

$$p - \sigma_{h0} = 2G\varepsilon_c a_0/a \tag{2.12}$$

通常在旁压仪膨胀的初始阶段,膨胀膜半径增量很小,可以假设 $a_0 = a$,所以得到:

$$G = \frac{p - \sigma_{h0}}{2\varepsilon_c} \tag{2.13}$$

也就是说,对于各向同性的弹性体,土体的初始剪切模量可以通过压力和周应变的关系推导得到。

在旁压测试的实际操作中,岩土工程师经常要求勘察人员在加载部分进行卸载或再加载的操作。这种操作会在旁压测试曲线的加载部分产生回滞环,如图 2.25 所示。一般认为,回滞环能够更加准确地反映土体的弹性特征(Mair et al,1987)[8],图 2.25 中回滞环的弹性模量为:

$$G_{ur} = 0.5 \frac{a}{a_0} \cdot \frac{\Delta p}{\Delta \varepsilon_c} \tag{2.14}$$

通常情况下,回滞环会如图(2.3.3 节,图

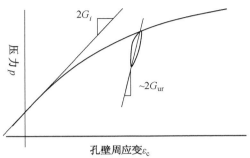

图 2.25　旁压测试初始曲线

2.19)所示,土体并非完美线性关系,我们会在后面的章节介绍如何测量土体的非线性弹性特征。

2.4.3　土体剪应力推导

在实际操作中,大多数旁压测试都是介于完全不排水和完全排水条件之间,但是为了分析方便,我们通常会假设土体是完全排水的或者完全不排水的。当在砂土中进行测试时,我们通常假设为完全排水,超孔隙水压不会产生,但是土体的体积会产生变化。如果旁压测试在粘土中进行,我们通常可以假设此过程是不排水过程,并且土体体积不变,并且旁压仪周围的任一土体单元都是同样的剪切模式(shear mode),区别仅仅在于变形的程度随半径增大而变小,如图 2.24 所示,由此可以推论,所有的土体单元的形变特征都可以由一条应力应变曲线代表,不同之处只是不同的土体单元所处曲线的位置不同(图 2.26)。旁压仪所能够测量的数据是施加于孔壁单一土体上的压力和径向位移,这实际上是从孔壁到无限远所有土体单元形变的效果集合。Palmer(1972)[11],Ladanyi(1972)[12] 和 Baguelin 等(1972)[13] 各自独立地完成了对此过程的数学推导,为了方便起见,我们这里统一称作此方法为 Palmer 方法。完整的应力应变关系式可以表述为:

$$\tau = 0.5\varepsilon_c(1+\varepsilon_c)(2+\varepsilon_c)\frac{\mathrm{d}p}{\mathrm{d}\varepsilon_c} \tag{2.15}$$

由于测试全过程土体体积不变,所以孔壁的周向应变和径向应变大小相等,同时轴向应变为零。当应变很小时,以上关系式可以简化为:

$$\tau = \varepsilon_c \frac{\mathrm{d}p}{\mathrm{d}\varepsilon_c} \tag{2.16}$$

这样我们就得到了一个利用旁压测试曲线在任意点的斜率 $\left(\dfrac{\mathrm{d}p}{\mathrm{d}\varepsilon_c}\right)$ 和孔壁周向应变计算

剪应力的计算式。如图 2.27 所示,测试曲线任一测试点的切线延长线与孔壁压力的焦点(B)与此测试点的压力(A)之差,即为此点的剪应力。

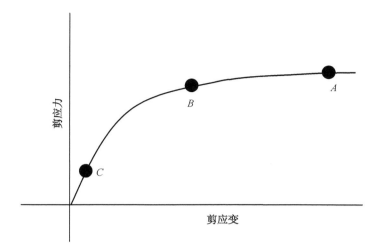

图 2.26　处于不同位置的土体单元的典型剪应力应变曲线

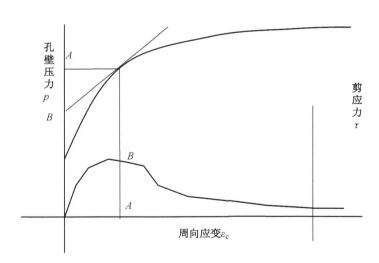

图 2.27　使用 Palmer(1972)[11]方法推导剪应力

因为旁压测试可以看作一个无限长的圆柱体均匀膨胀/收缩,此圆柱体单位长度上的体积变化可通过半径来计算,那么体积与周向应变就有关系式:

$$\frac{\Delta V}{V_0} \approx \frac{\Delta V}{V} = 1 - \frac{1}{(1+\varepsilon_c)^2} \tag{2.17}$$

其中 $V = V_0 + \Delta V$ 为当前体积,同时公式(2.16)也可表示为:

$$\tau = \frac{\mathrm{d}p}{\mathrm{d}[\ln(\Delta V/V)]} \tag{2.18}$$

即如果把测试曲线的横轴转换为体应变的对数形式时,此曲线的斜率即为剪应力。

可以想象,使用此方法的优势是旁压测试过程中剪应力的变化可以快速计算而无需判断测试土体的弹塑性变化。但是由于此方法需要计算测试曲线的切线斜率,这就对测试曲线上数据点数量和曲线平滑度要求很高,如果使用传统梅纳式旁压仪,由于数据点过少,使用 Palmer 方法得到土体剪应力会有很大误差。

2.4.4 弹塑性分析及土体剪切强度推导

当旁压仪对土体施加的压力逐渐增加,和膨胀膜接触的土体首先屈服。如果土体的应力应变关系可由线弹性-理想塑性体来表示(图 2.28)。那么由于

$$\gamma = \varepsilon_r - \varepsilon_\theta \tag{2.19}$$

且在小变形时,ε_r 和 ε_θ 大小相等。由公式(2.13)可以得到

$$p_f - \sigma_{h0} = c_u \tag{2.20}$$

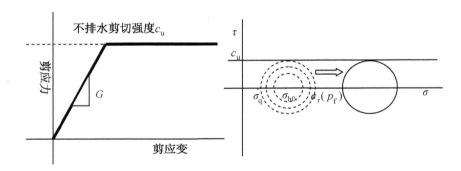

图 2.28 线弹性-完美塑性体的应力应变关系及摩尔圆的变化

如图 2.28 摩尔圆所示,当土体从初始位置(σ_{h0})开始,随着旁压仪膨胀膜逐渐对土体加压,土体径向压力增加,并伴随着周向应力减小,当剪应力达到 c_u 时土体屈服,同时剪应力不再增加,此时土体径向应力与初始应力之差即为 c_u。同时:

$$\frac{\Delta V}{V} \approx \frac{\Delta V}{V_0} = \frac{c_u}{G} \tag{2.21}$$

c_u/G 是当土体屈服时的剪应变,如果假设旁压膨胀为无限长的圆柱体,所以旁压仪单位高度上的体积应变即为土体的剪应变①。当膨胀膜压力持续增加,孔壁上土体的摩尔圆如图 2.28 所示向右移动。由于当前分析假设土体在屈服后,剪切模量为零,所以膨胀膜对土体施加的载荷完全传递到屈服土体的相邻土体单元并使之屈服,此过程不断重复,孔壁周围的土体逐一屈服,形成环状屈服带并逐渐扩大,但是屈服带之外的土体依旧保持弹性状态。此过程由 Gibson & Anderson(1961)[14] 对公式(2.18)进行积分,从而得到关系式:

$$p = \sigma_{h0} + c_u[1 + \ln(G/c_u)] + c_u[\ln(\Delta V/V)] \tag{2.22}$$

---

① 由于剪应变在不排水剪切情况下等于两倍的周向应变并且膨胀体积可假设不变,所以 $\gamma = \frac{\Delta V}{V}$。

当旁压仪膨胀膜持续膨胀，土体的弹塑性边界不断扩大，并最终达到一个极限状态。从公式(2.22)可以看出，当 $\Delta V/V = 1$（$\Delta A/A = 1$）时，膨胀达到一个极限状态，即旁压及周围土体全部屈服，此时的极限压力可表示为：

$$p_{\mathrm{L}} = \sigma_{h0} + c_{\mathrm{u}}[1 + \ln(G/c_{\mathrm{u}})] \tag{2.23}$$

把公式(2.23)代入到公式(2.22)中，我们就可以得到在土体开始屈服后和极限压力到达前，旁压仪的膨胀压力和体积变化的关系式：

$$p = p_{\mathrm{L}} + c_{\mathrm{u}}[\ln(\Delta V/V)] \tag{2.24}$$

如果把旁压测试曲线的膨胀部分转化到 $p - \ln(\Delta V/V)$ 坐标系中（如图 2.29 所示），曲线的直线部分的斜率即为土体在不排水条件下的剪切强度（c_{u}），在横坐标为零（$\ln(\Delta V/V) = 0$）时，膨胀压力即为极限压力（$p = p_{\mathrm{L}}$）。

以上 Gibson & Anderson 的推导是基于土体的原始状态并没有被旁压仪安装过程扰动这一特定的假设，但是在实际操作中，完全无扰动的旁压测试很难达到。所以旁压测试的加载曲线的起始点并不是土体原始状态，从图 2.29 可以看出，如果起始点变化的话，曲线的直线部分的斜率会受到很大影响从而导致土体剪切强度的推导产生误差。我们会在之后章节更加详细地讨论扰动问题。如果观察旁压测试曲线的话，我们发现旁压测试卸载部分的曲线起始点即为加载部分的终止点，图 2.30 所示用摩尔圆的变化来解释旁压测试的卸载过程。$p_{\max}$ 和 $a_{\max}$ 分别为卸载起始点的压力和旁压膨胀膜半径。随着土体的径向压力逐渐减小，周向应力会逐渐增加到与径向应力相等，并持续增加到 $p_{\max}$，这时土体的剪切应力再次达到 c_{u}，同时摩尔圆再次接触到屈服面。当径向压力继续减小时，摩

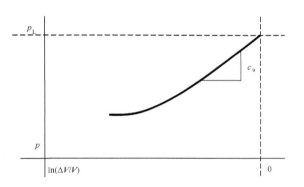

图 2.29　在 $p - \ln(\Delta V/V)$ 坐标系中的旁压膨胀曲线

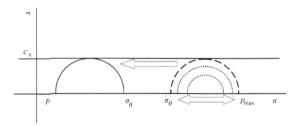

图 2.30　用摩尔圆来表示旁压测试的卸载过程

尔圆的直径不会继续增加，并随着膨胀压力减小而向左移动。Jefferies（1988）[15] 应用 Gibson & Anderson（1961）[14] 的原理到卸载过程中，从而得到：

$$p = p_{\max} - 2c_{\mathrm{u}} - 2c_{\mathrm{u}}\ln\left(\frac{G}{c_{\mathrm{u}}}\right) - 2c_{\mathrm{u}}\ln\left(\frac{a_{\max}}{a} - \frac{a}{a_{\max}}\right) \tag{2.25}$$

从公式(2.25)可以看到，如果把卸载曲线表示在 $p - \ln\left(\dfrac{a_{\max}}{a} - \dfrac{a}{a_{\max}}\right)$ 坐标系中，那么直线部分的斜率是土体剪切强度的两倍（如图 2.31 所示）。

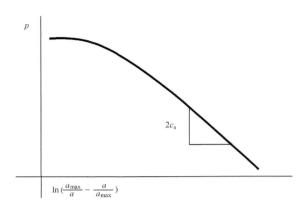

图 2.31　旁压测试卸载曲线分析(Jefferies(1988))[15]

2.4.5　土体的非线性

从 2.3.3 节中,我们可以看到旁压测试膨胀部分和卸载部分的初始阶段,还有回滞环都清楚地显示出土体的形变并非一贯线性的,而是呈现出高度的非线性化,土体的弹性模量随应变的增加而减小。很多科研人员都注意到了这个现象,并尝试了很多方法来描述这个物理过程。这些方法使用简单的数学表达式,并且配合使用一些实验常数来描述土体应力-应变关系,如 Prevost et al(1975)[16]。本节重点介绍 Bolton et al(1999)[17]的分析方法,此方法同样使用相对简单的数学表达式,但是优势在于表达式中的常数可由旁压测试的数据推导得到,这样既简化了分析过程,同时又避免了使用其他实验数据所可能带来的误差。

如果假设土体是弹塑性材料,土体在回滞环中的形变是完全弹性的,并且无论卸载还是再加载过程中,土体的弹性模量是随应变增加而减小的。所以土体的应力应变关系可以理想化成为如图 2.32 所示,即定义土体为非线弹性-理想塑性材料。通常我们可用一个指数关系式来描述这种模量随应变增加而减小的现象(Gunn, 1992[18];Bolton et al, 1993[19]),Bolton et al(1999)[17]定义如下:

$$\tau = \alpha \gamma^{\beta} \qquad (2.26)$$

α 和 β 是可以利用回滞环数据推导得到的常数。这个应力应变关系在之后重建测试曲线的部分中还要再次利用。

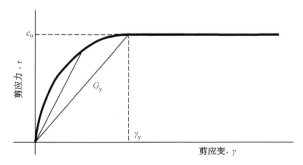

图 2.32　非线弹性-理想塑性材料应力应变关系

由于土体单元满足平衡关系式：

$$r\frac{\mathrm{d}\sigma_r}{\mathrm{d}r}+(\sigma_r-\sigma_\theta)=0 \tag{2.27}$$

同时由于：

$$\tau=\sigma_r-\sigma_\theta \tag{2.28}$$

$$\gamma=\frac{\Delta A}{A} \tag{2.29}$$

平衡关系式可以变换为：

$$\frac{\mathrm{d}\sigma_r}{\mathrm{d}r}+2a\left(\frac{\delta A}{\pi}\right)^\beta r^{-(2\beta+1)}=0 \tag{2.30}$$

此平衡关系式在任一土体单元上都成立，旁压仪可以测量孔壁的压力及膨胀半径，在无限远处土体的水平应力不受旁压测试影响而等于初始应力，所以公式 2.30 即可写作积分形式：

$$\left[\sigma_r\right]_{p_0}^{p_c}=-2a\left(\frac{\delta A}{\pi}\right)^\beta\int_\infty^{r_c}r^{-(2\beta+1)}\,\mathrm{d}r \tag{2.31}$$

从而得到：

$$p_c-p_0=2a\left(\frac{\delta A}{\pi}\right)^\beta\left(\frac{1}{r^2}\right)^\beta\left(\frac{1}{2\beta}\right)=\frac{a}{\beta}\left(\frac{\delta A}{A}\right)^\beta \tag{2.32}$$

代入关系式 $\tau=\alpha\gamma^\beta$ 和 $\gamma=\frac{\Delta A}{A}$，径向应力和剪应力的关系可表达为：

$$p_c-p_0=\frac{\tau_c}{\beta}=\frac{\alpha\cdot\gamma_c^\beta}{\beta} \tag{2.33}$$

当土体屈服后，孔壁径向应力为 p_c，剪应力（τ_c）即为 c_u，同时剪应变达到 γ_{yl}。

当膨胀压力继续增加时，旁压仪周围的环状屈服土体开始增大，弹塑性边界上的土体的剪应力永远都是 c_u，并且满足关系式：

$$r\frac{\mathrm{d}\sigma_r}{\mathrm{d}r}+2c_u=0 \tag{2.34}$$

我们可以利用孔壁及弹塑性边界作为边界条件进行积分，并引入 Gibson & Anderson (1961)[14] 关系式：

$$r_{yl}^2/r_c^2=\gamma_{yl}/\gamma_c \tag{2.35}$$

进而得到：

$$p_c=p_0+c_u\left[\frac{1}{\beta}-\ln(\gamma_{yl})+\ln(\gamma_c)\right] \tag{2.36}$$

可以发现，如果假设 $\beta = 1$，公式(2.36)和公式(2.22)得到相同结果，并且使用相同原理，可以得到非线弹性条件下的极限应力和 c_u 计算方法，如下关系式所示：

$$p_{\mathrm{Limit}} = p_0 + c_u \left[\frac{1}{\beta} - \ln(\gamma_{yl}) \right] \tag{2.37}$$

$$p_c = p_{\mathrm{Limit}} + c_u \ln(\gamma_c) \tag{2.38}$$

Whittle(1999)[20]把此非线性关系式应用到 Jefferies(1988)[15]的分析中，从而得到了旁压测试卸载曲线(unloading)的非线性表达式：

$$p = p_{\max} - 2c_u \left[(1/\beta) + \ln(\gamma_u/\gamma_{yu}) \right] \quad \text{弹塑性阶段} \tag{2.39}$$

$$p - p_{\max} = \left[\alpha/\beta \right] \gamma_u^{\beta} \quad \text{弹性阶段} \tag{2.40}$$

土体在卸载过程中的屈服剪应变为：

$$\gamma_{yu} = \left[\frac{2c_u}{\alpha} \right]^{1/\beta} = \gamma_{yl} (2^{1/\beta}) \tag{2.41}$$

2.4.6　土体非线性的常数推导

图 2.33 为一典型回滞环，如果把回滞环卸载与再加载的转折点定义为应变起始点的话，回滞环的再加载部分在(ln 径向应力- ln 剪切应变)坐标中可以用一条直线来表示(图 2.34)，数学表达式为：

$$\ln(\Delta p) = m \ln(\Delta \gamma) + \ln(n) \tag{2.42}$$

非线性常数的选择：

假定 m，n 为常数，则

$$\Delta p = n \cdot \Delta \gamma^m \tag{2.43}$$

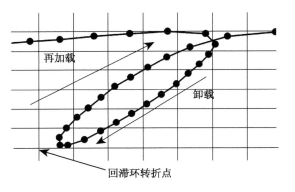

图 2.33　土体在回滞环中的非线性形变

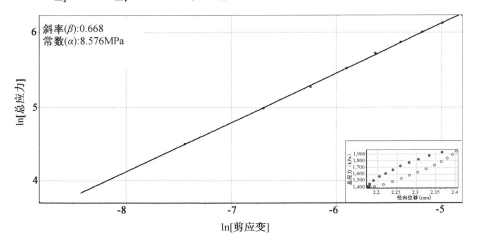

图 2.34　回滞环再加载部分在(ln 径向应力- ln 剪切应变)坐标中

从 2.4.3 节可知,在小应变情况下,剪应变大约是周应变的两倍,即 $\gamma \approx 2\varepsilon_c$,所以我们可以得到如下关系式:

$$\tau = \gamma \frac{\mathrm{d}p}{\mathrm{d}\gamma} \tag{2.44}$$

把公式(2.43)代入公式(2.44)可以得到:

$$\tau = nm\gamma^m \tag{2.45}$$

由于非线性惯性定义为

$$\tau = \alpha\gamma^\beta \tag{2.46}$$

所以得到

$$\alpha = nm \tag{2.47}$$

$$\beta = m \tag{2.48}$$

m,n 都可以从再加载部分的线性关系图中读出,进而推导得到 α,β。

由此我们可以得到土体的剪切模量(G)和剪应变(γ)的变化关系式:

$$G_s = nm\gamma^{m-1} = \alpha\gamma^{\beta-1} \quad 正割剪切模量 \tag{2.49}$$

$$G_t = nm^2\gamma^{m-1} = \alpha\beta\gamma^{\beta-1} \quad 正切剪切模量 \tag{2.50}$$

在后面的分析实例和应用中,我们会更深入地讨论剪切模量的变化。

2.4.7　土体初始侧压力(σ_{h0})

土体的初始侧压力对岩土工程设计来说是非常重要的一项土体参数,但是通常情况下无论对于原位测试技术和实验室测量技术来说,得到准确的初始侧压力都是十分困难的。这主要是由于:①土体的地质沉积情况复杂。土体在历经千万年的各种地质条件作用下,其应力历史相当复杂,而相同地域的不同土层对应力条件变化的反应也各不相同,从而导致了即使在相同土层内,土体的侧向应力和纵向应力的关系也很难用单一静止土压力系数(K_0)来表示。②无论使用哪种方式得到土体样品,样品本身的侧向应力已经完全卸载,应力状态已经完全改变。在实验室中进行例如三轴实验时,侧向应力通常很难准确还原到土体的初始侧应力。③原位测试技术由于是在土体的原始位置对土体进行测试,所以在一定程度上解决了样品完全卸载的问题,但是原位测试设备安装到测试位置时,通常会改变土体的应力状态,从而影响测试结果的准确性。

对于旁压测试来说,如果旁压仪的安装方式没有对土体产生任何扰动,即如图 2.17 所示,旁压仪半径为 a_0,当旁压仪内部压力(p)升高并大于土体初始侧压力 σ_{h0} 时,旁压仪的膨胀膜开始膨胀并使孔壁上的土体产生径向位移。图 2.35 所示为三种旁压测试的典型测试曲线,如果假设自钻式旁压仪(SBP)对土体应力状态没有影响的话,那么 SBP 的应变起始点所对应的压力即为土体的初始侧压力。贯入式旁压仪(PIP)是一种侵入式装置,周围土体在旁压仪安装过程中产生大位移,并且完全屈服,应力应变关系的变化相对复杂。贯入式旁压测试的应变起始点所对应的侧压力通常大于土体初始侧压力。预钻式旁压仪(PBP)是安装在钻孔中的,由于钻孔壁的土体完全卸载,并且孔壁和旁压仪膨胀膜之间还存在间隙,此间隙的大小取决于钻孔设备和钻孔质量。当旁压仪内部压力增加时,由于膨胀膜外没有任何土体,膨胀过程除了需要克服膨胀膜自身的阻力外,基本处于自由膨胀状态直到和孔壁接触($A-B$)。孔壁上土体已经完全卸载,由于钻孔质量很难掌握,所以土体从完全卸载状态重新加载的过程是非常复杂的。如果假设孔壁土体完全卸载这一过程是弹性变形,那么在土体再加载的过程中必定在某一时刻,旁压仪对土体施加的侧向应力和土体初始侧向压力相等,即土体完全恢复到原始状态($B-C$),当旁压仪继续加载土体时,土体产生弹性形变,压力和位移呈现线性关系($C-D$)。但是从 2.3.3 节图 2.21 可以看出,在测试曲线的初始部分,操作人员很难清晰定义线性关系从哪里开始。如果孔壁的卸载过程已经使孔壁的土体屈服,并产生塑性形变,旁压仪对土体的再加载过程已经不可能使土体恢复到原始应力状态,这就使从预钻式旁压仪推导土体初始侧应力更加困难。

很多学者都对使用旁压技术测量土体初始侧压力做了大量研究,Clarke(1995)[4] 做了很好的总结,这里不再赘述,本节只介绍几种常用方法,并补充一种利用非线性弹性模型的方法。

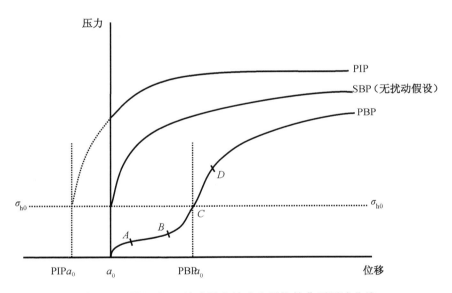

图 2.35　贯入式、预钻式及自钻式旁压仪的典型测试曲线

2.4.7.1　膨胀起始观测法 (Lift-off 方法)

如上一节所说明,膨胀起始观测法实际上就是假设膨胀膜开始向外扩张并对土体进行加载时的压力为土体的初始侧压力。由于贯入式和预钻式旁压仪的安装方式破坏了土体原始应力状态,所以此种方法只可以应用到自钻式旁压仪上。图 2.36 所示为一典型自钻式旁压仪测试曲线的初始部分,如前所述,假设钻进过程无扰动,那么膨胀起始点所在压力(～400 kPa)即可认为是土体初始侧压力。

影响膨胀起始观测法的因素主要有两个,第一为钻进扰动。2.3.2 节描述了两种最基本的钻进扰动,当钻头位置在切削刃内部从而导致土体切削不完全时,在旁压仪下方的土体侧压力增高,这种扰动称之为钻进不足。而另一种情况则完全相反,旁压仪下方土体被卸载,而导致侧压力减小,在极端情况下测试曲线甚至可能类似预钻式旁压仪,孔壁完全卸载。这种扰动称之为钻进过度。图 2.37 所示为两种扰动情况下所可能出现的测试曲线和无扰动曲线的比较,此图仅为示意图。在实际操作中,由于操作人员根据经验会选择合适的钻头和钻头位置,并实时调整钻机钻进速度,所以在测试曲线上扰动的对土体的影响并不直观,很难量化扰动的程度。

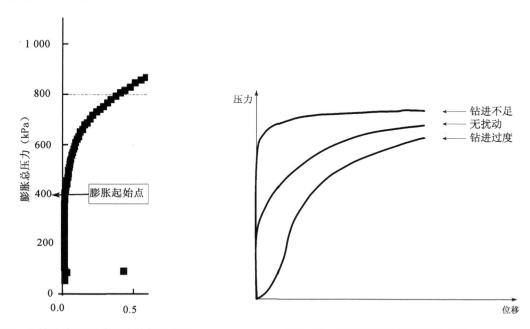

图 2.36　自钻式旁压测试曲线的初始部分　　　图 2.37　受到扰动的旁压测试曲线

　　除了钻进扰动外,旁压仪对土体加载的不对称性也是膨胀观测法产生误差的原因之一。不同于梅纳式旁压仪,现代旁压仪都安装有精确测量膨胀量的位移传感器,例如剑桥自钻式旁压仪在膨胀膜的后面安装有三个或六个位移传感器。这些传感器在圆周分布,操作人员可以方便地观测到膨胀膜在圆周上是否均匀膨胀。引起加载不对称的原因有很多。首先土层并非完全均质材料,并且土层内部存在裂隙。由此可知,如果在圆周上有三个位移传感器,在有裂隙存在的条件下,三个位移传感器的读数不可能完全一致。另一个引起加载不对称的原因是旁压仪在钻进的过程中并不总是竖直向下的,由于地层土质不均匀,钻头在钻机的巨大下压力作用下非常容易偏离钻进方向(图 2.38)。通常在硬质粘土或砂土中进行测试时,钻进 50 m 通常会引起大约 1°的偏离。膨胀膜的不均匀膨胀导致位移传感器的读数差别很大,图 2.39 为三个位移传感器各自的测试曲线。虽然三条曲线都没有明显的土体卸载现象,但是曲线的初始部分膨胀起始点差别依然非常大,这很有可能是土质不均匀或者钻进偏离竖直方向所引起的。图 2.40 所示为土层内部的裂隙对膨胀膜形态的影响。

　　很多学者证明了在砂土中使用膨胀起始观测法所产生的误差要比粘土中大,Clarke(1993)[21]证明钻进的扰动能使土体产生大约 0.5％的周向位移。Newman(1991)[22]建议只有扰动小于 0.2％的测试才可以算作质量比较高的砂土测试。

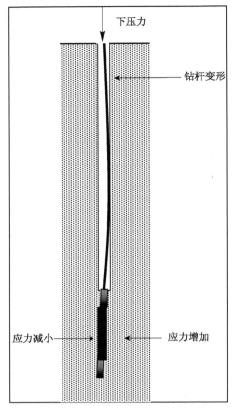

图 2.38　旁压仪在钻进过程中产生偏移

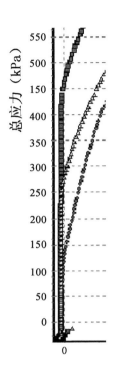

图 2.39　三个位移传感器的测试曲线

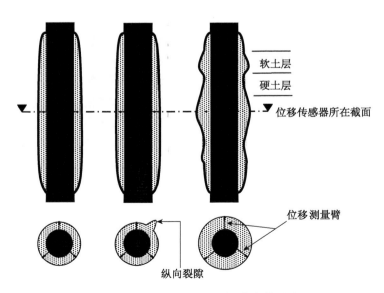

图 2.40　土层变化对旁压仪膨胀的影响

　　综上所述,膨胀观测法只能应用在测试精度很高的自钻式旁压仪上,而且由于钻进过程对土体产生扰动和加载的不对称性,观测法得到的土体侧压力和真实的初始侧压力可能差距很大,所以只可以当作参考值使用。

2.4.7.2　基于土体强度的 Marsland & Randolph (1977)方法

Marsland & Randolph (1977)[23]提出了利用土体强度推算粘土初始侧压力的方法,而后 Newman (1991)[22]又利用同样的基本思想给出了在砂土中的分析方法。

Marsland & Randolph 方法假设土体是线弹性理想塑性材料,所以土体在加载过程中满足公式(2.20)($p_f - \sigma_{h0} = c_u$),同时旁压测试曲线会在土体产生屈服前呈线性关系,当土体剪切应力达到最大值后,曲线斜率显著减小,屈服应力可定义为 p_f。图 2.41 所示为 Marsland & Randolph 方法[23]的操作过程。首先,可利用膨胀起始观测法或者根据 K_0 计算得到 σ_{h01},利用 2.4.3 或 2.4.4 节所介绍的 Palmer[11]或者 Gibson & Anderson[14]方法得到土体不排水剪切强度(c_{u1}),利用公式(2.20)得到预测的屈服应力;如果预测值小于屈服应力的观测值(p_f),那么对初始侧压力进行第二次预测(σ_{h02}),并计算得到 c_{u2},从而再次比较计算和观测的屈服应力,最终经过多次调整之后,预测屈服应力和观测屈服应力一致,此时的初始侧压力预测值(σ_{h03})即为 Marsland & Randolph 方法[23]的最终预测值。

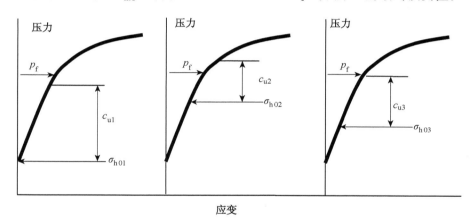

图 2.41　Marsland and Randolph 方法[23]

Marsland & Randolph 方法最初用于梅纳式旁压仪,虽然钻孔壁的土体完全卸载,但是假设扰动很小并且卸载过程是弹性的。当自钻式旁压仪出现以后,Baguelin et al(1978)[24]指出钻进扰动对初始侧压力的预测有着显著影响。因为钻进不足会导致旁压仪周围土体产生加载屈服,旁压测试曲线并不代表土体真实的线弹性-理想塑性特征。而钻进过度和预钻式旁压测试一样会导致孔壁的土体产生卸载屈服,旁压测试曲线基本可认为是如同在回滞环中再加载之后的曲线,虽然土体的线性形变非常明显,但是所得到的侧压力预测值并不是原始无扰动情况下的侧压力。即便自钻式旁压仪可以对土层进行扰动很小的钻进,土体的特性也会对 Marsland & Randolph 方法的应用有一定影响,如伦敦粘土(London Clay)是一种均质的重超固结粘土,无扰动的旁压测试曲线的初始部分线性特征不明显,Marsland & Randolph 方法有时很难得到准确结果。

Newman (1991)[22]给出了在砂土中的解决方案。此方法对初始侧压力的交互式推导方法和 Marsland & Randolph 方法相同。但是不同于粘土的是,由于砂土的屈服使用摩擦角(φ'),而非不排水剪切强度(c_u)代表,同时 c' 在砂土中很小(可假设为零),所以利用摩尔-

库仑屈服准则（如图 2.42)可产生如下关系式：

$$p'_f = p_f - u_0 = \sigma'_{h0}(1 - \sin \varphi')\qquad(2.51)$$

u_0 为孔隙水压,而砂土的摩擦角可使用 Hughes et al(1977)[7]方法推导得到。

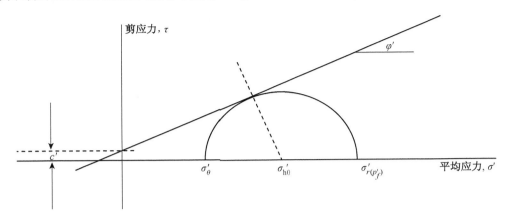

图 2.42　摩尔-库仑屈服准则

2.4.7.3　测试曲线拟合法

以上所介绍的方法都是从旁压测试曲线入手,试图结合土体应力应变关系对测试曲线进行解读。Whittle(1999)[20]所总结的旁压测试曲线表达式提供了另一种分析思路,即对旁压测试数据进行初步分析,得到必要参数后,利用 Bolton & Whittle(1999)[17]及 Whittle(1999)[20]提出的土体应力应变经验公式重建测试曲线,并和测量曲线拟合,来确定表达式中的唯一变量:土体初始侧压力(σ_{h0})。

具体的操作过程可总结如下：

(1) 观察或计算得到土体初始侧压力的参考值(p_0),可使用 lift-off 方法或者 Marsland & Randolph 方法。

(2) 使用 Gibson & Anderson 方法从旁压测试加载曲线得到土体的不排水剪切强度(c_u)的预测值。

(3) 使用 Jefferies 方法从旁压测试卸载曲线得到土体的不排水剪切强度(c_u)的预测值。

(4) 调整加载曲线的应变原点使 Gibson & Anderson 方法和 Jefferies 方法得到一致的土体不排水强度。

(5) 使用 Bolton & Whittle 方法对回滞环进行分析,从而得到土体的非线性特征参数。

(6) 使用公式(2.41)计算得到土体在加载和卸载过程中产生屈服时的剪切应变。

(7) 利用公式(2.33),公式(2.36),公式(2.39)和公式(2.40)计算得到旁压测试曲线。

(8) 调整 p_0 数值使计算曲线拟合测试曲线。

(9) 所得 p_0 即为 σ_{h0} 最佳预测值。

Whittle 方法的优点在于旁压测试的完整曲线通过计算得以重建,此分析方法所需要的土体参数,如非线性特征常数和土体的剪切强度可分别通过回滞环和卸载曲线分析得到,这样就在最大程度上避免了钻进扰动对分析结果的影响,而通过测试曲线和计算曲线的比较,我们也能够量化钻进扰动对旁压测试的影响。图 2.43 为三组典型的拟合旁压测试曲线结果,图中黑色实线为使用 Whittle 方法计算得到的测试曲线。从此例中可以看出,计算曲线能够和大部分测试曲线拟合良好,在钻进扰动很小的情况下,几乎可以完全拟合测试曲线。

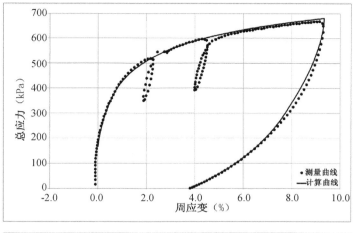

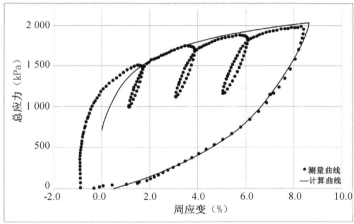

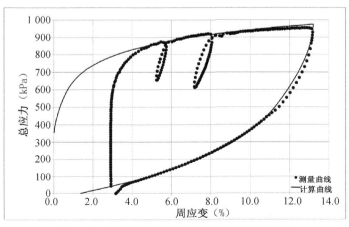

图 2.43　测试曲线拟合法推导土体初始侧压力

（a）扰动较小　（b）钻进过度　（c）钻进不足

即使钻进扰动很大的情况下,计算曲线也能够很好地拟合测试曲线的卸载部分和大部分加载曲线。通过观察计算曲线相对于测试曲线的位置,工程师也能够知道旁压测试的钻进过程对土体产生了何种扰动。

土体的初始侧压力是很难直接测量的一个土体力学参数。无论是实验室方法还是原位测试法都带有很大的主观性。虽然很多方法在数学推导上完全成立,但是在分析实测数据时,土的应力-应变特性是很难用简单的本构模型来描述的,这也就导致了这些方法一定会产生一定的误差。同时,所有的这些分析方法都要求高质量的旁压测试,也就是说土体仅仅受到极小量的扰动,而对扰动的量化却又是一个在现阶段很难有明确结论的问题。所以在工程设计中使用的初始侧压力数值,一定要由经验丰富的工程师在结合本地经验和综合比较多种分析方法后得出。

2.4.8　砂土的摩擦角(φ)和膨胀角(ψ)

如前所述,对砂土的旁压测试分析比较复杂,主要因为砂土中测试没有任何超孔隙水压产生,任何对土体的载荷都会使土壤颗粒重新组合,从而使有效应力改变,并导致体积变化。如果使用 Gibson & Anderson 方法对砂土测试进行分析,由于此方法假设土体体积不变,分析结果会产生很大误差。很多学者都提出了在旁压测试中砂土体积变化的假设,本节重点介绍 Hughes et al(1977)[7],Manassero (1989)[25] 和 Yu (2000)[26] 三种方法,他们对砂土的体积变化有不同的定义和理解,Hughes et al (1977)[7] 的分析方法最简洁明了,故在工程设计中经常使用。

如图 2.42 摩尔-库仑屈服准则所示,孔壁上的土体首先产生屈服,并满足公式(2.1)。同时如果砂土的摩擦角可以使用摩尔-库仑破坏准则来表示的话,如下关系式亦可成立:

$$\frac{\sigma'_\theta}{\sigma'_r} = \frac{1 - \sin\varphi'}{1 + \sin\varphi'} = N_c \tag{2.52}$$

但是对砂土进行剪切的时候,砂土的摩擦角并不是恒定不变的。图 2.44 所示为一密实砂土在剪切作用下摩擦角及砂土体积与剪应变的变化关系示意图。在剪切作用的初始阶段,砂土的摩擦角快速上升并伴随着体积减小;随着剪切应变的增加,砂土颗粒在经过最初的挤压后开始相互位置的剧烈调整并导致体积快速膨胀,从而达到最大摩擦角。当所有砂土颗粒再次达到一个平衡位置,并且体积不会再变化时,摩擦角降低至 φ_{cv}。通常砂土的膨胀角(ψ)可用如下关系式表示:

$$\sin\psi = -d\epsilon_v/d\gamma \tag{2.53}$$

通常可以用流动法则(flow rule)使摩擦角和膨胀角建立联系。Rowe(1962)[27] 提出应力剪胀理论(stress dilatancy theory)并使用如下关系式:

$$\left(\frac{1 + \sin\varphi'}{1 - \sin'\varphi}\right) = \left(\frac{1 + \sin\varphi'_{cv}}{1 - \sin\varphi'_{cv}}\right)\left(\frac{1 + \sin\psi}{1 - \sin\psi}\right) \tag{2.54}$$

需要注意的是,此应力剪胀理论不仅仅适用于密砂,对于松砂也同样适用。对于同一砂土,φ_{cv} 独立于加载方式及应力路径,所以可由其他方式(如三轴测试)得到。

为了能够使用数学方法解出摩擦角和膨胀角,我们还需要另外一个关系式。Hughes et

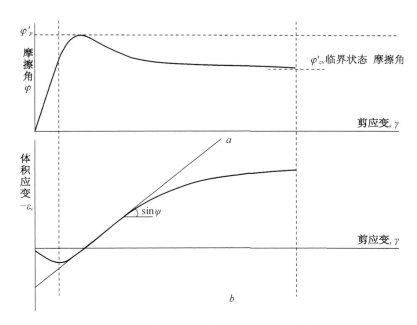

图 2.44　松散砂土和密实砂土的典型剪应力应变关系和剪胀行为

al（1977）[7] 提出假设：密砂是弹性-理想塑性材料，并且摩擦角和膨胀角为常数。这个假设实际上是把砂土的应力应变关系简化成如图 2.45 所示，并得到关系式：

$$\varepsilon_v = c - \gamma \sin \psi \qquad (2.55)$$

根据如上假设，Hughes 等进一步利用土体平衡公式（2.1）及弹塑性边界条件得出结论，即当砂土产生屈服后，在膨胀膜和弹塑性边界之间的土体单元满足如下关系：

$$\log\left(\varepsilon_c + \frac{c}{2}\right) = \frac{n+1}{1-N_c}\log(p-u_0) +$$
$$\text{constant} \qquad (2.56)$$

其中 $n = \dfrac{1-\sin\psi}{1+\sin\psi}$。由此可以看到，如果把测试曲线（$\varepsilon_c$，$p$ 为孔壁上可以直接测量的周向应变和膨胀压力）重新绘制成为双对数坐标，曲线直线部分的斜

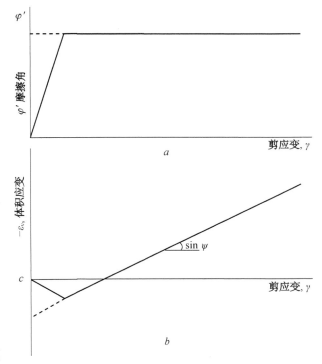

图 2.45　Hughes et al（1977）理想化密砂应力应变关系

率即为 $\dfrac{n+1}{1-N_c}$，从而提供了第二个摩擦角和膨胀角关系。和公式（2.54）联立方程，即可分

别计算砂土摩擦角和膨胀角。

Manassero(1989)[25]利用 Rowe 的剪胀理论提出了假设条件更少的分析方法。公式(2.52)和公式(2.53)分别定义了土体的摩擦角和膨胀角。如果把这两个公式代入公式(2.54),并且定义 $\left(\dfrac{1+\sin\varphi'_{cv}}{1-\sin\varphi'_{cv}}\right)=K_{cv}$,可以得到:

$$\frac{\sigma'_r}{\sigma'_\theta}=K_{cv}\frac{1-\dfrac{d\varepsilon_v}{d\gamma}}{1+\dfrac{d\varepsilon_v}{d\gamma}} \tag{2.57}$$

和土体平衡关系式[公式(2.1)]联立就可得到在测试区域中任何位置都成立的:

$$\frac{d\sigma'_r}{d\varepsilon_\theta}=-\frac{\sigma'_r\left(1+\dfrac{1}{K_{cv}}\left(\dfrac{d\varepsilon_r}{d\varepsilon_\theta}\right)\right)}{\varepsilon_r-\varepsilon_\theta} \tag{2.58}$$

对于在孔壁上的土体,因为边界条件可以定义为 $\sigma'_r=p-u_0=p'$,$\varepsilon_\theta=\varepsilon_c$,所以 $\dfrac{d\sigma'_r}{d\varepsilon_\theta}=\dfrac{dp'}{d\varepsilon_c}$ 即为测试曲线的斜率。所以公式(2.58)的解可以通过:(1)土体的体积变化做出假设,如 Hughes et al(1977)[7]方法;(2)数值计算方法得到。图 2.46 为旁压测试曲线和应变变化曲线的关系,并可得到如下关系式:

$$\frac{dp'}{d\varepsilon_c}=\frac{p'(i)-p'(i-1)}{\varepsilon_c(i)-\varepsilon_c(i-1)} \tag{2.59}$$

$$\frac{d\varepsilon_r}{d\varepsilon_c}=\frac{\varepsilon_r(i)-\varepsilon_r(i-1)}{\varepsilon_c(i)-\varepsilon_c(i-1)} \tag{2.60}$$

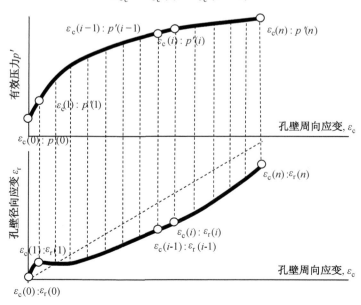

图 2.46　使用数值法求解旁压测试曲线

代入公式(2.58),即可得到任一数据点所对应的径向应变的数值解:

$$\varepsilon_r(i) = \frac{p'(i)[\varepsilon_c(i-1) + K\varepsilon_r(i-1)]}{2[p'(i)(1+K) - p'(i-1)]} - \frac{p'(i-1)\varepsilon_c(i)}{2[p'(i)(1+K) - p'(i-1)]}$$

$$+ \frac{p'(i)[\varepsilon_c(i-1) - \varepsilon_r(i-1)]}{2Kp'(i-1)} + \frac{p'(i-1)[\varepsilon_r(i-1)(1+K) - \varepsilon_c(i)]}{2Kp'(i-1)} \qquad (2.61)$$

利用计算得到的径向应变,即可推导孔壁土体的膨胀角,进而利用 Rowe 剪胀理论计算得到土体摩擦角。

由上分析可知 Manassero 的方法仅仅基于两个假设:①砂土的变形是完全塑性的;②Rowe 剪胀理论成立。所以由此方法得到的摩擦角和膨胀角并非恒定值,同时从公式(2.61)可以看到,孔壁径向应变(ε_r)的计算使用测试曲线的数据点斜率,所以此方法对旁压测试曲线的平滑性,数据点密度和数据精度有很高的要求,对于只能提供较少测试点的旁压仪,此种方法无法得到有意义的解。

Hughes 方法使用圆孔扩张原理并对砂土的体积变化做出假设,从而推导得到砂土的摩擦角和膨胀角。Manassero 方法虽然没有对体积变化做出假设,但是经过对旁压测试曲线进行数学处理后也能够推导得到土体的径向应变,从而计算得到体积变化,但是此方法没有给出砂土体积变化的理论基础。在 Hughes 以后,又有很多学者继续使用圆孔扩张理论研究砂土中的旁压测试。Yu(2000)[26]总结了近年来众多研究成果,本节重点介绍使用 Mohr-Coulomb 破坏准则分析砂土中的旁压测试。由于篇幅有限,数学表达式及推导过程请参见 Yu(1990)[5],Yu & Houlsby (1991)[28],Yu & Houlsby(1995)[29]。

Hughes 方法中有两个最基本的假设:①砂土土体单元在产生屈服后,所有应变均为塑性应变,并且膨胀角满足关系式:$\dfrac{\dot{\varepsilon}_r}{\dot{\varepsilon}_\theta} = \dfrac{\dot{\varepsilon}_r^p}{\dot{\varepsilon}_\theta^p} = -n = -\dfrac{1-\sin\psi}{1+\sin\psi}$;②土体的径向和周向应变分别定义为:$\varepsilon_r = -dy/dr$ 和 $\varepsilon_\theta = -y/r$。但是我们知道土体在屈服后产生的应变仍然有一部分为弹性应变,而土体膨胀角只和塑性应变变化相关。同时,旁压测试对土体施加的是逐步增加的且能够达到 15%~20% 的大应变,所以对应变的定义应该使用更加准确的对数形式:$\varepsilon_r = \ln[d(r+y)/dr]$ 和 $\varepsilon_\theta = \ln[(r+y)/r]$。Yu 基于以上两点分析,推导得到了基于线弹性完美塑性本构模型的完整旁压测试曲线的数学表达式。由于这组表达式没有对土体形变作出任何假设,所得到的预测曲线和使用相同本构模型的数值模拟曲线完全拟合(图 2.47)。利用这组表达式,分析人员可以方便的重建测试曲线,并且调整土体参数(例如,摩擦角和膨胀角)使其与测试曲线拟合。为了量化以上两个因素对分析结果的影响,Liu(2011)[30]对 Hughes 方法做了进一步调整,只改变应变的定义方法,同时保留 Hughes 忽略弹性应变的假设。表 2.2 概括了这三种方法的异同。Liu(2011)[30]使用这三种方法对同一土体重塑旁压测试加载曲线(土体参数参见表 2.3),所得到的结果如图 2.48 所示。在旁压测试初始阶段,由于应变较小,应变的定义方法对重塑曲线的影响较小;而忽略弹性应变的假设对曲线的影响在测试开始就显著产生,并逐渐增加。

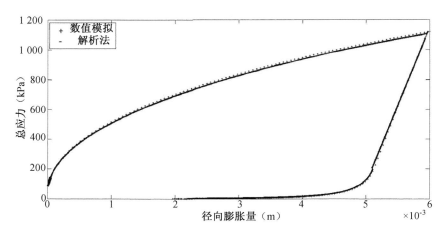

图 2.47 解析法和数值模拟的比较

表 2.2 Hughes 和 Yu 方法的异同

	Hughes et al (1977)	改进的 Hughes 方法	Yu (1990)
应变定义	$\varepsilon_r = -\,\mathrm{d}y/\mathrm{d}r$ $\varepsilon_\theta = -\,y/r$	$\varepsilon_r = \ln[\mathrm{d}(r+y)/\mathrm{d}r]$ $\varepsilon_\theta = \ln[(r+y)/r]$	$\varepsilon_r = \ln[\mathrm{d}(r+y)/\mathrm{d}r]$ $\varepsilon_\theta = \ln[(r+y)/r]$
流动法则	$\dfrac{\dot{\varepsilon}_r}{\dot{\varepsilon}_\theta} = \dfrac{\dot{\varepsilon}_r^p}{\dot{\varepsilon}_\theta^p} = -n$	$\dfrac{\dot{\varepsilon}_r}{\dot{\varepsilon}_\theta} = \dfrac{\dot{\varepsilon}_r^p}{\dot{\varepsilon}_\theta^p} = -n$	$\dfrac{\dot{\varepsilon}_r - \dot{\varepsilon}_r^e}{\dot{\varepsilon}_\theta - \dot{\varepsilon}_\theta^e} = \dfrac{\dot{\varepsilon}_r^p}{\dot{\varepsilon}_\theta^p} = -n$

表 2.3 土体参数值

有效横向侧压力(p_0)	83.7 kPa	有效横向侧压力(p_0)	83.7 kPa
弹性模量(E)	67 600 kPa	摩擦角	44°
密度	1.93 kN/m³	膨胀角	15°
泊松比	0.3	临界状态摩擦角 （由 Rowe 应力剪胀理论(1966)得到）	32°
静止侧压力系数(K_0)	1		

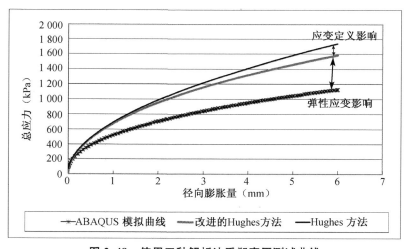

图 2.48 使用三种解析法重塑旁压测试曲线

2.5　旁压测试分析实例

本节重点结合实例介绍如何使用旁压测试进行土体力学参数的测量和推导。

2.5.1　数据初步处理

剑桥式旁压仪通常安装三或六个位移测量臂,它们均匀分布在旁压仪圆周,用于准确监测膨胀状态。

图 2.49 为一典型六臂剑桥式自钻旁压仪测试曲线,测量臂间距为 60°。可以看出此旁压测试的膨胀状态并不是均匀的,实际上绝大多数旁压测试的膨胀都不是均匀的,剑桥自钻式旁压仪每个测量臂的最大量程为 6～7 mm,操作人员在进行旁压测试时,一定要确保每个测量臂都要在其量程范围内工作,任一测量臂超出量程都会导致对整体钻孔膨胀量的预测出现误差。图 2.50 为奇数测量臂和偶数测量臂的测量曲线对比,虽然奇数测量臂所得到的膨胀量依然略大于偶数测量臂,但基本上可以判断膨胀量相近,所以对六个测量臂的位移取平均值,即可作为此旁压测试的基本测量曲线。通常生产厂商都会提供旁压测试分析软件,为了优化分析和避免质量较差的数据点对分析结果产生影响,分析人员可以利用软件对数据做一些基本处理和标定。图 2.51 所示为此旁压测试的应力应变曲线,钻孔的膨胀量为六个测量臂的平均值,所以根据旁压仪原始半径即可推导得到孔壁的周向应变。在回滞环的顶端和加/卸载曲线的终点,各有几个数据点被标记为"忽略",这是因为在操作人员进行操作时,这些数据点不反映真实土体力学特性,会对分析结果产生误导。

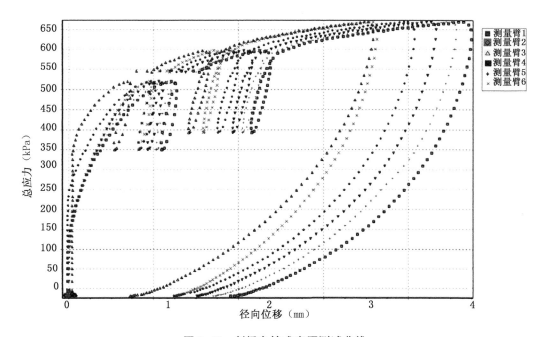

图 2.49　剑桥自钻式旁压测试曲线

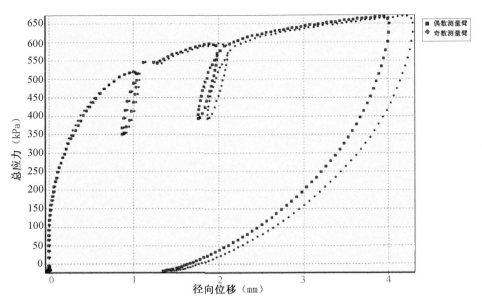

图 2.50　剑桥自钻式旁压测试曲线-奇偶分列

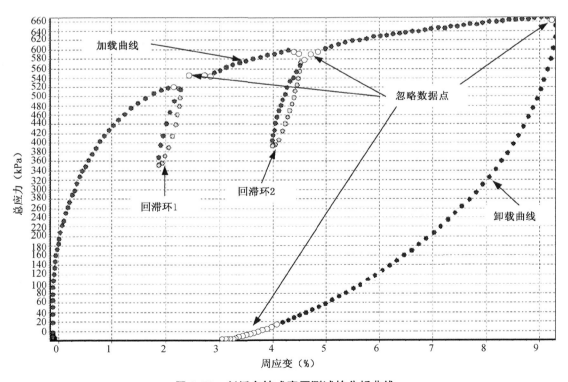

图 2.51　剑桥自钻式旁压测试的分析曲线

2.5.2　粘土测试

图 2.51 所示为在伦敦粘土中进行的一个自钻式旁压测试,深度为地表以下 11.2 m。如前所述,伦敦粘土是一种硬质粘土,具有低渗透性和重超固结等特性。在此种土体中进行的旁压测试可认为是不排水过程。

通常对测量曲线的第一步分析为确定膨胀起始点,图 2.52 所示为测试曲线的初始部分,图中所标识的起点,明显为膨胀膜开始对孔壁施加载荷,并使钻孔开始扩张。这里需要注意的是,如果此自钻式旁压仪在钻进过程中没有产生任何扰动的话,那么这里所标记的膨胀起始点,即为土体的初始侧压力。但是我们从旁压仪中六个不同位置的位移测量臂的膨胀情况来看,它们的膨胀起始点并不相同,这是钻进过程对土体的力学状态产生扰动的一个明显特征。通过以后的分析,我们可以看到扰动的程度有多大。

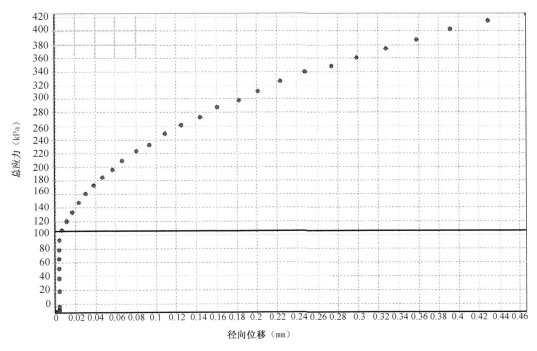

图 2.52　在伦敦粘土(London Clay)中一自钻式旁压测试曲线的初始部分

对土体的初始侧压力有了一个初步的估计后,我们可以利用前一节所介绍的 Marsland and Randolph 方法分析加载曲线的初始部分。此方法核心部分即假设土体是线弹性理想塑性材料,再无钻进扰动的情况下,曲线的初始部分应为直线,并在达到屈服的时候,产生明显的屈服点。但是伦敦粘土通常并不具有很明显的线性阶段,此段曲线的弹性范围很难定义。如果把膨胀起始点作为土体初始侧压力,计算得到土体的屈服点和观测值不匹配。经过反复几次迭代后,我们可以得到如图 2.53 所示的分析结果,土体的初始侧压力为 226.7 kPa,并且土体的初始剪切模量(G_i)为 15.7 MPa。需要注意的是,图 2.53 右下小图,是利用 Gibson & Anderson 的方法计算土体不排水剪切强度(c_u),每一次对土体初始侧压力的调整都会带来此曲线斜率的变化。为了以后的分析可以进行下去，我们这里可以暂且认可 Marsland & Randolph 方法得到的土体初始侧压力。

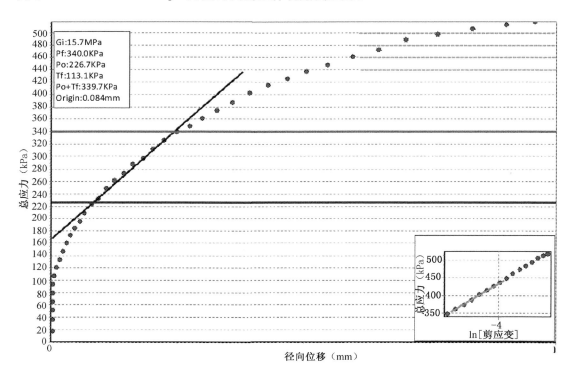

图 2.53　**Marsland & Rardolph 分析方法**

图 2.54 和图 2.55 分别为使用 Gibson & Anderson 和 Jefferies 方法分别对旁压测试曲线的加载和卸载部分进行分析。两种方法都假设土体在屈服后是完美塑性体，并且整个旁

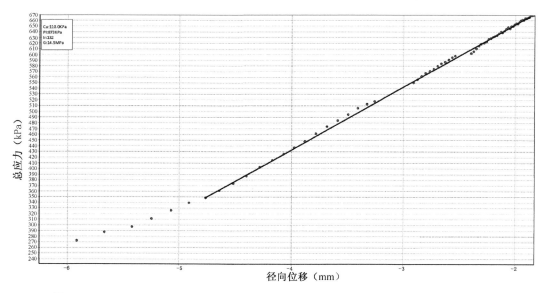

图 2.54　**Gibson & Anderson（1961）方法得到的土体强度（*M/R* 方法确定加载起始点）**

压测试过程是不排水的。在此旁压测试中,伦敦粘土在屈服后所显示出的力学特性(在 $p-\ln(\varepsilon_s)$ 坐标中呈直线),基本证实了此假设的合理性。需要特别指出的是,加载曲线和卸载曲线的起始点对分析结果有着至关重要的影响。卸载曲线由于起始点定位相对清晰,而加载曲线的起始点,我们暂且使用 Marsland & Randolph 方法所定义的起始点,那么应用 Gibson & Anderson 方法所得到的土体不排水剪切强度(c_u)为 110 kPa。

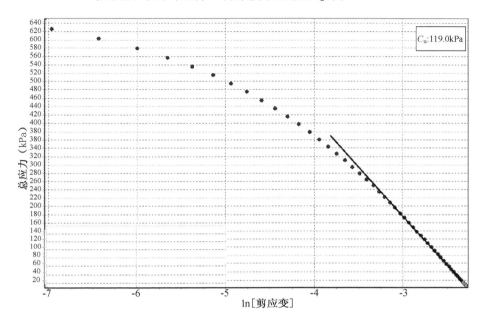

图 2.55 Jefferies(1988)方法得到的土体强度

如果把土体假设成为线性弹性体的话,如上节所述,土体弹性特征可以通过计算回滞环斜率得到(图 2.56(a))。如果利用 Bolton & Whittle(1999)[17] 的方法,回滞环的再加载部分可转换为如图 2.56(b)所示坐标系中,其斜率和与压力轴节距即可表征此方法中两个特征常数(α,β)。β 代表土体的非线性程度,通常介于 0.5 至 1 之间。数值越小,土体的非线性特征越明显。此旁压测试中,β 读数为 0.654,土体非线性特征非常显著。由此可以想到,当使用 Marsland & Randolph 方法对此测试进行分析时,由于此方法要求测量土体在初始线性模量(G_i),所以土体非线性特征越明显,Marsland & Randolph 方法产生误差的可能就越大。

通常在一个旁压测试中可以进行数个回滞环操作,这样不但可以验证回滞环操作的可重复性,还可以得到土体弹性特征在不同加载条件下的变化规律。对于不排水条件下的旁压测试,回滞环具有高度可重复性。如图 2.56(b)和(c)所示,此测试中两个回滞环的再加载部分得到土体的非线性参数(β)分别为 0.654 和 0.614。

回滞环中再加载部分的数据点可以根据 Palmer(1972)[11] 的理论计算得到土体的剪切模量,如图 2.57 所示。值得注意的是,此图中的曲线并不是数据点的趋势线,而是使用推导得到的非线性常数代入公式(2.49)计算得到的土体剪切模量的变化。换句话说,图 2.57 是由两个独立的方法组成,并且拟合良好。

土体的剪切模量通常随土体形变的增加而减小,土体的这个特征给岩土工程设计带来了很大挑战和机遇。对此特性的深入理解,能够优化工程设计方案并减小施工对周围其他设施的影响;而忽略土体这个特性,不但施工成本可能增加,而且会带来安全隐患。我们会在以后的章节中介绍土体非线性特征在隧道设计中的应用实例。

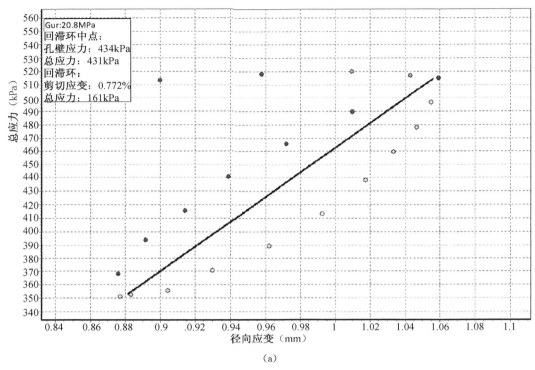

(a)

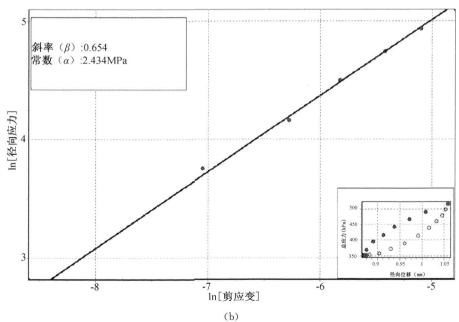

(b)

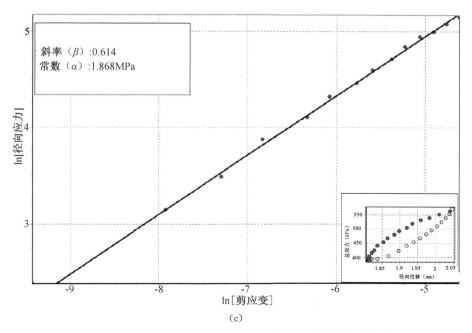

图 2.56　回滞环再加载部分(ln 径向应力－ln 剪应变)坐标中

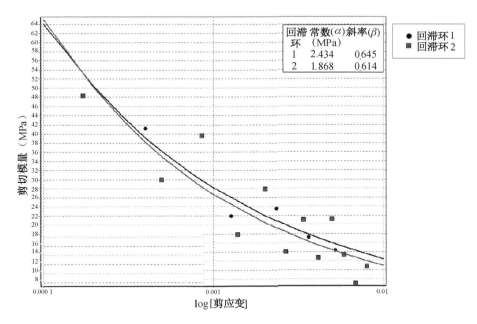

图 2.57　回滞环再加载部分的应力-应变关系

　　通过以上分析,我们已经确定了土体的弹性特征和不排水条件下的强度。这些参数的推导过程受到扰动的影响较小,唯一还没有确定的参数是土体的初始侧向应力。无论膨胀起始观测方法还是 Marsland & Randolph 方法,钻进扰动和土体本身特性都很明显地影响了分析的准确性。而利用 Whittle(1999)[20] 的方法,侧向应力是整个分析过程中唯一一个可变量,调整这个变量使计算得到的旁压曲线和测试得到的曲线拟合,即可得知土体的初始侧压力。图 2.58 所示为曲线拟合过程,土体的非线性特征使用了第二个回滞环的分析结果。此分析方法最终得到土体的初始侧压力为 151 kPa,处于 lift-off 方法和 Marsland & Randolph 方法之间。同时旁压测试的应变起始点为 0.05 mm,即旁压仪在自钻过程形成了一个略大的钻孔,周围的土体有小幅度卸载,当土体被旁压仪再次加载时,旁压仪的膨胀压力达到 106 kPa 时,土体开始产生形变,这个压力就是 lift-off。通过这个旁压测试的分析结果,我们可以清楚地看到,自钻式旁压仪的钻进扰动已经很小,仅仅使钻孔卸载 0.05 毫米,可是土体的侧压力却已经减小了大约 30%。

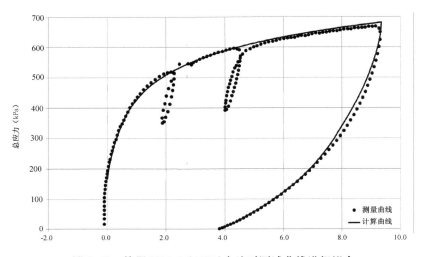

图 2.58   使用 Whittle(1999)方法对测试曲线进行拟合

2.5.3   砂土测试

如前所述,砂土中的测试一般认为是在完全排水的条件下进行的,即在测试过程中孔隙水压不会变化。旁压测试所产生的应力变化则完全作用到土颗粒及颗粒间接触面,当土体产生塑性形变后,土体颗粒重新排列,由于没有超孔隙水压产生,土体体积必然产生变化。所以砂土中的分析方法全部都是基于有效应力而非总应力。对土体孔隙水压的测量相对简单,尤其是在建设项目密集的城市中心区,设计及施工方通常有本地孔隙水压的分布及变化的记录。当使用剑桥自钻式旁压仪时,仪器本身所配置的孔隙水压测量装置可以直接输出土体有效应力。

对于砂土的初始侧压力,同粘土中的情况一致,膨胀起始观测法可以直接应用。Newman 等 (1991)使用 Mohr-Coulomb 破坏准则推导了类似 Marsland & Randolph 的方法来估算土体侧压力。由于原理相同,我们可以称之为改进的 Marsland & Randolph 方法,由于本章篇幅有限,此方法的推导细节,请参见参考书目。

图 2.59 所示为在伦敦地区砂土中所进行的一个旁压测试,测试深度距地表 26.3 m。通过测试曲线可以看出,自钻过程明显使钻孔稍稍大于旁压仪直径,从而产生大量扰动(钻进过度)。这是因为在砂土中进行自钻操作时,尤其是在比较深的砂土层中,旁压仪进入土层后,仪器和土体的摩擦力显著增加,同时由于自钻式旁压仪对土层的密封效果很好,土体

颗粒间产生的吸附力使旁压仪很难继续钻进。所以操作人员在现场通常会使用稍大一点的钻头或者切削刃,从而人为地产生钻进过度。这样做的目的完全是使旁压仪更容易地钻进到土层中去。

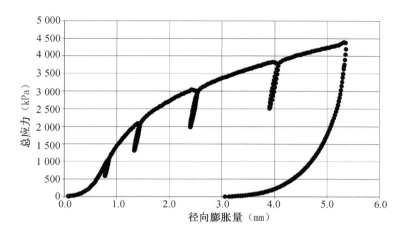

图 2.59　砂土中剑桥式自钻式旁压仪的测试曲线

图 2.60 为使用改进的 Marsland & Randolph 方法对以上测试进行的分析,所确定的土体侧压力为 503 kPa。利用分析所得到的测试起始点,Hughes 方法可以计算土体的摩擦角和膨胀角(图 2.61)分别为 37° 和 6.5°。

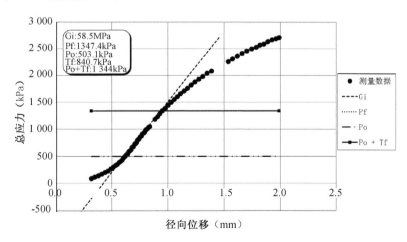

图 2.60　改进的 Marsland & Randolph 方法

关于砂土分析的进一步说明:

砂土中的旁压测试的分析难点在于土体体积的变化,以及所有的分析方法都是基于有效应力。图 2.62 所示为相同砂土测试中四个回滞环的剪切模量变化曲线。和不排水条件下的分析不同,所有土体剪切模量的变化不但和土体的形变有关,而且和土体的应力状态有关。平均有效应力越大,土体的剪切模量在相同剪切应变下模量就越大。砂土的这一特性给测试曲线的分析带来了很大困难,和不排水条件下的分析方法不同,使用任何假设砂土的剪切模量是常数或者只与应变相关的方法(如 Whittle(1999))从理论上讲都是会产生很大

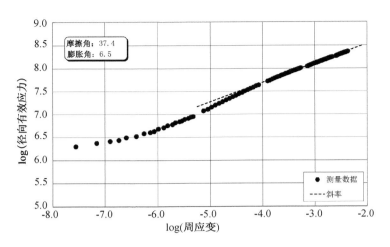

图 2.61　使用 Hughes 方法对砂土测试进行分析

误差的,除非砂土的非线性特性不明显。

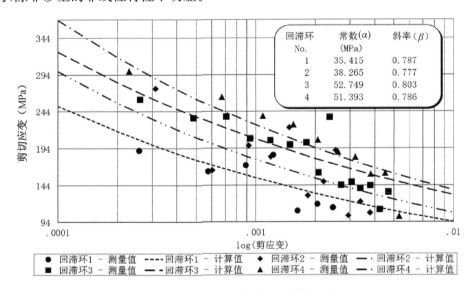

图 2.62　砂土测试中的剪切模量变化

图 2.63 所示为使用 Yu(1990)的方法对相同旁压测试所进行的拟合分析,所得到的分析结果和 Hughes 方法基本一致(更详细的分析过程和结果可参见 Liu(2011))。从曲线的拟合结果来看,虽然旁压测试加载部分拟合很好,但是由于 Yu 方法假设砂土为线弹性完美塑性材料,曲线的卸载部分无法和测试曲线拟合。从图 2.62 还可以看出,虽然砂土的剪切模量的变化和应力、应变同时相关,但是作为反映砂土非线性特征的参数名没有显著变化(0.77 至 0.8 之间)。Whittle & Liu (2013)[32]利用这一特点并结合图 2.62 所示的剪切模量最大值与应力水平之间的关系,提出了砂土测试中卸载部分的剪切模量的推导方法。

砂土测试中除了土体的剪切模量是变化量以外,摩擦角和膨胀角也并不是常数。Hughes 方法为了简化数学推导,假设砂土摩擦角在测试过程中恒定。如果使用 Manassero

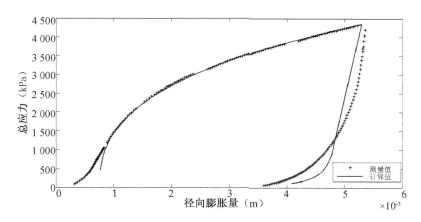

图 2.63　砂土测试中使用 Yu(1990)方法拟合

方法分析以上测试,我们会得到如图 2.64 所示的摩擦角变化曲线。类似的变化在所有砂土测试中都可以看到,并且可以用图中实线部分描述。Potts et al (1999)[33]详细地定义了这种具有硬化和软化的 Mohr-Coulomb 破坏准则。

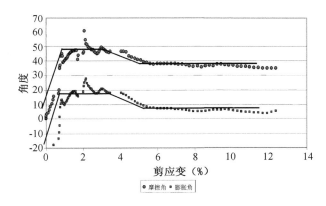

图 2.64　通过 Manassero 方法得到的土体剪切及膨胀角变化趋势

　　由此可以看出,砂土本身的特性决定了对砂土中旁压测试的分析比粘土分析更具有挑战性。而砂土参数的变化规律很难用简单的数学模型来定义,所以数值模拟(有限元或有限差分)方法越来越多地得到广泛应用。Liu(2011)推导了一个结合了 Bolton & Whittle(1989)和 Potts et al (1999)的非线性弹/塑性模型,对旁压测试进行分析。这项研究的下一阶段工作是对此模型进行进一步完善,使其能够使用 Whittle and Liu(2013)的方法定义土体的非线性特征。由于这部分内容涉及较复杂的数值模拟问题,本章不再就此专题进行展开。

2.6　土体的非线性特征对工程设计的影响

　　从上一节的分析可以看到,剑桥式旁压仪通过在旁压测试过程中执行回滞环的操作,从而分析土体的非线性特征。本节将举例介绍土体的非线性特征对土工设计的影响。

2.6.1 土体的非线性

土力学界已经对土体的非线性特征做过很多研究,图2.65(a)所示为一典型的三轴实验示意图,图2.65(b)为三轴实验剪应力与土体应变的关系图。我们可以很容易看到土体在加载过程中的应力-应变关系是高度非线性的。从相同实验的正割和正切杨氏模量来看,Atkinson & Sallfors(1991)[34]把模量变化分成了三个区域(图2.65(c))。在极小应变区域,杨氏模量随应变的变化可忽略不计;在小应变区域,模量随应变增加而迅速减小;在应变达到0.1%时,模量变化进入大应变区域。Atkinson & Sallfors(1991)总结了在不同应变区域内,模量可以由不同的测试方法得到。剑桥自钻式旁压仪主要测量的就是在小应变区间内的土体模量变化。

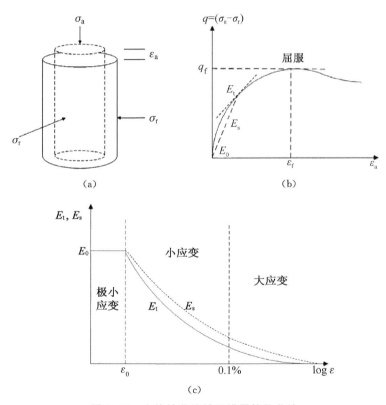

图2.65 土体的非线性及模量软化曲线

土体的这个特性对岩土工程师的设计工作是非常重要的,即模量不仅仅随着土体位置(深度)变化而变化,它还和土体所受载荷和变形有关。在开发土体非线性的模型的过程中,一定要考虑到土体模量,强度以及屈服应变之间的关系(Atkinson,2000)[35]。本节的主要举例介绍土体非线性对工程设计的影响,所选用非线性模型是对伦敦帝国理工学院Jardine教授等[36]于1986年所开发模型的改进型,这里仅简单介绍Jardine模型,不再就改进型模型的细节加以描述。从图2.66可以看到,原始的Jardine模型是通过一系列参数(A,B,C,α,γ,ε)定义模量变化曲线的,并引入了土体强度和应变作为变化量。在应用这个模型时,对模型中参数的校准需要使用一系列实验室和原位测试数据,剑桥自钻式旁压仪所得到的土体模量变化曲线即可以覆盖到大部分小应变区域(图 2.67)。

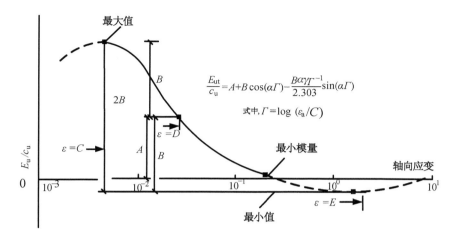

图 2.66　Jardine et al(1986)非线性模型

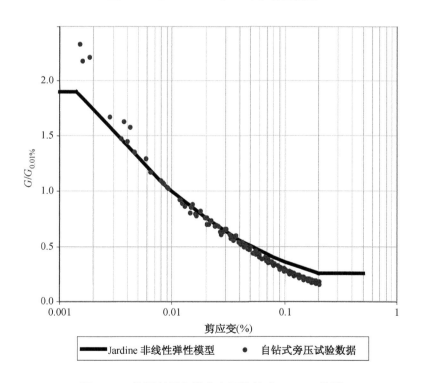

图 2.67　使用剑桥自钻式旁压仪校准 Jardine 模型

2.6.2　地表沉降及隧道衬砌的受力分析

喷射混凝土衬砌施工法(Sprayed Concrete Lining — SCL)是英国土木工程师协会

(ICE)对在隧道施工中使用喷射混凝土作为主要支护手段的一种施工方法的简称。这种方法起源于上世纪50年代的"新奥地利隧道施工方法"也称新奥法(New Austrian Tunnelling Method — NATM)。NATM最先由奥地利学者提出,它是以隧道工程经验和岩石力学的理论为基础,将锚杆和喷射混凝土组合在一起,作为主要支护手段的一种施工方法。随着此方法在西欧国家及北美许多地下工程中得到广泛应用,NATM最原始的基于岩石力学的设计理念也随着各个地区的地质情况不同和施工方法不同而产生了变化。继续使用"新奥法"这样一个宽泛的名称并不能体现地区间差异,比如在北美地区新奥法现在更多地被称之为连续掘进法(Sequential Excavation Method—SEM),而在欧洲大陆德语地区使用循环掘进法(Cyclic Tunnelling Method)。在英国由于大多数应用新奥法设计理念的隧道工程集中在软土区,而软土的力学特性尤其是变形引起的强度和模量的变化促进了全新的施工方法和设计理念的产生,因此英国土木工程师协会对此方法重新定义为喷射混凝土衬砌施工法(SCL)以示区别,而使用此方法设计和施工的隧道可简称为SCL隧道。

SCL隧道设计可以广义地分为两种方法:经验法和分析法。在1994年伦敦和慕尼黑两次隧道施工事故之后,根据"建设(设计与管理)条例(1994)"(Construction (Design and Management) Regulation,1994)在英国境内所有SCL隧道都要使用分析法设计。这就意味着隧道设计方必须根据现有信息及数据能够出示分析结果证明SCL隧道设计方案安全可靠并且满足各方要求。从市场竞争的角度来讲,各个工程设计公司必须使用更先进的设计理念和方法进行分析(包括使用更复杂的土力学模型),从而证明其设计方案经济可靠,这也客观上促进了土力学和岩土工程学科的发展。

SCL隧道的施工方式简单来说即掘进和使用喷射混凝土支护交替进行,其最基本的原则可概括为以下几点:单次向前掘进不要过长,任何土体暴露面都要尽快封闭,一次支护要尽快完成并形成封闭环,隧道内/外检测要及时到位。对于不同的地质条件和隧道设计要求,工程师可以选择全断面施工法,台阶施工法和部分掘进施工法。本节以全断面施工法和台阶法为例,简要说明土体的非线性特征对SCL隧道施工所引起地表沉降及衬砌设计的影响,所用分析实例由一伦敦软土地区SCL隧道设计项目的数值分析结果修改简化而来。

对于直径较小的隧道,在地质条件允许的情况下,隧道工程师往往会选择全断面施工法,此方法对周围土体扰动较小且推进速度较快。而对于直径较大且地质条件复杂的土层,台阶法虽然推进速度较慢且需要更多物料,但由于每次掘进面相对较小,施工安全性可大大提高且地表沉降较小。台阶法根据台阶的长度可分为长台阶、短台阶和超短台阶法。图2.68和图2.69所示为以超短三级台阶法施工的剖面和截面图,每一台阶长度仅为两米。隧道断面由隧道顶部而下分为顶部导坑(Top Heading)、台阶(Bench)及内底(Invert)三个部分,其施工亦依此顺序进开挖(图2.70)。

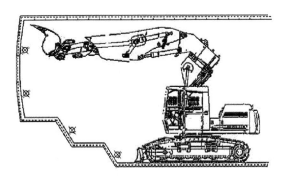

图2.68　SCL隧道施工工序图

图 2.69　SCL 隧道掘进面示意图

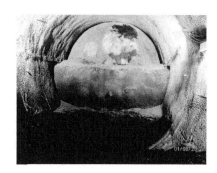

图 2.70　伦敦粘土中 SCL 隧道三级台阶法作业面

1）土体非线性对地表沉降量的影响

我们可以通过一个简化的 SCL 隧道全断面施工法模型来说明土体的非线性是如何对地表沉降量的预测产生影响的。图 2.71 所示为单一土层中一 SCL 隧道全断面施工模型，而图 2.72 为在一给定土体强度下模量的变化曲线。如果使用线性弹性模型，即土的剪切模量不会随剪应变的变化而变化，地表的沉降量会呈现出完全不同的形态。在隧道模型中，土体的剪切模量分别使用 $G_{\max}$，$G_{esmin\times 7}$ 和 $G_{\min}$，地表的沉降曲线和非线性模型的比较由图 2.73 所示。处于隧道正上方的土在隧道开凿过程中应当产生最大的沉降量，土的剪切模量理应随着应变的产生而显著减小，但是如果使用 $G_{\max}$ 的话（即假设土的剪切模量大于真实值），地表的沉降量被显著低估。如果使用 $G_{\min}$ 的话（即假设土的剪切模量小于真实值），地表的沉降量会被显著高估。而如果使用 $G_{esmin\times 7}$ 的话，即土的剪切模量在小变形时小于真实

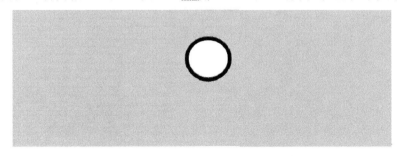

图 2.71　SCL 隧道在单一土层中全断面施工的数值模拟

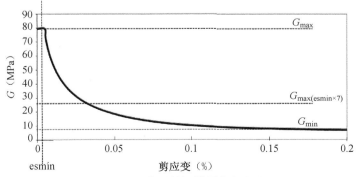

图 2.72　典型剪切模量软化曲线

注：×为乘号，$G_{\max(esmin\times 7)}$ 表示当剪应变为 esmin×7 时，G 的最大值。

值,而在大变形时高于真实值,则地表的沉降量在远离隧道中心线时会被显著高估,而在接近隧道中心线时被显著低估。

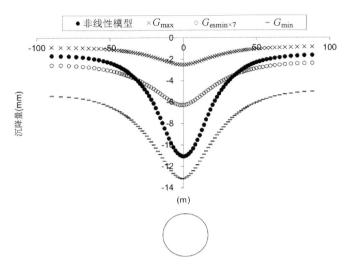

图 2.73　SCL 隧道全断面施工所引起的地表沉降量

2) 土体非线性对 SCL 隧道衬砌设计的影响

图 2.74 所示为三级台阶法施工步骤。需要注意的是,在工程设计中,SCL 隧道的模拟应尽量使用三维模型以保证准确度,但是在需要进行大量数值模拟的情况下,使用二维模型可以节省大量时间成本,但是二维模型必须首先经过三维模型的校准才可以继续使用。

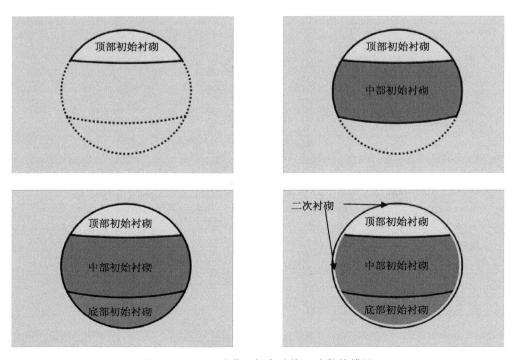

图 2.74　SCL 隧道三级台阶施工法数值模拟

　　在隧道的设计中,工程师经常使用衬砌的轴向力-弯矩包线来检验衬砌设计是否合理。包线的大小取决于建造衬砌所使用的混凝土强度、衬砌厚度、施工周期、是否使用支护等。每一个衬砌单元上的弯矩和轴向力关系都可以和包线相比用以确定衬砌设计是否合理及安全。图 2.75 为一基于伦敦城区地质条件下的隧道数值分析模型,图 2.76 所示包线是基于 210 mm 的隧道衬砌,如果每一个衬砌单元上的弯矩及轴向力关系在包线以内,证明衬砌设计安全,如果在包线以外,那么隧道内就需要加支护或者增加衬砌厚度。图 2.76 清楚地表明如果使用非线性弹性模型,此衬砌设计安全合理;如果使用最小剪切模量(G_{min}),即假设隧道周围的土相对很软,施工时土的压力对衬砌产生较大影响,此情况下需要增加衬砌厚度,或在衬砌薄弱点增加支护,但施工成本会大大增加;如假设土的剪切模量为最大值(G_{max})或 $G_{esmin×7}$,由于衬砌单元上的弯矩相对较小,工程师可能减小衬砌厚度,从而可能导致衬砌开裂,严重时还可能引发安全事故。

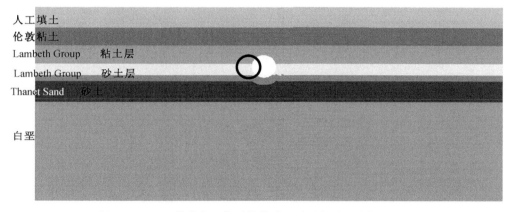

图 2.75　SCL 隧道在一典型伦敦地区地质条件下的数值模拟

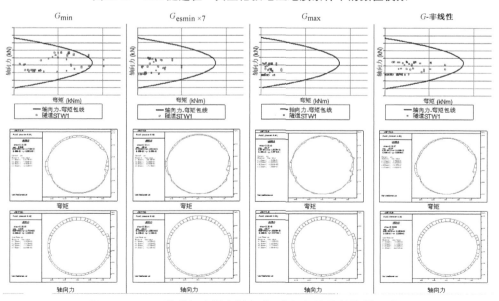

图 2.76　SCL 隧道初次衬砌轴向力-弯矩包线及数值模拟结果

2.7　自钻式旁压仪在不排水土体中的钻进扰动①

相对于其他原位测试手段,旁压仪尤其是自钻式旁压仪的最大特点是尽量保持土体原始状态的同时,使测试土体产生较大的可控应变,从而相对真实地反映土体的工程特征。但是从前面的分析我们已经了解到,自钻式旁压仪在钻进过程中的扰动是广泛存在的,而大多数的现有分析方法为了简化分析过程,都是假设扰动作用不存在或者影响很小。有一些方法(如 Whittle (1999))可以利用曲线拟合的方式分析扰动,但是并没有从根本上解释扰动的物理过程及土体力学特征是如何改变的。

由于自钻过程是一个很复杂的物理过程,而且不同厂商生产的产品也存在很大差别,很多学者利用不同理论对扰动过程作了简化,试图明白土体在此过程中会产生什么样的变化。由于旁压仪是圆柱体且对土体施加的作用力以径向为主,圆孔扩张理论一直是旁压测试的主要分析工具。Yu(2000)总结了几种经典的土力学模型在旁压测试中的解析解。随着计算机计算能力大幅度提高,科研人员如今不但可以利用数值模拟方法对自钻过程进行更加真实的还原,而且也能够在模拟过程中使用更加复杂的土力学模型,从而进一步理解土体是如何受到扰动的。

自钻式旁压仪不是一种标准化生产的产品,而且在不同土层中所选用的钻进方法和钻头都有所不同,逐一精确地模拟自钻过程是完全没有必要的。仔细观察自钻过程可以发现有两个特点:①从图 2.16 可看出,自钻式旁压仪拥有锋利的切削刃可以相对容易地插入土层中,并减小对周围土体的影响。这和取土器的工作原理完全一致,所不同的是自钻是一个持续的过程,当旁压仪向下钻进的同时,进入切削刃的土体被分解并转移到地面。②自钻过程和使用盾构机开凿隧道的过程相似,它们都是以转移土体而用隧道和旁压仪来填充土体空隙为目的,并且在钻进的过程中产生的土碎屑都被快速转移,从而尽量减小对周围土体的影响。所不同的是盾构机大体在水平方向运动,而自钻过程是垂直方向。因此,对钻进扰动的分析可以参考取土器切削土体(深穿透问题)和隧道钻进过程的研究。

2.7.1　应变路径法

应变路径法最初由 Baligh(1985,1986)[39-41]提出,随后广泛地用于分析深穿透问题和原位测试的扰动作用。应力路径法是一个近似方法并且基于一个基本假设,即土体在深穿透过程中的动力学特征决定了此过程中土体所产生的变形(应变)和土的剪切阻力没有关系,换句话说即土体可假设为一种不可压缩、无粘性的流体,而自钻式旁压仪的钻进过程,可类似于此流体流过固定旁压仪的过程,流体所产生的形变主要由旁压仪的几何形状决定。由于流体为不可压缩流体,其变形可类比于土体不排水剪切条件下的变形。这个假设极大

---

①　本节主要介绍在有限元分析中使用应变路径法对自钻式旁压仪的钻进过程进行分析,并深入讨论钻进扰动对旁压测试结果产生的影响。所选用的土模型是基于临界状态(Critical State)概念的高级临界状态模型(Advanced Cambridge Model, ACM)。由于篇幅有限,关于这方面研究更详细的介绍可参见 Wongsaroj(2005),Liu(2011)和 Liu et al(2015)。本节中 ACM 是基于剑桥地区的 Gault Clay 校准的,更多关于此种土的特性可参见 Yimsiri & Soga(2008, 2009)[37,38]。

地方便了自钻式旁压仪钻进扰动的模拟,钻进过程不用考虑钻头和土壤的交互作用,同时对流体特性和动力学的控制也可以通过标准化的商业软件实现。土体(或流体)的应变率(strain rate)通过积分土体的速度场(velocity field)得到,而对应变率沿着流线(streamline)积分即可得到应变路径(strain path)。我们将在 2.7.3 节具体讨论应变路径计算的具体操作方法。

流线上的应变路径展示了土体在钻进过程(流动过程)中的应变变化,我们可以把整个应变场代入一个土力学模型,从而得到土体的有效应力场,并通过平衡关系式得到钻进过程中孔隙水压(pore water pressure)的变化场。通过这样的计算,我们即可得到钻进过程完成后土体的应力应变状态,此状态即为随后进行的旁压测试的初始状态。

2.7.2　高级剑桥模型(Advance Cambridge Model)

土力学模型的选择对于数值模拟有着至关重要的影响。如何选择正确的模型取决于很多因素,复杂的土模型不一定得到更准确的结果,反而增加了分析成本。同时越复杂的本构模型意味着越多的参数和变量,这就要求分析人员需要对此模型有很好理解并能够得到校准此模型所需的数据。

高级剑桥模型是近年来有剑桥大学继 Cam Clay 之后开发的又一款土力学模型,此模型已经应用于预测在硬质粘土地区隧道钻进引起的地表沉降(Wongsaroj,2005)[42]。Negro & de Queiroz(2000)[43]总结了分析隧道钻进问题应包括的几个重要方面:

(1)隧道周围的土体变形;

(2)隧道衬里的载荷分析;

(3)超孔隙水压的产生及消散。

对于自钻式旁压仪的扰动研究,钻进过程中周围土体变形,应力及孔隙水压的变化都可类比于以上几点。针对这些研究要点,ACM 所具有的如下特征①使其能够模拟钻进扰动:

(1)能够描述土体在小应变下的剪切模量及其变化趋势;

(2)能够体现模量的各向异性;

(3)能够反映土体更加复杂的弹塑性特征;

(4)能够体现土体的应力历史;

(5)能够反映土体三维特性(3D 数值模拟中使用)。

2.7.3　钻进扰动和旁压测试的有限元分析

根据 2.7.1 节所介绍的应变路径法的基本概念,对自钻式旁压仪的扰动分析可分为如下四个步骤:

(1)在有限元模拟软件中建立轴对称的自钻式旁压仪模型,并定义一种不可压缩并且无粘性的流体从下至上流经旁压仪。通过在任一流线上的流体流速即可通过图 2.77 和公式(2.62)计算得到流体的应变率。本节所使用的软件为 COMSOL Multiphysics。

---

① 更多关于高级剑桥模型(ACM)如何实现以上所有特征的内容可以参见 Wongsaroj(2005)和 Liu(2011),本节不深入讲解数学推导只对要点作简要介绍。

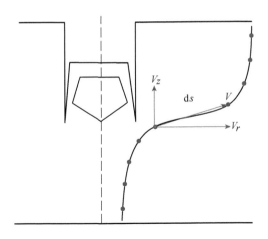

图 2.77　自钻式旁压仪钻进过程示模拟示意图

$$V_r = 在\ r\ 方向上的速度分量$$
$$V_\theta = 在\ \theta\ 方向上的速度分量$$
$$V_z = 在\ z\ 方向上的速度分量$$

$$\dot{\varepsilon} = \begin{bmatrix} \dfrac{\partial V_r}{\partial r} & \dfrac{1}{2}\left(r\dfrac{\partial(V_z/r)}{\partial r}+\dfrac{1}{r}\dfrac{\partial V_r}{\partial \theta}\right) & \dfrac{1}{2}\left(\dfrac{\partial V_\theta}{\partial r}+\dfrac{\partial V_r}{\partial z}\right) \\[3mm] \dfrac{1}{2}\left(r\dfrac{\partial(V_z/r)}{\partial r}+\dfrac{1}{r}\dfrac{\partial V_r}{\partial \theta}\right) & \dfrac{1}{r}\dfrac{\partial V_z}{\partial \theta}+\dfrac{V_r}{r} & \dfrac{1}{2}\left(\dfrac{\partial V_z}{\partial z}+\dfrac{1}{r}\dfrac{\partial V_\theta}{\partial \theta}\right) \\[3mm] \dfrac{1}{2}\left(\dfrac{\partial V_\theta}{\partial r}+\dfrac{\partial V_r}{\partial z}\right) & \dfrac{1}{2}\left(\dfrac{\partial V_z}{\partial z}+\dfrac{1}{r}\dfrac{\partial V_\theta}{\partial \theta}\right) & \dfrac{\partial V_\theta}{\partial z} \end{bmatrix} \quad (2.62)$$

（2）得到应变率后，即可通过公式（2.63）在每一条流线上的积分并得到应变场。

$$\varepsilon = \int \dot{\varepsilon}\mathrm{d}t = \int \frac{\dot{\varepsilon}}{V}\mathrm{d}s \quad (2.63)$$

（3）应变场代入土力学模型得到有效应力场。本节重点介绍使用 ACM 模型得到的运算结果。

（4）根据平衡关系式 $\dfrac{\partial \sigma_{ij}}{\partial x_j}=0$，并应用有效应力原理即可得到：$\dfrac{\partial u}{\partial x_i}=-\dfrac{\partial \sigma'_{ij}}{\partial x_j}=g_i$，此表达式在轴对称坐标中可表达为：

$$-\frac{\partial u}{\partial r}=-g_r=\frac{\partial \sigma'_{rr}}{\partial r}+\frac{\partial \sigma'_{rz}}{\partial z}+\frac{\sigma'_{rr}-\sigma'_{\theta\theta}}{r} \quad (2.64)$$

$$-\frac{\partial u}{\partial z}=-g_z=\frac{\partial \sigma'_{zz}}{\partial z}+\frac{\partial \sigma'_{rz}}{\partial r}+\frac{\sigma'_{rz}}{r} \quad (2.65)$$

积分此有效应力场可计算孔隙水压场。理论上对于同一位置，不同积分路径所得到的土体孔隙水压不应有任何差别，但是应变路径法是一种近似方法，分别使用以上关系式积分所得到的孔隙水压会有很大不同,尤其是土体单元经过旁压仪切削刃后,由于过度剪切作用,孔隙水压计算会出现误差。为了解决这个问题,Baligh(1985)提出了一种有限元方法,从而避免了不同积分路径所引起的误差。土体平衡关系式可以转换为如下表达式:

$$\nabla^2 u = -\nabla \cdot g = -q \tag{2.66}$$

$-q$ 作为 Poisson 公式的源项出现,可通过求解平衡关系式的散度(divergence)得到。$\nabla^2 u$ 作为标准的 Poisson 公式,可以方便地在有限元软件中解出。

　　钻进扰动是通过对流体的流速控制进行的。自钻式旁压仪对土体的扰动在前面的章节中已经简略介绍,图 2.78 所示为 COMSOL 中建立的轴对称旁压仪模型,切削刃的几何形状和剑桥式旁压仪完全一致。图 2.79 为四种主要扰动模式的模拟方法,我们已经把钻进过程定义成为流体流经固定的旁压仪,那么对于平衡钻进的情况来说,理论上被旁压仪切削(置换)的土体(流体)的体积与旁压仪进入土体的体积一致,那么在模型中即可定义为进入 r_a 平面的流体和排出 r_b 平面的流体体积一致。但是需要特别说明的是,虽然平衡钻进情况保证了土体体积进出旁压仪一致,但是并不意味着不存在钻进扰动,从后面的分析我们会依然看出,流线在经过旁压仪切削刃时依然产生变形,这是由切削刃的几何效应引起的,也就是说无论切削刃制造工艺多么精良,其周围土体一定会或多或少受到扰动;对于钻进不足和钻进过度的情况,进入 r_a 平面的流体分别大于和小于排出 r_b 平面的流体体积。涂抹效应主要模拟旁压仪表面与土体间的摩擦阻力,并随之带来接触面上的流体流速减小。本节将要讨论如下几种扰动情况:

表 2.4　自钻式旁压仪钻进扰动的模拟

	钻进不足*		平衡钻进	钻进过度*		涂抹效应**	
扰动模拟	10%	5%	N/A***	1%	5%	2%	4%

*　　%代表进入 r_a 平面的流体大于和小于排出 r_b 平面的流体体积

**　　%代表结束面流体流速小于 r_a 平面流速

***　　N/A 表示"不适用"。平衡钻进时,进出旁压仪的流体体积相等,即 0%。

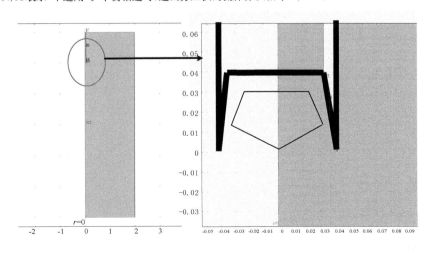

图 2.78　自钻过程在 COMSOL Multiphysics 中的模型

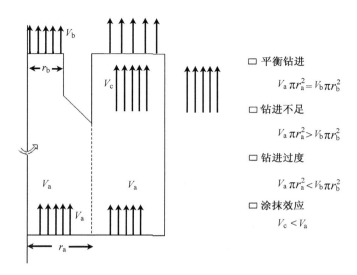

图 2.79　四种扰动方式的模拟

按照应变路径法所要求的计算步骤,我们可以分别对以上几种情况进行分析,并得到有效应力场及孔隙水压场。此状态即为钻进结束,旁压测试即将开始的初始状态。由于旁压测试本质为土体做均匀柱状膨胀,因此在有限元模拟中旁压测试可由在轴对称坐标中土层受压并产生位移的方式呈现,如图 2.80 所示。前面已经介绍过,剑桥式旁压仪的位移测量点位于仪器中部,大约距切削刃 0.5 m,所以旁压测试的初始应力状态(如初始应力、初始孔隙水压)应从扰动模拟的计算结果的相应位置提取。本节所介绍的旁压测试模拟是在 ABAQUS 6.5 中进行的。

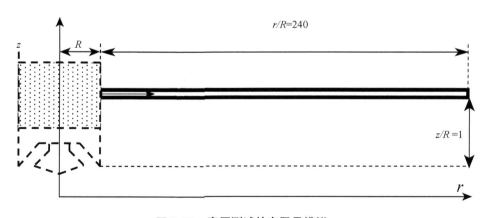

图 2.80　旁压测试的有限元模拟

2.7.4　扰动作用及旁压测试评估

图 2.81 所示为 COMSOL Multiphysics 中流场流线的分布,为了保证计算精度,流线密度在旁压仪切削刃附近要远远大于其他区域。图 2.82 为五条在典型位置的流线在四种扰动方式中的形态。由于图像的显示比例不容易看到流线的流向,图 2.83 所示为钻进不足、钻进过度和平衡钻进情况下的流线示意图。对于钻进不足情况,一部分本应进入钻头的土

体(流体)被"挤出"切削刃,从而对周围土体产生径向挤压,这种现象在切削刃边缘非常明显,并沿着旁压仪向上逐渐减弱,但从流线相对位置可以看出,土体在旁压仪顶端最终位置仍然处于径向受压状态。而对于钻进过度情况,流线的走向完全相反,由于钻进过程多"吸入"了 5% 的土体,流线明显偏向旁压仪。对于平衡钻进,流线的走向清晰地证明了前面的论述,即虽然土体进入和排出切削刃的体积不变,但由于切削刃的几何形状,流线实际上在切削刃边缘仍然会产生复杂变化。

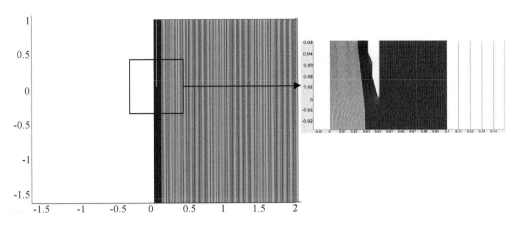

图 2.81　COMSOL Multiphysics 中流场流线的基本分布

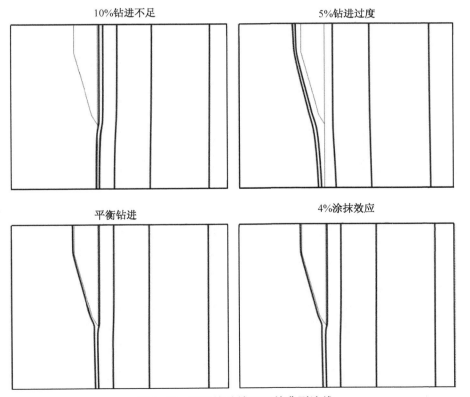

图 2.82　不同扰动情况下的典型流线

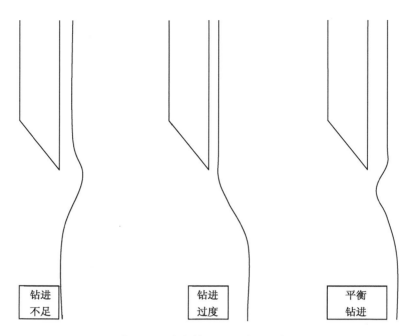

图 2.83　土体(流体)在自钻过程中的流线变化($r/R=1.1$)

利用所有流线上的流速场,我们可以通过计算得到不同扰动情况下每一条流线上的应变路径,并得到土体的应变场。图 2.84 所示为四种扰动情况下,一典型流线上(流线起点为 $r/R=1.1$)的应变路径。从图中可以看出,钻进不足和钻进过度所产生的径向和周向应变几乎完全相反,而剪切应变方向则区别不大。同样值得注意的是,平衡钻进和涂抹效应的应变路径高度相似,由于此流线并不是贴近旁压仪接触面的流线,涂抹效应的影响不大。但需要特别说明的是,此模型中涂抹效应迅速消逝主要是由于应变路径法的基本假设之一即流体为非粘性,以至于接触面上流速的改变不能有效传递到周围的土体中。

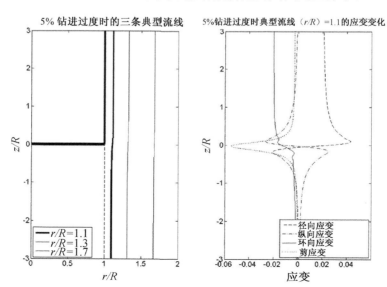

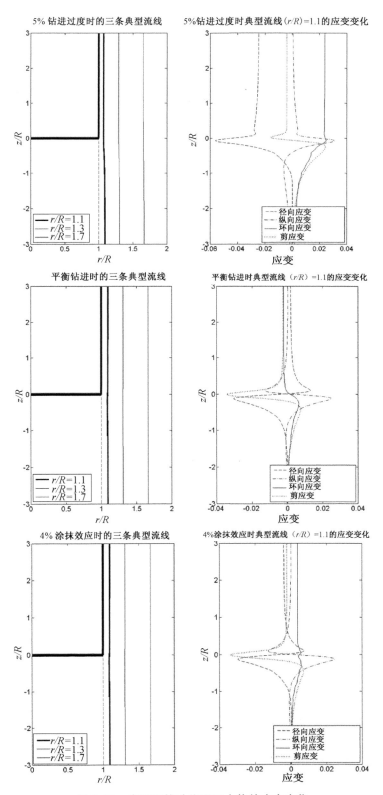

图 2.84　在不同扰动作用下土体的应变变化

在得到每一条流线上的应变路径后,土体的有效应力场即可通过土力学模型得到。本节只讨论使用 ACM 模型的结果,对使用其他模型的分析结果请参见 Liu(2011)。

图 2.85 所示为 10% 钻进不足时,旁压仪周围应力场分布情况。图示中所有应力都使用旁压测试位置的土体初始轴向有效应力(σ'_z)进行归一。应力场的分布很大程度上反映了应变场的分布,径向应力的最大值出现在切削刃边缘的右侧。对于旁压仪周围的区域,相对于其他应力场(周向、轴向和剪切应力),径向应力的最大值并不是出现在接触面上,而是出现在大约两倍旁压仪半径的位置。

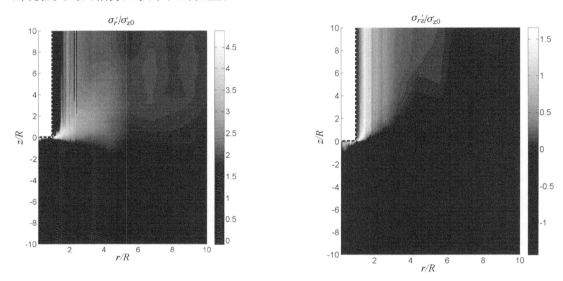

图 2.85　10% 钻进不足时旁压仪周围应力场

图 2.86 为 5% 钻进过度情况下的径向应力和剪应力场分布,从中我们可以看到,虽然流线显示周围土体向旁压仪方向移动,但是实际上土体仍然处于加载状态,并且径向应力达到至少四倍于初始轴向有效应力。由于篇幅有限,所有扰动情况的应力场分布可参见 Liu(2011)。

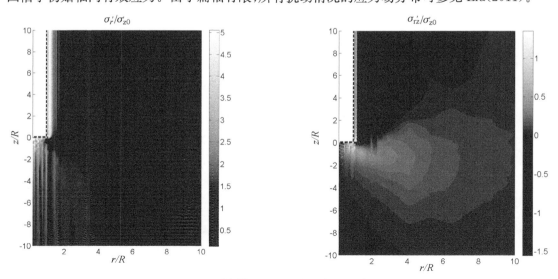

图 2.86　5% 钻进过度时旁压仪周围应力场

相对于单独分析不同扰动下的单一应力场,对典型流线上的应力路径变化更能够展现不同的钻进扰动是如何改变土体的力学状态的。图 2.87 和图 2.88 分别所示为钻进不足和钻进过度情况下靠近旁压仪的一条典型流线($r/R = 1.1$)上土体的应力变化情况。(a)所示为应力路径和三个时刻所对应的土体屈服面;(b)为土体的应变路径,同样用相同的符号标识出在三个时刻的应变大小;(c)和(d)均为标识土体在流线图上的物理位置。

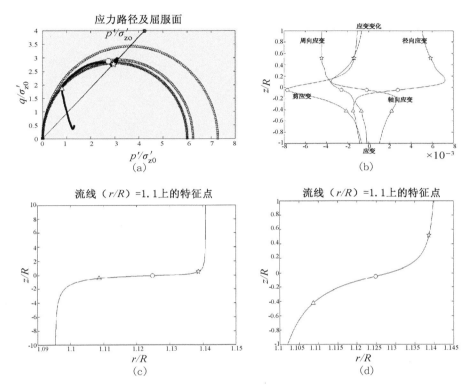

图 2.87　10%钻进不足情况下的应力路径和典型流线 ($r/R = 1.1$)

对于钻进不足的情况,我们选取了三个关键数据点,分别为土体(流体)接近切削刃,通过切削刃和切削后三个时刻。从图 2.87 可以看出,土体从初始位置运动到"△"位置过程中,并没有产生大的应变变化,但是土体的应力路径快速上升并已经基本接触到了屈服面。这是因为 ACM 模型定义了土体在小应变下的弹性模量及其衰减曲线,所以土体在小变形的情况下产生了较大的剪应力。而土体从"△"位置运动到"○"位置的过程是一个短暂而剧烈的剪切过程。从应变路径可以看到几乎每一个方向的应变都产生了很大变化,而应力路径也几乎迅速地达到临界状态。同时 ACM 模型通过定义次加载面考虑了土体在加载过程中产生的塑性形变,所以在土体运动到"○"位置过程中,屈服面也随着塑性形变的产生而快速缩小。而最后从"○"到"☆"的过程,虽然土体仍然产生了较大应变,但是由于土体已经基本处于临界状态,所以应变路径变化较小。

从流线的走向上看,钻进过度情况要比钻进不足更复杂一些,我们选取了四个关键位置进行讨论。土体从初始位置到"△"位置和钻进不足情况类似,土体在小变形的情况下产生了较大的剪应力,应力路径快速提升至屈服面,但是应力路径的方向和钻进不足情况不同,

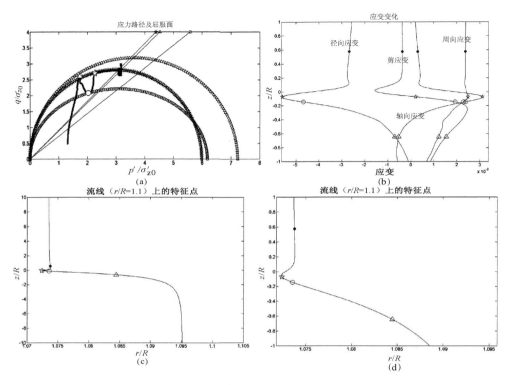

图 2.88　5%钻进过度情况下的应力路径和典型流线($r/R=1.1$)

这是由于剑桥高级模型中土体的弹性模量各向异性特征导致的。从"△"到"☆"的过程是一个十分复杂的应力变化过程,由于洛德角(Lode Angle)的改变从而导致了剪应力减小,进而屈服面缩小。而当剪应变转变方向后,屈服面又逐渐恢复,并最终使土体到达临界状态。更详细的讨论请参考 Liu et al(2015)。

　　为了更好地理解土体的钻进过程中的应力变化,我们可以把应力路径和其他可控的试验方法相比较。图 2.89 所示为钻进不足和钻进过度两种扰动应力路径与三轴实验和平面应变压缩试验的应力路径相比较。对于钻进不足情况,土体从初始位置运动到"△"位置过程与三轴压缩的应力路径相似,这是因为土体在旁压仪下方,由于钻进不足,土体单元处于受压状态,而从"△"位置运动到"○"位置是一个十分快速的过程,土体在很短的轴向空间内产生了较大的径向位移,这个过程与平面应变压缩十分相似(应力路径快速重合),这也从根本上解释了为什么圆孔扩张原理不完全适用对钻进扰动的分析。而对于钻进过度情况,初始位置到"△"位置的过程与平面应变拉伸过程几乎完全重合,而且在部分则更趋向于三轴卸载测试。当土体通过切削刃后,土体又与平面应变拉伸趋势一致,并最终达到临界状态。

　　在得到的有效应力场上应用公式(2.64)和(2.65)对 r 和 z 方向分别积分,即可得到相对应的孔隙水压场,如前所述,由于应变路径法是一个近似法并且土体(流体)在切削刃的边缘剧烈的剪切效应,积分路径对孔隙水压的计算有着很大影响。图 2.90 所示为 10% 钻进不足和 5% 钻进过度两种情况下旁压仪表面的孔隙水压场(使用测试位置的初始轴向有效应力归一)。当土体在切削刃下方时,径向和轴向积分法得到的孔隙水压基本可以保持趋势

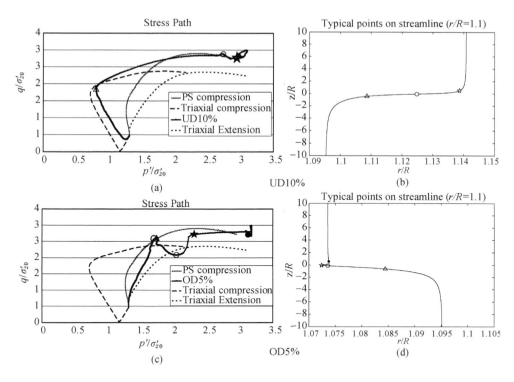

图 2.89 钻进过程中典型流线上土体的应力路径和其他测试的比较

一致,但是当土体经过切削刃以后,轴向积分法完全不能得到合理结果。这主要是因为不同于贯入式旁压仪,自钻式旁压仪下方及周围的土体受到轴向压力较小,而在经过旁压仪的切削刃时,所受到的瞬时剪切效应又往往产生相对大的径向应力。从公式(2.65)看到,在使用轴向积分方法时,并没有把径向应力计算在内,而对变化相对较小的轴向应力做微分运算,导致了此方法无法给出合理的计算结果。

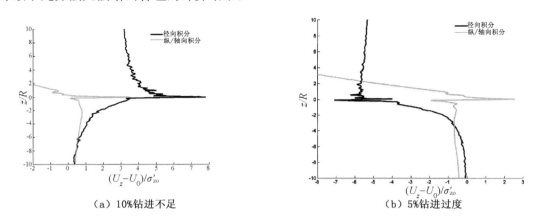

图 2.90 10%钻进不足与 5%钻进过度情况下旁压仪表面($r/R＝1$)孔隙水压比较(积分法)

Baligh(1985)引入的有限元方法有效地解决了积分路径问题。图 2.91 所示为径向积分法与有限元方法的比较。我们可以看到在以上两种扰动模式下,径向积分法与有限元方法得到孔隙水压场及接近旁压仪表面的孔隙水压都非常相似,径向应力应变的变化比其轴向变化对孔隙水压的影响大很多。这里有一点需要特别说明:有限元方法得到的切削刃边缘处孔隙水压要比积分法大很多,这是因为从公式 2.66 看出,源项($-q$)是有效应力场的二次微分,在应力变化比较剧烈的区域(切削刃的边缘),数值振荡(numerical oscillation)会导致计算失真。从旁压仪和土体接触面的孔隙水压值来看,钻进不足扰动产生很大的超孔隙水压,而钻进过度情况则完全相反。图 2.92 所示为四种扰动状态下使用有限元法计算的旁压仪表面超孔隙水压分布。对于钻进过度情况,由于土体被"吸入"旁压仪中并同时被卸载,

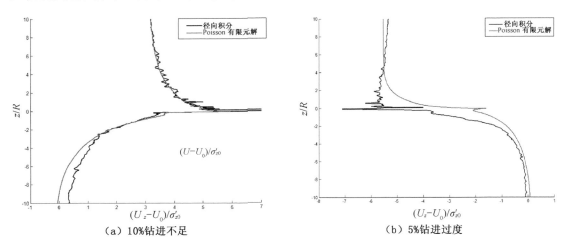

图 2.91　10%钻进不足与 5%钻进过度情况下旁压仪表面($r/R=1$)孔隙水压比较(有限元解法)

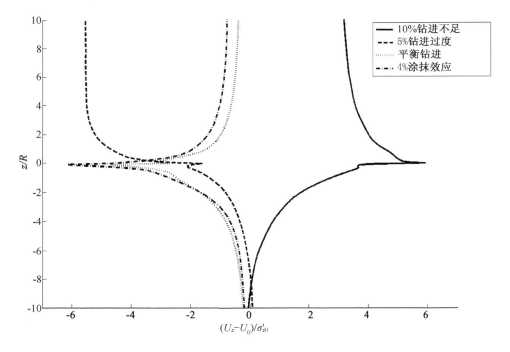

图 2.92　四种扰动情况下旁压仪表面超孔隙水压的比较(有限元法)

大量负超孔隙水压产生在切削刃处；而对于钻进不足情况，由于土体被挤出切削刃并同时被加载，所以产生大量正超孔隙水压；而对于平衡钻进和涂抹效应情况，由于土体在切削刃边缘产生较大形变，所以大量超孔隙水压在此处产生，但随着土体经过切削刃后，大部分超孔隙水压很快就消散了。图 2.93 所示为 10% 钻进不足近况下旁压测试的初始状态，这包括了各项应力及孔隙水压分布，从此图中我们可以看到，在距离旁压仪 5 倍半径以外，钻进扰动已经相对很小了。Liu(2011) 详细介绍了各种钻进扰动情况下超孔隙水压的分布。

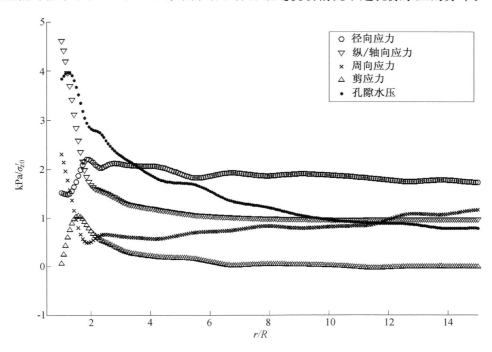

图 2.93　10% 钻进不足情况下旁压测试的初始状态

　　至此我们已经完成了对钻进过程的模拟，旁压测试的初始状态已经确定，如 2.7.3 节所述，我们需要将钻进模型中距离切削刃边缘 0.5 m 位置上的土层的力学特征代入旁压测试模型中，并进行旁压测试的模拟。为了能够更清楚地了解钻进过程对旁压测试结果的影响，我们对无扰动旁压测试也进行了模拟，图 2.94 所示为各种扰动情况下的旁压测试曲线与无扰动测试曲线的比较。从图中我们可以看出，平衡钻进与涂抹效应所产生的扰动效应相对较小，而在钻进不足与钻进过度扰动下，旁压测试曲线与无扰动曲线差别较大。我们可以分别使用膨胀起始观测法、Gibson & Anderson 方法、Jefferies 方法分别对扰动和无扰动测试曲线进行土体初始侧压力 (σ_{h0})、不排水剪切强度 (c_u) 及极限压力 (p_L) 进行分析，从而进一步量化扰动效应[①]。由于篇幅有限，更多关于旁压测试的扰动分析可参阅 Liu (2011) 及 Liu et al(2015)。

---

　　① 土体初始侧压力、不排水剪切强度及极限压力在本节中依然使用旁压测试位置的土体初始轴向有效压力 (σ'_z) 进行归一 (normalization)。

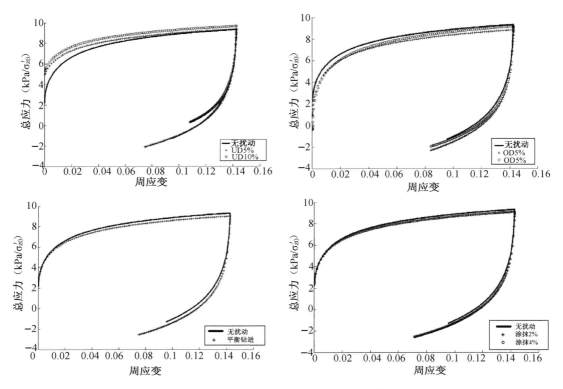

图 2.94　无扰动旁压测试与扰动旁压测试的比较

2.7.5　土体初始侧压力（σ_{h0}）

从图 2.94 可以看到，无论旁压测试是否受到扰动，测试曲线的起点定义十分清晰，所以曲线起点即为膨胀起始观测法得到的土体初始侧压力。当旁压测试完全没有受到扰动时，测试曲线的起点即为真实的土体初始侧压力。在钻进不足情况下，由于土体不能被旁压仪有效切削和排出，从而导致土体受挤压同时平均有效应力增加（mean effective stress），所以膨胀起始观测法得到的观测值远远大于土体真实的初始侧压力。钻进过度的情况恰恰完全相反，由于土体在钻进过程中的卸载效应，测试曲线的起点小于无扰动的土体初始侧压力。平衡钻进和涂抹效应所得到的预测值非常相似，表明涂抹效应对土体初始侧压力的影响较小。表 2.5 所列为各种扰动及无扰动情况下，膨胀起始观测法所得到的预测值和误差。图 2.95 为误差的柱状图，我们可以更清楚地看到误差在各种扰动效应间的变化趋势，很明显膨胀起始观测法的预测值与土体切削体积之间有很强的相关性。

表 2.5　使用膨胀起始观测法对旁压测试进行初始侧压力分析

	10%钻进不足	5%钻进不足	平衡钻进	1%钻进过度	5%钻进过度	2%涂抹效应	4%涂抹效应	无扰动
膨胀起始压力	5.19	4.80	2.40	0.93	−0.36	2.40	2.41	2.17
误差（%）	139.21	121.45	10.56	−57.09	−116.63	10.75	11.12	N/A

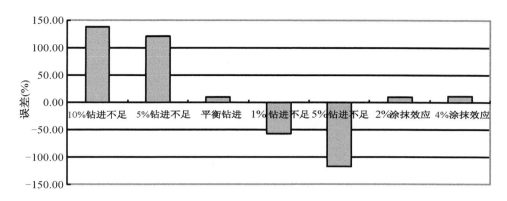

图 2.95　膨胀起始观测法对土体初始侧压力的预测误差

2.7.6　不排水剪切强度(c_u)

图 2.96 所示为分别使用 Gibson & Anderson 和 Jefferies 方法对各种扰动下的曲线做加载和卸载分析,钻进不足和钻进过度在加载分析中明显和其他曲线呈现出不同趋势,而在卸载分析中所有扰动条件下的曲线并没有太大差别,这主要是由于扰动效应对加载曲线的起始位置有很大影响,而这种扰动在卸载中则小很多。表 2.6 列出分析结果和相对应的误差值,同时图 2.97 画出误差值的柱状图。对于不同扰动情况下的误差有几点需要特别说明:

(1) 同膨胀起始观测法一样,Gibson & Anderson 方法对 c_u 的预测和土体被切削的体积有着直接的对应关系。而我们这里所观察到的变化趋势和 Aubeny(1992)[44] 得到的结论一致,即土体被切削的体积和土体不排水剪切强度的预测值成正比。

(2) 10%钻进不足导致 c_u 的预测值低于无扰动测试 20%,而 5%钻进过度则导致预测值高于无扰动情况 13%。

(3) 平衡钻进和涂抹效应对加载曲线起始位置影响较小,进而对 Gibson & Anderson 的分析影响也较小。

(4) 卸载曲线的分析结果在不同扰动效应下相差不大,这说明钻进过程中切削土体体积对卸载分析影响较小,而分析误差所体现的是旁压仪的几何形状和膨胀过程所引起的不可消除的影响。

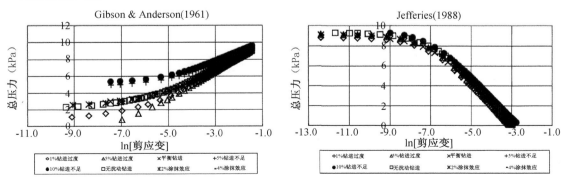

图 2.96　使用 Gibson & Anderson 和 Jefferies 方法分析测试曲线

表 2.6　不排水剪切强度(c_u)分析结果及误差

	10%钻进不足	5%钻进不足	平衡钻进	1%钻进过度	5%钻进过度	2%涂抹效应	4%涂抹效应	无扰动
c_u/σ'_{v0}（加载分析）	1.155	1.210	1.433	1.503	1.643	1.432	1.436	1.447
c_u/σ'_{v0}（卸载分析）	1.041	1.115	1.102	1.092	1.055	1.057	1.056	1.217
误差%（加载分析）	−20.2	−16.4	−1.0	3.8	13.6	−1.0	−0.8	*N/A*
误差%（卸载分析）	−14.5	−8.4	−9.5	−10.2	−13.3	−13.2	−13.8	*N/A*

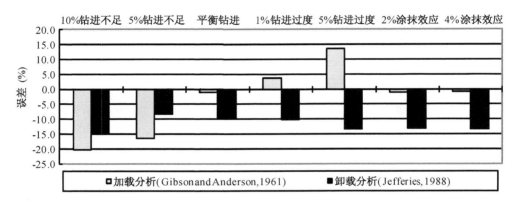

图 2.97　不排水剪切强度(c_u)误差柱状图

2.7.7　极限压力(p_L)

表 2.7 所示为对极限压力的分析结果和误差列表。我们知道极限压力所代表的是土体在应变足够大时所承受的载荷。在本节的分析中,我们定义旁压仪的膨胀量为原始体积的一倍为"应变足够大"。从图 2.94 我们可以看出,无论在何种扰动情况下,旁压测试曲线加载部分在大应变时都会逐渐趋近无扰动测试曲线。表 2.7 的计算结果(所有扰动情况下,极限压力误差小于 5%)证明了这一特征,即极限压力的计算与自钻式旁压仪的钻进扰动相关性很小。

表 2.7　极限压力的误差分析

	10%钻进不足	5%钻进不足	平衡钻进	1%钻进过度	5%钻进过度	2%涂抹效应	4%涂抹效应	无扰动
p_L/σ'_{v0}	11.302	11.075	11.085	10.981	11.519	11.160	11.179	11.415
误差(%)	−0.992	−2.975	−2.893	−3.802	0.909	−2.231	−2.066	*N/A*

参考文献

［1］巴居兰(法). 旁压仪和基础工程[M]. 卢世深,译. 北京:人民交通出版社,1984.

［2］Jézéquel J F, Lemasson H, Touzé J. Le pressiomètre Louis Ménard quuuelques problèmes de mise en oeuvre et leur influence sur les valeurs pressionmétriques, Bull[J]. De Liaison du LCPC, 1968(32): 97-120.

［3］Wroth C P, Hughes J M O. An instrument for the in situ measurement of the properties of soft clays

[J]. Proc. 8th Int. Conf Soil Mech. and Found. Eng. 12, 1973, 487-494.

[4] Clarke B G. Pressuremeters in Geotechnical Design[M]. Blackie Academic & Professional, 1995.

[5] Yu H S. Cavity Expansion Theory and Its Application to the Analysis of Pressuremeters[D]. Oxford: Oxford University, 1990.

[6] Hughes J M O, Ervin M C. Development of a high pressure pressuremeter for determining the engineering properties of soft to medium strength rock [J]. Proc. 3rd Aus. – NZ Conf. Geomechanics, Wellington, 1980, 1: 243-247.

[7] Hughes J M O, Wroth C P, Windle D. Pressuremeter tests in sands[J]. Géotechnique, 1977, 27(4): 455-477.

[8] Mair R J, Wood D M. Pressuremeter testing — methods and interpretation[J]. CIRIA Ground Engineering Report: In-situ Testing, Butterworths, 1987.

[9] Ratnam S, Soga K, Whittle R W. A field permeability measurement technique using a conventional self-boring pressuremeter[J]. Géotechnique, 2005, 55(7): 527-538.

[10] Timoshenko S P, Goodier J N. Theory of Elasticity[M]. 1st ed. New York: McGraw-Hill book company, inc. , 1934.

[11] Palmer A C. Undrained plane-strain expansion of a cylindrical cavity in clay: a simple interpretation of the pressuremeter test[J]. Géotechnique, 1972, 22(3): 451-457.

[12] Ladanyi B. In-situ determination of undrained stress-strain behaviour of sensitive clays with the pressuremeter[J]. Can. Geotech. J. , 1972, 9(3): 313-319.

[13] Baguelin F, Jezequel J F, Le Mee E. , Le Mehaute A. Expansion of cylindrical probes in cohesive soils[J]. Journal of the Soil Mechanics and Foundation Division, 1972, 98(11): 1129-1142.

[14] Gibson R E, Anderson W F. In situ measurement of soil properties with the pressuremeter[J]. Civil Engng Public Works Rev. 1961, 56(658): 615-618.

[15] Jefferies M G. Determination of horizontal geostatic stress in clay with self-bored pressuremeter[J]. Can. Geotech. 1988, 25(3): 559-573.

[16] Prevost J.-H, Hoeg K. Analysis of pressuremeter in strain softening soil[J]. J. Geotech. Engng Div. , ASCE, 101(GT8), 1975: 717-732.

[17] Bolton M D, Whittle R W. A non-linear elastic/perfectly plastic analysis for plane strain undrained expansion tests[J]. Géotechnique, 1999, 49(1): 133-141.

[18] Gunn M J. The prediction of surface settlement proles due to tunnelling. Predictive soil mechanics, Proceedings of the Wroth Memorial Symposium[C]. Oxford, 1992: 304-316.

[19] Bolton M D, Sun H W, Britto A M. Finite element analyses of bridge abutments on firm clay[J]. Comput. Geotech. 1993, 15(4): 221-245.

[20] Whittle R W. Using non-linear elasticity to obtain the engineering properties clay — a new solution for the self boring pressuremeter[J]. Ground Engineering, 1999, 32(5): 30-34.

[21] Clarke B G. The interpretation of Self-boring pressuremeter tests to produce design parameters, Proceeding of the Wroth Memorial Symposium[C]. Oxford, 1993: 156-172.

[22] Newman R L. Interpretation of data from self-boring pressuremeter tests for the assessment of design parameters in sand[J]. Tech. Sem. Pressuremeters for Design in Geotechnics, Soil Mechanics Ltd, UK, 1991.

[23] Marsland A, Randolph M F. Comparisons of the results from pressuremeter tests and large in situ plate tests in London clay[J]. Géotechnique, 1977, 27(2): 217-243.

[24] Baguelin F, Jezequel J F, Shields D H. The Pressuremeter and Foundation Engineering [M]. Aedermannsdorf, Trans Tech Publications, 1978.

[25] Manassero M. Stress-Strain Relationships from Drained Self Boring Pressuremeter Tests in Sand[J].

Géotechnique, 1989,39(2):293-307.

[26] Yu H S. Cavity Expansion Methods in Geomechanics[M]. Kluwer Academic Publishers, 2000.

[27] Rowe P W. The Stress Dilatancy Relation for Static Equilibrium of an Assembly of Particles in Contact[J]. Proceedings of the Royal Society. 1962,269:500-527.

[28] Yu H S, Houlsby G T. Finite cavity expansion in dilatant soils: loading analysis[J]. Géotechnique, 1991,41(2):173-183.

[29] Yu H S, Houlsby G T. A Large strain analytical solution for cavity contraction in dilatant soils[J]. International Journal for Numerical and Analytical Methods in Geomechanics, 1995,19(11):793-811.

[30] Liu L. Disturbance Analysis of Self Boring Pressuremeter Tests[D]. Cambridge: University of Cambridge, 2011.

[31] Liu L, Soga K, Whittle R, et al. Disturbance analysis of Self Boring Pressuremeter tests in Heavily Overconsolidated Stiff Clay[J]. In review, 2015.

[32] Whittle R W, Liu L. A method for describing the stress and strain dependency of stiffness in sand [J]. Proceedings of the 18th International Conference on Soil Mechanics and Geotechnical Engineering, Paris, 2012.

[33] Potts D M, Zdravkovic L. Finite element analysis in geotechnical engineering: theory[M]. London: Thomas Telford, 1999.

[34] Atkinson J H, Sallfors G. Experimental determination of stress strain time characteristics in laboratory and in situ tests[J]. Proc. 10th Eur. Conf. SMFE, Florence, Italy, 1991:28-39.

[35] Atkinson J H. Non-linear soil stiffness in routine design[J]. Géotechnique, 2000,50(5):487-508.

[36] Jardine R J, Potts D M, Fourie A B, et al. Studies of the influence of non-linear stress strain characteristics[J]. Géotechnique, 1986,36(3):377-396.

[37] Yimsiri S, Soga K. DEM study of effects of soil fabric on anisotropic behaviour of sands[C]. Proc. of the 4th International Symposium on Deformation Characteristics of Geomaterials, IS-Atlanta-08, Atlanta, Georgia, USA, 2008:613-620.

[38] Yimsiri S, Soga K. Effects of initial soil fabric and mode of shearing on quasi-steady state line for monotonic undrained behaviour[C]. International Symposium on Prediction and Simulation Methods for Geohazard Mitigation, Kyoto, Japan, 2009.

[39] Baligh M M. Strain Path Method[J]. ASCE, Journal of Geotechnical Engineering, 1985,111(9): 1108-1136.

[40] Baligh M M. Undrained deep penetration: I. Shear Stresses[J]. Géotechnique, 1986,36(4):471 -485.

[41] Baligh M M. Undrained deep penetration: II. Pore pressures[J]. Géotechnique, 1986,36(4):487 -501.

[42] Wongsaroj J. Three-dimensional finite element analysis of short and long-term ground response to open-face tunnelling in stiff clay[D]. Cambridge: University of Cambridge, 2005.

[43] Negro A, de Queiroz P I B. Prediction and performance: A review of numerical analysis for tunnels [J]. Geotechnical Aspects of underground construction in soft ground, Kusakabe, Fujita and Miyazaki (eds), Rotterdam, Balkema, 2000:409-418.

[44] Aubeny C P. Rational interpretation of in-situ tests in cohesive soils [D]. Massachusetts: Massachusetts Institute of Technology, 1992.

第二篇

基于电磁波理论的现代原位
测试技术

第3章 光纤传感技术及其在岩土工程中的应用

3.1 岩土工程光纤测试技术简介

岩土工程测试所在的野外环境条件一般比较恶劣,这对传感技术与数据通信技术提出了更高的要求。简单的机械式传感技术难以实现测试数据的实时采集;各种电致传感技术普遍在防水性能、长期稳定性与耐腐蚀性等方面有待提高;此外,光纤中信号传输距离较近,不利于大规模组网,这些都是岩土工程测试,特别是实时监测或长期监测中存在的瓶颈。

1966年美籍华人高锟根据理论分析结果指出,高纯度的石英光纤可以用来长距离传输光信号;1970年美国康宁公司成功研制出世界上第一根低损耗石英光纤;1977年美国芝加哥首次在通信系统中应用光纤;同年,美国海军研究所开始执行航空工业中的光纤传感器系统(FOSS)计划,这标志着光纤传感技术的诞生。光纤传感技术是一种不需要对传感器供电的无源测试技术,与传统技术相比较,它在抗电磁干扰、防水性能、灵敏度以及组网性等方面都存在明显的优势。伴随光纤传感技术逐步走向成熟,在电力、石化等对无源测试具有较高要求的工业监测领域,它首先获得了成功的应用,并随之逐步进入土木、交通等工程建设或基础设施维护领域。目前,光纤传感在在工业或工程传感领域中已占有不可替代的地位[1]。

光纤传感技术已经达上百种,其中在岩土工程测试领域获得广泛应用的不超过10种,目前在我国获得较广泛应用的光纤传感技术主要包括光纤光栅(Fiber Bragg Grating,FBG)、光时域反射(Optical Time-domain Reflectometry,ROTDR)、自激布里渊光时域反射(Brillouin Optical Time-domain Reflectometry,BOTDR)、受激布里渊光时域反射(Brillouin Optical Time-domain Analyzer,BOTDA)、布里渊光频域反射(Brillouin Optical Frequency-domain Reflectometry,BOFDA)以及拉曼光时域反射(Raman Optical Time-domain Reflectometry,ROTDR)等几类。本章将首先介绍光纤技术的基础知识,随后对以上各种光纤传感技术原理进行详细解释,最后结合光纤传感在岩土工程测试中的一些具体案例,对光纤传感技术的应用效果进行分析。

3.2 光纤技术基础

3.2.1 光学基本知识

光是一种电磁波,其中可见光波长范围在 390～760 nm,波长大于 760 nm 部分的光被称作红外光,小于 390 nm 部分的被称作紫外光。光纤中用到的光波波长有 3 种,分别是 850 nm、1 310 nm 与 1 550 nm。

光在不同介质中的传播速度是不一样的,因此,当光从一种介质射向另一种介质时,在两种介质的交界面处会产生折射与反射现象,折射光的角度会随着入射光的角度的变化而变化,当入射光角度达到或超过某一角度时,折射光会消失,入射光会全部被反射,这就是光的全反射。不同的介质对相同波长光的折射角度是不同的,这是因为不同的介质有不同的光折射率,即使是相同的介质,对不同波长光的折射角度也不同。当光波从折射率较大的介质入射到折射率较小的介质时,在边界将发生反射和折射,当入射角超过临界角后,会发生全反射。

若两列光波的频率相同,在观察时间内波动不中断,并且在光波相遇处振动的方向几乎沿着同一直线,那么它们叠加后会产生合振动,其光强在某些点始终加强,某些点始终减弱,强度呈周期性变化,这种现象称为光波的干涉,能产生干涉现象的光波被称作相干光[2]。

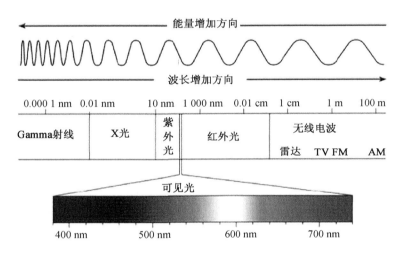

图 3.1　光波长范围示意图

3.2.2　光纤结构

光纤是光导纤维的简写,在日常生活中,由于光在光导纤维内部的传导损耗比电在电线内传导的损耗要低很多,因此光纤被用作长距离信息传递的理想介质。如图 3.2 所示,光纤的结构一般包括 4 个部分,即纤芯、包层、涂敷层与护套。纤芯位于光纤中心,直径约为 8~100 μm,其作用是传输光波,其主体材料多采用透明的二氧化硅,另外掺杂微量的其他材料,如二氧化锗或五氧化二磷等,以利于提高材料的折射率;包层位于纤芯外侧,直径为 125 μm,材料一般也为二氧化硅,但折射率比纤芯稍低,其作用是将光波限制在纤芯中;纤芯和包层即组成了裸光

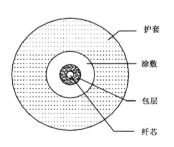

图 3.2　光纤结构示意图

纤。为了保护裸纤,一般在其表面涂上聚氨基甲酸乙酯或硅酮树脂层制成的涂敷层,其厚度

一般在 30～150 μm;护套又称为二次涂敷或被覆层,多采用聚乙烯塑料、聚丙烯塑料以及尼龙等材料,经过二次涂敷的裸光纤称为光纤芯线。分布式光纤传感技术直接使用光纤本体作为应变传感器时,光纤护套受力后,逐步通过涂敷、包层后将应变传递到纤芯,传递过程中会产生剪滞效应,纤芯所产生的应变量与护套处的实际应变量之间存在一定差值[3];与之类似,当光纤本体被用于温度传感时,光纤护套、涂敷与包层同样会对温度传感产生延迟的效应[4],因此,在实际应用之前,通常需要对传感光纤进行标定。

3.2.3　光纤传播原理

光纤传输光波的基本条件有 2 个,首先是光纤在纤芯和包层界面上的全反射条件;其次是传输过程中的相干加强条件,即纤芯中光波产生干涉后,光强增强。对于特定的光纤结构,只有满足一定条件的光波才能够在光纤中进行有效的传输。这些特定的光波被称为光纤模式。光纤中可以传导的模式数量取决于光纤结构以及径向折射率分布。

根据光的传输模式不同,光纤被分为单模(single mode)与双模(multi mode)两种。单模光纤只支持一个传导模式,纤芯直径一般在 8～12 μm,接近传输光束的波长,因为内芯直径小,因此只能传输一种模式的光束,且模间色散很小,频带宽,所以能把光以很宽的频带传输较远的距离,通常可以达到几十公里,但由于其内芯尺寸小,因此对加工工艺与耦合技术要求较高,通常被用于制作光纤传感器。多模光纤支持多个传导模式,其纤芯直径较粗,一般为 50～500 μm,由于纤芯远大于光的波长,因此可以传输多种模式的光,但由于模间色散较大,因此多模光纤传输光的距离比单模光纤短很多,通常只有几公里。多模光纤传输性能相对较差,频带较窄,但由于纤芯截面大,因此对加工与耦合技术的要求较低,一些强度调制型的光纤传感器常采用多模光纤。光在两种光纤中的传播机制如图 3.3 所示,从一端纤芯射入光信号,光在纤芯内传播,由于包层折射率要低于纤芯,因此光线在纤芯内表面发生多次全反射向前传播。

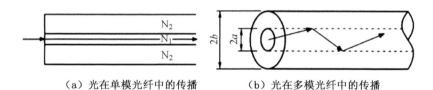

（a）光在单模光纤中的传播　　　　（b）光在多模光纤中的传播

图 3.3　光在两类光纤中的传播机制

衰减是光纤最主要的传输特性之一,产生衰减的原因很多,主要有:杂质吸收衰减、本征吸收衰减、散射衰减和微弯曲衰减等。衰减关系到光纤中光波信号的传输距离,在光纤传感系统的设计中,是一个经常需要考虑的因素。

3.2.4　常用光纤器件

光纤传感中常用的光纤器件包括光源、熔接机、连接器、尾纤、适配器、耦合器、光开关、光功率计以及光纤收发器等,下面对它们做简要的介绍。

根据光的相干性,光源可分为非相干光源与相干光源两类。非相干光源包括热光源、气体放电光源与发光二极管(LED)等各种光源,它们能够提供各种宽带光,FBG 传感通常使用这些宽带光源。相干光源则包括各种激光器。光纤线路中光损较大时,往往需要使用较大能量的激光光源。

　　光纤与光纤之间的固定连接通常采用熔接的方式,这需要使用光纤熔接机实现。熔接机的工作原理是利用高压电弧将两侧的光纤断面熔化,同时用高精度的运动机构平缓推进,并将两根光纤融合成为一体,连接点采用热缩管进行保护。熔接耦合方式的优点在于光损较小,且稳定性好,但操作相对繁琐,熔接前首先需要对裸纤进行切割,专业性很强。

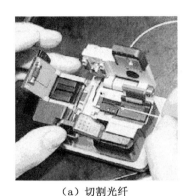 

（a）切割光纤　　　　　　　　　　（b）熔接光纤

图 3.4　光纤现场熔接示意图

　　在现场调试等临时固定光纤的情况下,还可以考虑采用光纤连接器和适配器实现光纤与光纤的活动连接。光纤连接器俗称跳线,它是在光缆两端都装上连接器插头后,在光纤与光纤之间可快速拆卸连接的器件,它把光纤的两个端面精密地对接起来,使发射端光纤输出的光能量能够最大限度地耦合到接受光源中,并且其对光纤线路传输的损耗应当尽可能小。如果光缆只有一段装有连接插头的则称为尾纤,尾纤的插头一般接入光纤测试仪器或其他连接设备中,而尾纤另一端则一般通过熔接与其他光缆纤芯相连。在测试现场,可以将跳线一分为二得到两段尾纤。根据光纤种类不同,跳线分为单模光纤跳线与双模光纤跳线两种。如图 3.5 所示,跳线的接头有 SC、LC、FC、ST 等不同种类。使用时应根据光纤测试设备的具体要求,选择合适的跳线或尾纤接头种类。光纤适配器俗称法兰盘,如图 3.6 所示,使用时适配器两端分别接入相同类型的跳线,就可以固定连接两侧跳线。活动连接的优点是操作方便,缺点是光损大,对测试信号的准确性可能产生影响。

LC　　　SC　　　FC　　　ST　　　MU　　　E2000　　　MT　　　SMA

图 3.5　不同的跳线接头

　　光纤耦合器是一种用于光功率和光波长分配的器件,它可以实现单芯光纤与多芯光纤

图 3.6　不同种类的光纤适配器

之间的耦合连接,具体原理是:多芯光纤沿长度方向切开并沿截面抛光后被熔接成为一根玻璃纤芯,再与另一端光纤对接并熔接后外加护套,成为一根光纤。单模光纤耦合器在光纤传感中应用较为广泛。图 3.7 中展示的是一个 1 分 2 耦合器。在测试光源功率较强的前提下,使用耦合器分光测试,可以减少光纤测试设备的总通道数。

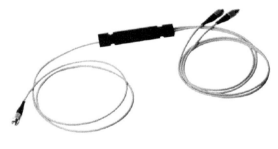

图 3.7　1 分 2 光纤耦合器

　　光开关是一种光路转换器件,在光纤传感中,它主要用于光路的分时切换。使用光开关分为机械式与非机械式两种。机械式光开关是比较成熟的光纤通信器件,目前工艺可以实现的切换时间小于 1 ms,但存在使用寿命有限的问题。非机械式光开关目前价格相对较高,这限制了它们在岩土工程测试中的应用。岩土工程测试所要求的采样频率往往不高,采用光开关自动切换通道,对不同光纤线路进行分时采样,可以达到节约测试通道或仪器数量的目的。

　　光功率计是测量绝对光功率或通过一段光纤的光功率损耗的设备。在光纤系统中,测量光功率是最基本的,光功率计的功能可以类比于电学中的万用表。采用光功率计可以评价光端设备的性能;用光功率计和稳定光源组合使用,则能够测量光纤连接损耗以及连续性,或评价光纤线路的传输质量。

　　在岩体工程测试现场,使用光纤传输模拟信号,传输距离往往较短,这时,可以使用光纤收发器来解决这个问题。光纤收发器是一种将电信号与光信号相互转换的网络传输转换单元,又称为光电转换器。在发送端,模拟电信号通过光纤收发器被转换为光信号后,可以在光纤中传输较远的距离;而在接收端,光信号又被转换为模拟电信号,输入模拟信号的测试仪器。

3.3 光纤传感基本原理

光纤传感技术沿用了光信号编码传输信息的特点,这正是光纤通信技术的基本工作原理;同时利用了光纤本身的特性,产生能够表征外部扰动量大小的光电信号,实现对待测参数的信号采集。

光纤传感技术的关键在于光调制技术,也就是将一个携带待测参数信息的信号叠加到光纤内传输的载波光波上,该工作由光纤上的敏感元件来实现。布置在待测区域的敏感元件收到应变或温度变化等外因的扰动作用,对光信号的波长、强度(幅值)、相位、频率、偏振与波长等光波参数之一进行调制,被调制后的光波在光纤中继续传输,并在光纤的尾端由光电装置对光信号解调为待测参数的数字信号。光纤传感的整个过程可以用图 3.8 来表示。

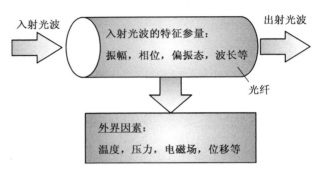

图 3.8 光调制基本原理

3.4 光纤传感分类及其优势

目前光纤传感技术的种类已达上百种,根据工作方式的不同,可将光纤传感分为单点式、准分布式与全分布式等 3 种。其中,单点式光纤传感器的使用方式与常规的电阻应变计或振弦式传感器类似,每个光纤传感器都需要占用 1 芯光纤用于信号的传输;准分布式光纤传感是指采用波分复用技术后,多个单点式的光纤传感器可以共用 1 芯光纤实现信号的传输;分布式光纤传感则是指无需制作专门的光纤传感器,直接使用光纤自身实现对其沿线应变或温度的测量。目前在我国岩体工程测试中,使用比较广泛的是准分布光纤传感与全分布式光纤传感。

光纤传感技术与传统的传感技术相比较,具有以下优势:

(1) 抗干扰性好。光纤是非金属绝缘体,在野外不易受电磁、雷电或降水等干扰。

(2) 耐久性好。光纤纤芯的主要材料是二氧化硅,不会因受潮或锈蚀而失效。

(3) 无源测试。光纤传感不需要对传感元件加电激励,在野外采用便携式测试仪器比较便利。

(4) 便于组网。易于利用光纤通信网络,实现远距离信号组网传输。

此外,准分布式光纤传感由于可以采用波分复用技术,因此,占用测试通道数量比单点式传感更少,测试效率得到了较大的提高;而全分布式光纤传感由于不需要额外加工光纤传感器,光纤既是传感器,同时又是信号传输线路,因此成本较低,并且测试现场布置相对快捷。而采用全分布式光纤传感技术能够获得光纤沿线大量的应变或温度数据,这一点采用传统传感方法是难以实现的。

3.5 光纤传感器封装

与实验室环境相比,岩土工程原位测试所在的野外环境条件往往比较恶劣,光纤传感器容易受到外界环境的侵扰作用,影响测试效果;另外,组成光纤的材料比较脆弱,因此光纤传感器很容易发生失效。因此,在实际使用时,光纤传感器都需要经过专门的封装措施。所谓封装是指将灵敏的光纤传感元件封闭到一个专门的容器内部,并使两者成为一个整体,外部容器所感受到的振动、应变或温度等物理信号,会被有效地传导到内部的光纤传感器,并实现对光路的调制。封装后的传感器在外部接入光纤,对传感器调制后的光信号进行传输,并在测试终端上完成解调输出。

光纤传感器的封装方式目前主要有机械式封装、胶粘式封装、焊接式封装以及金属焊接封装等 4 种。其中,机械式封装与胶粘封装是最常用的两种封装形式。受到胶粘结性能的影响,胶粘式固定的长期稳定性略显逊色,因此短期使用的光纤传感器采用胶粘式封装的较多。焊接式固定能够提供长期的稳定性,但需要专门的焊接加工设备。金属焊接固定是目前较好的封装方式,它需要在被焊接的光纤上先涂敷一层金属薄膜(如金膜),再用锡焊进行两端光纤的焊接。金属焊接封装热稳定性好、寿命长,但工艺非常复杂,且材料成本高,因此采用金属焊接的光纤传感器价格昂贵,目前在市场上并不多见。

不同的封装方式都需要保证良好的机械强度、密封性以及热稳定性。封装过程在无尘车间完成,封装的结构与工艺都按照标准化流程完成。封装完成后的每一只光纤传感器都需要进行专门的标定,在传感器出厂时,需要同时提供待测物理参量与所测量光波参数之间的相关性曲线与标定系数表。

3.6 FBG 传感技术

3.6.1 基本原理

FBG 传感器属于波长调制型光纤传感器,由于技术成熟,目前在岩土工程测试中应用最为广泛。

光栅是一种光谱分离与光波长分选的无源光学器件,在光学物理、光通信等领域应用广泛。1978年,加拿大渥太华研究中心的 Hill 等研发发现了掺锗光纤具有紫外光敏的特性;1989 年 Meltz 等用光场空间中周期性分布的强紫外光,对光纤侧面进行曝光,使纤芯的折射率沿轴向呈现出周期性分布,使得 FBG 走入应用领域;1993 年 Hill 等提出采用相位掩模法制作光纤 Bragg 光栅,这使得大规模生产 FBG 成为可能。相位掩模法刻写光栅原理图如图 3.9 所

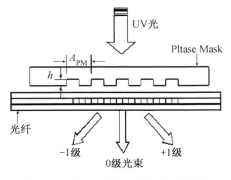

图 3.9 相位掩模板刻写光栅原理图

示,在紧贴光纤前放置一个石英制作的相位掩模光栅,紫外光透过掩模光栅投射到光纤侧面,并在透光处形成永久的衍射条纹,这就形成了光栅。由于光栅分布在光纤体内,因此器件体积小巧,易于布置,使得全光纤器件的研制与集成成为可能。

FBG 传感技术的基本工作原理如图 3.10 所示,FBG 的折射率沿光纤轴线发生周期性变化,图中纤芯的明暗变化代表了折射率的周期变化。当一束宽带光经过 FBG 时,当入射光波长 λ 满足布拉格衍射条件时将沿来路发生反射。Bragg 条件可表示为:

$$\lambda_B = 2n_{eff} \cdot \Lambda \tag{3.1}$$

式中,λ_B 为 Bragg 波长;n_{eff} 为纤芯的有效折射率;Λ 为光栅的栅距。该反射光就是 Bragg 反射光。在光纤上刻写多个光栅后,只要各个光栅的栅距不同,它们的 Bragg 波长也就不同。当使用宽带光源从光纤一端入射后,凡是满足 Bragg 条件的光波就会发生反射,而其余光波则照常向前传播。在反射光谱上可以看到若干波峰,它们分别对应于每一个光栅。

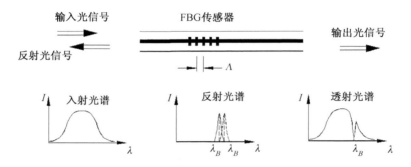

图 3.10　FBG 分布式测量原理图

1989 年,Morey 等发现 FBG 反射波长的漂移量与温度和应变变化量呈近似线性变化关系,从而揭示出 FBG 在传感领域的巨大潜力。

由式 3.1 可知,对于既定的光纤,如果纤芯的有效折射率 n_{eff} 保持一定,则光栅的栅距 Λ 一旦发生改变,光栅处的 Bragg 波长 λ_B 也将随之变化。因此,任何能够使栅距 Λ 发生改变的外界因素,都将引起光纤 Bragg 波峰的漂移,这些外界因素主要包括应变和温度。

当光栅所在处的光纤产生轴向应变 ε 时,栅距 Λ 变为 Λ'

$$\Lambda' = \Lambda(1+\varepsilon) \tag{3.2}$$

此时 Bragg 波长 λ_B 产生相应的变化量 $\Delta\lambda$,它满足

$$\Delta\lambda/\lambda_B = (1-P_e)\varepsilon \tag{3.3}$$

式中,P_e 为有效光弹系数,其值约为 0.22。

当温度变化为 ΔT 时,将引起布拉格波长 λ_B 产生移动 $\Delta\lambda$,可表示为

$$\Delta\lambda/\lambda_B = (\alpha+\xi) \cdot \Delta T \tag{3.4}$$

式中,α 为光纤的热膨胀系数,其值约为 0.55×10^{-6};ξ 为光纤的热光系数,表示光纤折射率随温度的变化率,其值约为 8.3×10^{-6}。对于不同种类的光纤,其热膨胀系数 α 与热光系数 ξ 有较大差别。

当同时考虑应变 ε 与温度变化 ΔT 时,波长移动 $\Delta\lambda$ 应为:

$$\Delta\lambda/\lambda_{\mathrm{B}} = (1-P_{\mathrm{e}})\varepsilon + (\alpha+\xi)\cdot\Delta T \tag{3.5}$$

FBG 传感器的最大优势在于它可以实现应力与温度的准分布式测量,也就是将具有不同栅距 Λ 的光栅间隔地刻写在同一根光纤上,就可以在同一根光纤上复用多个 FBG 传感器,实现对待测结构定点的分布式测量。由于该复用系统中,每一个 FBG 传感器的位置与 λ_B 都是确定的,分别对它们的波长移动量 $\Delta\lambda$ 进行检测,就可以分别对各个 FBG 传感器所在位置的扰动量进行识别。

3.6.2　FBG 调制解调仪

监测 FBG 波长的微小偏移量,是 FBG 解调技术应用的关键。对 FBG 信号的波长解调是目前最常用的 FBG 解调方式,具体技术方法包括 CCD 光谱成像法、斜边滤波法、匹配解调法以及可调谐 F-P 滤波器解调法等。其中,F-P 滤波器解调法由于稳定性较好,是目前最常用的解调方法。图 3.11 表示了这种解调方法的工作原理。宽带光源发出的光经传感光栅反射后,到达 F-P 调谐滤波器,滤波器处于扫描工作状态,扫描电压在压电元件上产生的窄通带也在相应的范围内进行扫描。当 FBG 波长与窄通带相匹配时,FBG 发生光可以通过。通过观测滤波器的透射光,并结合施加电压就可以判断出 FBG 波长的漂移量。

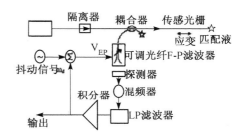

图 3.11　光纤光栅解调仪的工作原理图

目前 FBG 解调仪已经实现国产化,但在稳定性与精度方面与国外产品还存在一定差距。某些 FBG 解调仪的核心器件,如 F-P 调谐滤波器,目前还需要从国外进口。

目前国内外已开发出各种款式的 FBG 解调仪,可在岩土工程测试中使用。解调仪一般标准为 4 通道,国内定制的解调仪可以按照实际需要增加通道数量,最多可以达到几十通道。每个通道内可以级联的 FBG 个数,需要根据所有 FBG 的波长漂移总量,以及解调仪光源的总带宽共同确定。国外有产品使用大带宽光源,这样可以增加解调仪每通道内光纤光栅的级联数目。

大部分解调仪可实现动态采样,采样频率通常可以自行设定,通常在 50 Hz 到 250 Hz 之间,某些国外产品的采样频率可以高达 1 kHz 甚至 2 MHz,适用于某些冲击或爆破高频信号的测试。此外,针对岩土工程测试现场取电困难的实际情况,厂家还开发出电池供电的便携式 FBG 解调仪,便于在野外现场测试中使用,这类解调仪采样频率一般不高,通常为 1 Hz 或几个 Hz。图 3.12 为美国 Micron Optics 公司的一款便携式 FBG 解调仪,适用于在线长期监测。

图 3.12　Micron Optics 公司的 FBG 解调仪

3.6.3　FBG 传感器

利用 FBG 波长漂移量与温度及应变变化量的相关性,可以开发出 FBG 应变传感器与 FBG 温度传感器。FBG 应变传感器大多采用管状结构封装,材料为金属或纤维复合材料,在管内部充满胶体以实现应变传递与增敏;FBG 温度传感器的封装结构必须消除应力的影响,此外封装材料要对光纤温度传感能够起到增敏的作用。由于封装结构 FBG 的应变传感或温度传感特性会产生影响,因此,封装后的传感器需要重新标定后才能用于实际测量。

在应变测量的基础上,采用特殊的封装结构,还实现对位移、压力、液位、振动、流速等参数的测量,目前国内厂家已开发出多种岩土测试用 FBG 传感器,包括 FBG 位移计、FBG 钢筋计、FBG 锚索计、FBG 土压力计、FBG 渗压计、FBG 液位计等。这些传感器的外形大多与同类的振弦式传感器或差动电阻值基本类似,所不同之处在于,光纤光栅传感器一般从两侧引出尾纤,这样便于将传感器熔接接入信号传输光缆中。图 3.13 为苏州南智传感公司生产的 3 款岩土测试专用 FBG 传感器。

（a）土压计　　　　　（b）渗压计　　　　　（c）液位计

图 3.13　苏州南智公司生产的 FBG 传感器

3.6.4　岩土工程测试 FBG 应用要点

（1）由于 FBG 波长漂移同时对温度与应变敏感,因此,在进行应变测量或位移等基于应变的其他参数测量时,需要同时进行温度补偿。通常的做法是,在安装 FBG 应变计或位移计等传感器附件时,同时安装 FBG 温度传感器,将测试时间段内温度变化量所引起的波长漂移量扣除后,才得到由于应变所引起的波长漂移量,据此再根据标定参数换算得到实际的测试值。部分厂家的 FBG 位移传感器等具有自补偿功能,这些 FBG 传感器内部同时额外安装了 1 个 FBG 温度传感器,因此可通过在解调仪设定好换算公式自行完成补偿。

（2）对 FBG 进行级联使用时,要保证收到外部扰动后 FBG 波长漂移后不会重叠,否则影响波长读取效果。因此,测试前必须事先根据待测参数的大致变化范围,确定出 FBG 波长双向漂移量,并留出一定冗余量,据此间隔地分配原始中心波长。

（3）由于光纤比较脆弱,在使用中容易折断,一旦发生折断后,整个光路将被切断,光路将无法到达折断位置之后的 FBG 位置,这些传感器实际等同于失效,因此,FBG 解调仪中每个通道内应当避免同时级联过多的 FBG,以防止出现大规模 FBG 失效的情况。

（4）在现场实测时,可以通过耦合器与光开关扩展 FBG 解调仪的通道数,达到节约设备使用的目的。

3.6.5　岩土测试 FBG 应用

朱鸿鹄等人在大坝模型测试中使用了光纤布拉格光栅测试内部应变,并据此反算出坝体内部的水平和竖向位移分布[5]；李国维等使用内置光纤光栅 GFRP 筋实现了室内拉拔试验[6]；魏广庆等使用改进后的 FBG 钢筋计和混凝土应变计测试了某隧道支护拱架主筋的内力和喷射混凝土的应力[7]；朱维申等在双江口水电站地下硐室群模型试验中应用了棒式光纤光栅位移传感器，试验结果显示测试结果与数值模拟结果吻合程度较好[8]；董建华等在重力坝缩尺模型中埋设光纤光栅传感器，并对模型在超载过程中的内部位移进行了监测[9]；朱鸿鹄等在香港新界路径道公路边坡使用了 FBG 监测土钉轴力和抗滑桩内力[10]；裴华富等使用自制的光纤光栅测斜仪，对攀田高速公路路堑边坡竖向位移进行了监测[11]；朱鸿鹄等使用自制光纤光栅水平测斜仪与沉降仪，对香港九龙塘中国神学院的筏式基础进行了为期一年的施工期监测[12]。需要指出，由于光纤光栅封装技术有待成熟，因此各类光纤光栅岩土传感器仍有待发展。

3.7　全分布式光纤传感技术

3.7.1　光纤的背向散射光

光在光纤中传播时，由于光纤中的光子相互作用，会产生背向散射现象，其中共包含 3 种散射光，5 个分量，如图 3.14 所示，3 种散射光分别是瑞利（Rayleigh）散射光、布里渊（Brillouin）散射光与拉曼（Raman）散射光，其中布里渊散射光与拉曼散射光各有两个分量。

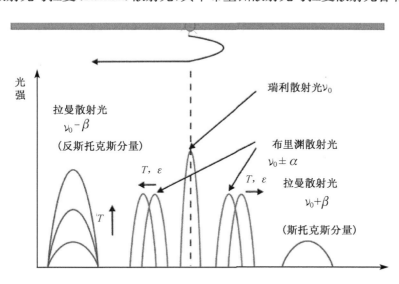

图 3.14　光纤背向散射光分量示意图

光纤内 3 种散射光强度分别具有不同的特性，利用这些特性可以实现对全分布式光纤传感。瑞利散射光频率与入射光的频率相同，其光强对光纤折射率敏感，布里渊散射光频率对光纤的应变与温度变化都敏感，当光纤沿线的温度变化或存在轴向应变时，布里渊光频率将发生漂移，并且频率的漂移量与光纤应变与温度的变化间存在着很好的线性关系，可用于光纤轴向应变场或温度场的检测；拉曼散射光的两个分量分别称为斯托克斯分量与反斯托克斯分量,其中斯托克斯分量对温度不敏感,而反斯托克斯分量受温度调制,可用于光纤轴向温度场的检测。

3.7.2 光时域反射(OTDR)技术

当光纤产生微弯变形时,瑞利散射光的强度会发生相应变化,利用这一原理可以对光纤中的微弯事件进行探测。1975 年,Barnoski 和 Jensen 提出了光纤瑞利光的背向散射理论,1976 年 Personik 对该理论做了进一步的研究与发展,通过实验建立了多模光纤的瑞利后向散射功率方程;1980 年 Brinkmeyer 将该理论应用于单模光纤;1984 年 Hartog 和 Gold 分析了后向散射理论系数与光纤结构参数的关系。

专门用于探测光纤瑞利光强度的仪器,称为光时域反射仪(Optical Time-Domain Reflectometry,简称 OTDR), OTDR 的一般结构如图 3.15 所示,其具体测量原理为:在半导体激光器中加脉冲光调制后,经过可分离发射光和接受光的 Y 型光纤分路器后,测试光被输往待测光纤。在光纤的每点以及连接器、熔接头以及故障点或断点位置,瑞利散射光返回后又经过 Y 型分路器,并将信号通过放大器传送回 A/D 转换电路,再经过 CPU 的处理后,就可以在屏幕上显示出连续的信号,信号的横轴以距离的形式与背向散射光到达的先后时间顺序相对应,在纵轴将散射光强度以曲线形式显示,这样光脉冲的往返时间就被换算成为光纤长度来度量,可以观察到整条光纤传输线路中光功率的变化状态。因此,一旦有外界因素(如岩土体变形)导致光纤产生微弯变形后,OTDR 就能够对事件发生位置进行定位,并测出光损的大小。

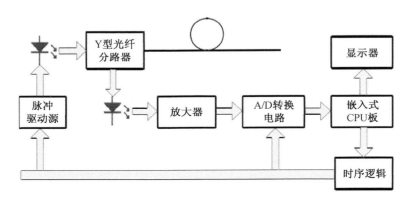

图 3.15 OTDR 结构示意图

图 3.16 为 OTDR 输出波形示意图,进一步解释了 OTDR 的实际测试效果,图中 A 点是在光纤入射段附近由于发光器件的泄露所引起的菲涅尔(Fresnel)反射(注:菲涅尔反射是指在两种媒质的界面上,入射光会产生光的反射与折射现象)的脉冲波形;随后,可以观测到由于背向散射光传输所形成的向右下方倾斜的直线,其横轴方向上的长度与其传播时间成正比,并且斜率与光损相对应。如光路中存在连接点 B 时,则散射光功率会出现落差,落差值与连接光损对应。在测试光纤的尾端,由于入射光由光纤射入空气中,同样会在 C 点出现菲涅尔反射光。这样,就可以进行光纤长度、光纤连接处光损情况以及光纤破损点的测定。

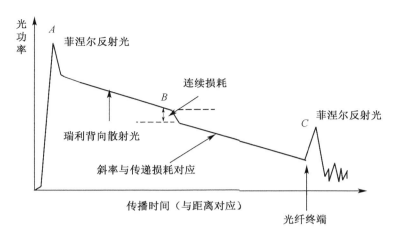

图 3.16　OTDR 输出波形示意图

光纤上任意一点至脉冲光的注入端的距离 Z 由公式(3.6)计算：

$$Z = cT/(2n) \tag{3.6}$$

式中，c 为真空中的光速，n 为光纤折射率，T 是发出脉冲光与接收到的背向散射光的时间差。

光源重复发出脉冲光信号，并将一段时间的测试结果进行平均后，以轨迹的形式来显示，该轨迹线描绘了整段待测光纤内光信号的强弱特征。这种方法是根据输出量的时域表达式来分析系统的稳定性、瞬态和稳态性能的，被称作时域分析方法。

实际使用中，OTDR 对反射信号是按照一定距离进行间隔采样，该距离被称作采样间距，采样间距越短，所采集的数据越多，也就意味着定位精度越准确。仪器所能分辨的两个相邻采样点的最短距被称作空间分辨率 ΔZ，它取决于入射光的脉冲宽度 τ，具体关系为：

$$\Delta Z = v\tau/2 \tag{3.7}$$

式中，v 为光纤中的光速。空间分辨率是时域测试仪器的重要参数，它代表了仪器测量的空间精度。所测的信号实际上是在空间分辨率内的平均值。

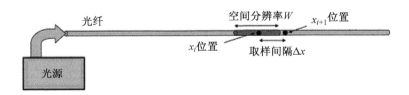

图 3.17　空间分辨率与采样间距

动态范围是 OTDR 测试中一个重要的指标，其单位为 dB。该参数表征了最长光脉冲所能达到的最大光纤长度，动态范围越大，则所能达到的光纤长度越长。由于光纤链路中熔点、耦合器以及连接器的存在，待测链路中的光损往往存在差别，大多数动态范围规格使用最长脉冲宽度的 3 分钟平均值。脉冲宽度越大，则 OTDR 测试的动态范围也越大。

盲区是 OTDR 分辨两个相邻微弯事件的最小距离,它是 OTDR 测试中的另一个重要指标。在盲区持续时间内 OTDR 内检测器受高强度反射光影响,暂时无法正常读取光信号为止。实际显示时,OTDR 将产生盲区的时间转换为距离,因此,反射越多,检测器恢复正常的时间越长,导致的盲区越长。脉冲宽度越大,测试的盲区也越大。如图 3.18 所示,在 OTDR 的空间分辨率内,如果同时出现两个微弯事件,且它们的距离很近时,两个台阶会连在一起,由于存在盲区,就无法分辨这两个微弯事件。盲区决定了 OTDR 测试的精细程度。

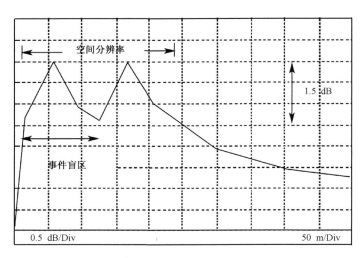

图 3.18 盲区示意图

虽然选择较小的脉冲宽度能提高空间分辨率,缩短盲区范围,但测试的动态范围也随之减小,能够测量的光纤长度会随之缩短。因此,在实际 OTDR 测试中,要根据待测光纤的种类以及测试要求,选择适当的脉冲宽度。

目前 OTDR 技术比较成熟,仪器的自动化程度很高,并且价格易于接受,是目前通信工程中常用的光学检测设备,目前商用 OTDR 的最大动态范围达到 45 dB,最短盲区小于 1 m,最高采样分辨率达到 5 cm。图 3.19 为某国产手持式 OTDR。

利用 OTDR 技术可对岩土体、地质体以及地下结构物进行测试,其主要原理为:将传感光纤布置在岩土或地质体内部或者与之相接触工程结构内部,由于光纤所在基质自身的变形会使光纤产生微弯,并引起光损增大,根据 OTDR 所检测到全程的散射光强分布,可以确定产生光损较大的位置,并做出空间定位。

图 3.19 国产手持式 OTDR

唐天国等[13]将 OTDR 技术用于岩层界面滑动损伤监测,构建光纤滑动传感监测系统及数据采集系统,利用土工大三轴剪切试验手段完成模拟,获得了滑距-光损耗对应关系数据及关系曲线；董海洲等[14]推导了基于 OTDR 技术的堤坝集中渗漏通道流速计算模型，为堤坝渗漏定量分析提供了依据。由于光纤弯曲变形量较大时，其光损才会比较明显，因此用 OTDR 监测光纤光损量来表征岩土体或地下结构体变形时，相关性与灵敏度都较差；而盲区的存在对测试精度影响较大；此外，光纤在基质中的实际变形以轴向变形为主，使用 OTDR 测试时，需要人为设计以制造基质的微弯变形，这点在很多情况下不易实现。这些因素共同限制了 OTDR 在岩土工程测试中的应用。在实际的分布式光纤监测应用中，更多地将 OTDR 作为一种辅助测试手段，对传感光纤的长度进行估计，或者对光损较大的位置进行判定定位。

3.7.3　自激布里渊光时域反射(BOTDR)技术

光波在光纤中传播时，在注入光功率不高的情况下，光纤中有由于自发热运动而产生的声波，光波与声波相互作用会产生布里渊光散射，这一过程称为自发布里渊散射。

光纤中自发布里渊散射光信号相当微弱，比瑞利散射光小大约两个数量级，对其检测非常困难。1992 年，日本电报电话（NTT）公司的 Kurashima 等人开发出采用相干法探测自发布里渊光散射信号的仪器，称作布里渊光时域反射计（Brillouin Optical Time-Domain Reflectometry，简称 BOTDR）；1996 年，日本安藤（ANDO）公司在 NTT 的指导下，研发出型号为 AQ8602 的 BOTDR 仪器，其应变测量精度为 $100~\mu\varepsilon$，最高的空间分辨率可达 2 m；2001 年，ANDO 推出了具有更高精度与稳定性的 AQ8603 型 BOTDR，其应变测量精度提高到 $30~\mu\varepsilon$，最高空间分辨率提高到 1 m。

BOTDR 传感的基本原理为：入射光进入光纤后，会同时在相反方向产生布里渊背向散射光，其频率分别与光纤局部的轴向应变及温度变化成线性关系，即有

$$\nu_B(\varepsilon, T) = \nu_B(0, T_0) + \alpha \cdot \varepsilon + \beta \cdot (T - T_0) \tag{3.8}$$

上式中，$\nu_B(\varepsilon, T)$ 为任意时刻（产生应变与温差时）光纤布里渊背向散射光频率，$\nu_B(0, T)$ 为初始状态下光纤布里渊背向散射光频率，ε 为光纤局部产生的应变，T_0 为初始温度，$(T - T_0)$ 为温差，α、β 分别为传感光纤的应变系数与温度系数。

从上式中可以看出，光纤轴向应变、温度与其布里渊光频率是耦合相关的，如果需要解耦，最直接的方法就是对其中一个分量进行补偿，由于光纤在使用过程中难以避免地产生应变，因此对应变分量的补偿往往比较困难；而对温度分量的补偿则相对简单得多，因此将 BOTDR 用于沿光纤轴向分布式应变场的测量最为理想。

BOTDR 仪器结构如图 3.20，光源发出的连续光被耦合器分成两部分，一部分由电光调制模块调制成脉冲光，入射到传感光纤；另一部分作为本振光进入参考光路。由脉冲光所产生的背向散射光进入光电检测器与本振光进行相干检测，取出差频分量，就是布里渊频移信号，对布里渊频谱进行分析后获得频移量，根据相关关系换算出温度或应变量，背向散射光与脉冲光之间存在一定的时延，提供了对光纤的定位信息。

BOTDR 分布式测试效果如图 3.21 所示，传感光纤一端被接入测试仪器，光纤局部应变区内布里渊光频率发生漂移，由 $\nu_B(0)$ 变成 $\nu_B(\varepsilon)$，如图 3.21

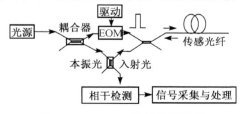

图 3.20　BOTDR 相干检测原理

图(b)所示,图 3.21 图(c)为光纤沿线的布里渊散射光功率的场值分布情况。BOTDR 采用扫频技术,即采用电子振荡器改变输出信号频率,根据散射光功率谱峰值不同位置来确定测量散射光频率漂移量;此外,根据 OTDR 定位原理可以确定应变产生的具体位置。

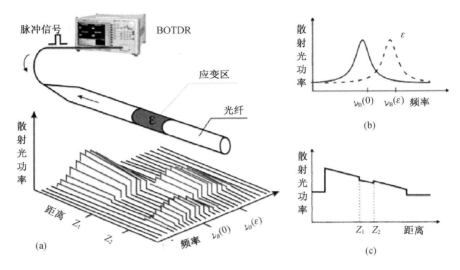

图 3.21　BOTDR 分布式应变测量效果

BOTDR 最早在日本被用于防洪堤坝变形的预警监测。2000 年,Naruse 开展了 BOTDR 用于防洪堤坝变形的现场试验研究;2002 年,Kihara 在日本的清水县、高知县和鹿儿岛县进行了堤坝监测现场试验,对传感光纤的铺设方式进行了探讨。BOTDR 还被用于地下结构的监测,Shiba 于 2001 年应用 BOTDR 技术监测隧道支护结构的应力和变形;日本 NTT 公司与北海道土木工程研究学会合作在混凝土灌注桩的静载荷试验中应用了 BOTDR 技术。2003 年,日本 NTT 公司开发了基于 BOTDR 技术的公路灾害监测系统,重点对公路边坡滑坡和雪崩等灾害进行监测和预警。日本 NTT 公司于 2002 年与北海道土木工程研究学会合作将 BOTDR 分布式光纤传感技术用于混凝土灌注桩的载荷试验研究。剑桥大学 Kenichi Soga 教授研究组对 BOTDR 技术在地铁隧道、管线、桩基(含能源桩、咬合桩、微型桩)、土钉、路堑和路堤等工程实践中的应用进行了试验研究[15-27]。

国内应用方面,南京大学施斌教授研究组先后将 BOTDR 技术应用于粤赣高速公路边坡[28]、宁淮高速公路膨胀土边坡[29]、长江三峡马家沟边坡滑坡体监测[30]、山西某煤矸石试桩静载荷测试项目[31]等实际工程中。

布里渊频移同时受应变与温度调制,因此单纯进行应变监测时,必须进行温度补偿,通常的做法是,采用紧套光纤进行应变传感,同时布置一路松套光纤进行温度传感,并控制松套光纤使其始终处于应力松弛的状态,以避免温度测量受到应变测量的影响。紧套光纤的最终应变测试值中扣除相同位置温度测试值后,即可获得实测值。

BOTDR 技术采用单端测量,现场测试时只需将传感光纤通过通信光缆引入远端监控中心就可以实现对待测对象的监测,具有很好的便利程度,并且测试距离可以达到 10 公里至 20 多公里(具体取决于脉冲光宽度)。但与 FBG 技术类似,光纤线路中一旦出现断点或光损过大的情况,将影响测试效果。同时,BOTDR 还存在一系列缺点,例如:应变或温度测试精度较低(30 $\mu\varepsilon$ 或 1.5℃),无法满足某些测试精度要求高的场合;最高的空间分辨率也仅能达到 1 m,如果在该范围内出多个异常事件则难以有效识别;由于需要完成扫频与计算等内部操作,因此测试时间较长,无法采集较高频率的动态信号。

2004 年 ANDO 被其他公司所收购,该公司的 BOTDR 技术逐步退出市场;随后由于后续更加先进技术的出现,导致 BOTDR 技术被逐步取代,目前世界上仅有日本的 Neubrex 公司与加拿大的 OZ 公司仍在生产 BOTDR 设备。由于目前 BOTDR 价格相对比较低廉,因此对一些测试范围较长并且对空间分辨率要求不是很高的场合,BOTDR 仍然是不错的选择。

3.7.4 受激布里渊光时域反射(BOTDA)技术

受激布里渊光时域反射(Brillouin Optical Time-domain Analyzer,BOTDA)技术是 BOTDR 的替代技术,其基本原理为:向光纤两端分别注入反向传播的脉冲光(泵浦光)和连续光(探测光),当二者的频差处于布里渊增益带宽以内时,由于存在电致伸缩效应,会激发出声波,产生布里渊放大效应,从而使布里渊散射得到增强,这一过程称为受激布里渊散射。在该现象中,泵浦光、探测光和声波三种波相互作用,泵浦光功率向斯托克斯光波和声波转移,声波场反向耦合泵浦光和探测光。泵浦光和探测光在作用点发生相互间的能量转移,当泵浦光的频率高于探测光的频率时,泵浦光的能量向探测光转移,称为增益型受激布里渊散射;当泵浦光的频率低于探测光的频率时,探测光的能量向泵浦光转移,称为损耗型受激布里渊散射。当光纤上的温度或应变为均匀分布时,布里渊增益传感方式会引起脉冲光能量的急剧降低,导致传感长度较短;损耗型布里渊散射方式则引起脉冲光能量的升高,能实现长距离的检测。加拿大渥太华大学的鲍晓毅等采用损耗布里渊的方式首先实现了长达 33 km 的传感长度[32],并引入极短脉冲光(短于 10 ns),将布里渊散射的空间分辨率提高到 0.5 m[33]。此后,日本的 Neubrex 公司的 Kishida 基于泄漏光泵浦脉冲的理论模型,引入预泵浦脉冲方法,实现了厘米级的分布式传感,并随即制出脉冲预泵浦布里渊光时域分析仪(Pulse Pre-pump Brillouin Optical Time-domain Analyzer,简称 PPP-BOTDA)[34, 35]。

PPP-BOTDA 技术测量原理如图 3.22 所示,通过改变泵浦激光脉冲结构,在光纤两端分别注入阶跃型泵浦脉冲光和连续光,预泵浦脉冲 P_L 在泵浦脉冲 P_D 到达探测区域之前激发声波,预泵浦脉冲、泵浦脉冲、探测光和激发的声波在光纤中发生相互作用,产生受激布里

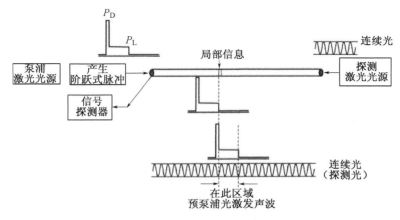

图 3.22 PPP-BOTDA 测量原理

渊散射。泵浦脉冲对应高空间分辨率(1 ns 对应 10 cm 的空间分辨率)和宽布里渊频谱;预泵浦脉冲对应低空间分辨率和窄的布里渊频谱,可确保高测量精度。通过对探测激光光源的频率进行连续扫描,检测从光纤另一端输出的连续光功率,就可确定光纤各小段区域上布里渊增益达到最大时所对应的频率差,该频率差与光纤上各段区域上的布里渊频移相等,根据公式(3.1)布里渊频移与应变或温度之间的线性关系就可以确定光纤沿线各点的应变和温度。

由于目前掌握 BOTDA 技术的厂家较少,目前世界仅有日本的 Neubrex 公司、瑞士的 Omnisens 公司与加拿大的 OZ 公司生产相关产品。因此相较于其他光电传感设备,BOTDA 价格比较昂贵。

BOTDA 技术仍然处于不断进步的阶段,目前 Neubrex 公司的 NBX-6000 系类 BOTDA 空间分辨率可达到 2 cm,测试精度可达到 7 $\mu\varepsilon$(0.3℃);此外,该公司生产的 NBX-7000 系类 BOTDA 同时使用了瑞利散射光,可以在不进行温度补偿的前提下直接测量分布式应变。瑞士 Omnisens 公司则将 BOTDA 技术应用于分布式温度测量,其测试精度可达到 0.1℃,空间分辨率为 0.1 m。

图 3.23　日本 Neubrex 公司的 NBX6000 型 BOTDA　　**图 3.24　瑞士 Omnisens 公司的 BOTDA 产品**

BOTDA 仪器外部设置了两个光源接口,分别接入光纤两端,在探测时向光纤内部同时入射泵浦光和探测光。传感光纤必须与通信光缆相连形成回路以接入双端光源接口。因此,实际的光路长度是 BOTDR 的两倍,这一方面增加了光纤材料的成本,另一方面也增大了光功率损耗以及光路出现断点的几率。

为克服以上缺点,BOTDA 厂家专门生产出具有保护结构的传感光纤。图 3.25(a)是日本藤仓公司制造的表面粘贴式应变传感光纤外形,图 3.25(b)是其内部结构示意图,带状双股传感光纤被固定在双层泡沫粘合材料之间,现场使用时,直接将粘合材料底部的贴纸揭下,并将暴露出的粘合材料面直接与待粘合面接触,即可快速将传感光纤固定在待测基质表面;测试时,将整股光纤一侧的两头分别接入 BOTDA 的两个接头内,另一侧通过熔接将两根光纤相互连接,可以较方便地完成传感光纤的布设。图 3.26(a)是藤仓公司生产的另一款埋入式光纤应变传感器。该传感器可应用于地裂缝等岩土体大变形的监测。图 3.26(b)是该传感光纤的内部结构图,光纤护套同时包含了 1 股应变传感光纤与 1 股温度传感光纤,测试时,需要将整根光纤构成回路,分别测试分布式应变值与分布式温度值,然后根据定位信息进行温度补偿计算。需要指出,传感光纤外侧护套所产生的应变传递到内侧的应变传感光纤,会存在剪滞效应,因此需要对这类传感光纤进行应变标定后才能使用。

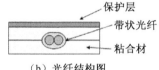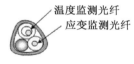

（a）光纤实物图　　（b）光纤结构图　　　　　　　（a）光纤实物图　　（b）光纤结构图

图 3.25　表面粘贴式传感光纤　　　　　图 3.26　埋入式传感光纤

以上特种光纤目前在国内较少生产,仅苏州南智传感等少数企业有类似产品供应。

由于 BOTDA 仪器价格高昂以及进入市场时间较迟,其在岩土工程测试中的应用相对较少。江宏采用 PPP-BOTDA 技术进行试桩试验[36],朱鸿鹄等采用 PPP-BOTDA 技术,对坡顶加载过程中边坡模型不同深度处的水平向应变进行连续监测[37]。可以预见,随着相关技术的普及以及仪器价格的降低,BOTDA 在岩土工程测试中的应用将逐步得到推广。

3.7.5　受激布里渊散射光频域分析(BOFDA)技术

与时域信号分析方法相对应的是频域信号分析方法,它是指借助傅里叶级数,将非正弦周期性电压(电流)分解为一系列不同频率的正弦量之和,按照正弦交流电路计算方法对不同频率的正弦量分别求解,再根据线性电路叠加定理进行叠加即为所求的解,这是分析非正弦周期性电路的基本方法,该法也称为频谱分析法。

布里渊频域分析技术最早在 1996 年由德国 Dieter Garus 等提出,其单端入射光为连续光,具有空间分辨率高等特点。BOFDA 传输函数对测量点进行定位,该传输函数关联了探测光与光纤泵浦光的复振幅以及光纤几何长度,通过计算光纤的冲击响应函数来确定沿光纤的应变和温度信息。

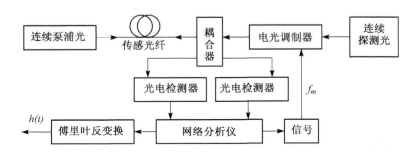

图 3.27　BOFDA 分布式光纤传感系统

BOFDA 传感系统原理如图 3.27 所示,一束窄线宽连续泵浦光从一端入射进单模光纤,另一束窄线宽连续探测光从光纤的另一端入射。探测光频率被调节到比泵浦光频率低,且两者频率差近似等于光纤的布里渊频移。探测光采用一个可变频的正弦信号进行幅值调制,对每一个确定的信号频率值,由光电检测器分别检测探测光和泵浦光的光强,光电检测器的输出信号输入到网络分析仪,由网络分析仪计算出光纤的基带传输函数。网络分析仪输出信号经模/数转换后进行快速傅里叶反变换,其输出信号 $h(t)$ 中即包含了沿光纤轴向的温度或应变分布信息。

在光纤传感器末端,角度调制频率为 ω 时,基带传输函数 H 由下式给出:

$$H(\mathrm{j}\omega) = \frac{X_\mathrm{p}(\mathrm{j}\omega)\mid_{\omega_m}}{X_\mathrm{s}(\mathrm{j}\omega)\mid_{\omega_n}} = A(\omega)\exp[\mathrm{j}\Phi_{H(\omega)}] \tag{3.9}$$

式中，$A(\omega)$ 表示振幅，$\Phi_{H(\omega)}$ 表示相位。

网络分析仪的输出信号被一台模拟数字转换器（A/D）进行数字化处理，处理后又将信号传输到信号处理器，处理器来计算快速傅里叶逆变换（IFFT）。BOFDA 传感器两点分辨率是指光纤上可以分辨出两点的最小距离：

$$\Delta z = \frac{c}{2n}\frac{1}{f_{m,\,\max} - f_{m,\,\min}} \tag{3.10}$$

式中，Δz 为可分辨出的两点间最小距离；$f_{m,\,\max}$ 和 $f_{m,\,\min}$ 分别表示调制频率的最大值和最小值。Δz 的减少量可以通过两种信号处理方法加以观察，即空间滤波和相位漂移评估。

空间滤波就是基带传输函数与矩形函数的傅里叶展开式求卷积分。矩形函数表示为：

$$f(z) = \mathrm{rect}\left(\frac{z - z_\mathrm{spot}}{l_\mathrm{spot}}\right) \tag{3.11}$$

其对应的傅里叶展开式为：

$$F(\mathrm{j}\omega) = \frac{2}{\omega}\sin\left(\omega 2l_\mathrm{spot}\frac{n}{c}\right)\exp\left(-\mathrm{j}\omega 2z_\mathrm{spot}\frac{n}{c}\right) \tag{3.12}$$

式中，z_spot 表示中心位置，$2l_\mathrm{spot}$ 表示选取的光纤长度。基带传输函数和傅里叶展开式的卷积运算可用下式表示：

$$H(\mathrm{j}\omega) * F(\mathrm{j}\omega) = \int_{-\infty}^{+\infty} H(\mathrm{j}\omega)F(\mathrm{j}\omega - \mathrm{j}\omega_0)\mathrm{d}\omega \tag{3.13}$$

对于线性系统，快速傅里叶逆变换是光纤传感器脉冲响应 $h(t)$ 一个非常好的近似值，光纤的时间脉冲响应可以由下式确定：

$$h(t) = \frac{1}{2\pi}\int_{-\infty}^{+\infty} H(\mathrm{j}\omega)\exp(\mathrm{j}\omega t)\mathrm{d}\omega \tag{3.14}$$

式中，可以将 $t = \dfrac{2nz}{c}$ 代入到 $h(t)$ 中，可计算出空间脉冲响应；n 为光纤的折射率。空间过滤的脉冲响应可以由以下傅里叶逆变换获得：

$$s_f(z) = 2\pi s(z)\mathrm{rect}\left(\frac{z - z_\mathrm{spot}}{l_\mathrm{spot}}\right) \tag{3.15}$$

式中，$s_f(z)$ 为光纤传感器的初始脉冲响应。因此说，频域测量以后，可通过基带传输函数的相位评估方法确定出光纤传感器信号异常部分，由于该脉冲响应反映了光纤上应变和温度的分布，因此通过对脉冲响应的分析，可以得出光纤传感器上温度和应变的具体分布信息。

光纤的最大长度由频域方法得到，被频率步长 Δf_m 所限制，而步长又可以通过基带传输函数确定。可测量的光纤的最大长度为：

$$L_{\max} = \frac{c}{2n}\frac{1}{\Delta f_m}$$

(3.16)

BOFDA 的优点在于,首先它可以实现多频信号同步测量,探测光可以被调制成不同频率的信号,在接收端,这些不同频率的光信号可以通过滤波的方式分开。采用多频信号同步测量可以大大缩短仪器测试时间,因此 BOFDA 比 BOTDA 测试时间普遍要短;其次,由于 BOFDA 测量不需要快速取样和相应的数据获取设备,因此整体设备的成本较低;再次,由于采用了空间滤波和基带传输函数进行相位漂移评估,这样可以有效增大空间分辨率,因此 BOFDA 的理论空间分辨率可以达到毫米级,这就为一些精度要求较高的岩土工程测试提供了可能性。

BOFDA 对应变和温度变化的连续性要求较高,因其需要将一小段上应变或温度转化成基带传输函数;此外,构建基带传输函数仍需要采集大量光谱信号,因此,对岩土工程中的动力响应 BOFDA 仍然难以有效进行测试;此外,BOFDA 用于长距离测试时,由于连续光信号衰减严重,因此测试稳定性较差。

目前德国 FibrisTerre 公司可以提供 BOFDA 产品,与 BOTDA 相比,其测试精度可达 $2\varepsilon(0.1℃)$,长度可达 25 km,最高空间分辨率达到 20 cm。设备轻便且功耗低,便于携带和现场测试;信噪比较高,动态范围大,现场工程应用适应性较强;此外,相较于 BOTDA 仪器性价比较高。

图 3.28　德国 FibrisTerre 公司的 BOFDA 产品

BOFDA 的应用时间较短,2008 年,Nöthern 等将 BOFDA 用于土石坝的变形监测,传感光纤被嵌入土工布中埋入坝体内,在现场试验中,通过气囊加压模拟堤坝在淤泥沉积以及渗流等因素的共同作用[38],测试结果表明:BOFDA 具有高测试精度与高空间分辨率,在现场使用具有很好的效果。近两年来,苏州南智传感公司在桩基静载荷试验中应用 BOFDA 测试沿桩身的分布式应变,也获得了良好的现场应用效果[39]。

3.7.6　拉曼光时域反射(ROTDR)技术

1985 年,英国的 Dankin 等人发现了光纤的拉曼散射温度效应现象,即光纤中拉曼背向散射光中的反斯托克斯分量的光强受温度调制,而其斯托克斯光的光强对温度不敏感。在该原理基础上专门对光纤拉曼散射光进行检测的仪器,称为拉曼光时域反射仪(Raman Optical Time-Domain Reflectometry,ROTDR)。

ROTDR 技术将标准多模光纤或单模光纤同时用于传感与信号传输,并给出光纤沿线温度场的关系函数:

$$R(T) = \frac{I_{as}}{I_s} = a \cdot \exp\frac{-hc\nu}{\kappa \cdot T}$$

(3.17)

其中，$R(T)$ 为温度函数，I_{as} 为反斯托克斯光强，I_s 为斯托克斯光强，a 为温度系数，h 为普朗克常数，c 为真空中光速，ν 为拉曼平移量，κ 为玻尔兹曼常数，T 为绝对温度值。

ROTDR 的系统工作原理相对简单，如图 3.29 所示，光源发出的脉冲光通过分光器进入传感光纤，在光纤内所产生的拉曼散射光返回分光器并进入探测光路，并在此分别检测出斯托克斯光与反斯托克斯光强度信号，经过信号处理后，通过比较两个光强信号可以获得各点的温度值，同时通过 OTDR 对该点做出定位，从而获得沿光纤各测试点的温度值。由于采用了时域技术，因此 ROTDR 同样存在空间分辨率，目前通常为 1 m。

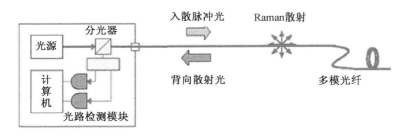

图 3.29 ROTDR 工作原理

由于光纤中拉曼散射光强度较高，因此对其检测与分析都比较容易，所以 ROTDR 可采用多模光纤作为传感光纤，从而可以获得较大测试距离。在实际应用中，拉曼光时域仪 ROTDR 常称作分布式温度传感（Distributed Temperature Sensing，DTS），目前在消防报警等工业领域应用非常广泛。由于 ROTDR 技术原理比较简单，因此商业化程度较好，目前国内外有许多厂家生产。相对而言，许多英国公司生产的 ROTDR 指标较好，图 3.30 是英国 Sensornet 公司生产的 DTS，它能够

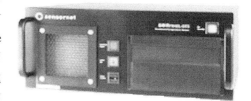

图 3.30 英国 Sensornet 公司的 ROTDR

获得 0.01℃ 的测试精度，最快采样时间为 10 s，最大采样距离可达到 60 km。

在岩土工程测试领域，ROTDR 被广泛应用于土石堤坝的渗流监测，其基本原理是，当集中渗流发生后，渗流所通过的岩土体原有的热物理条件被改变后出现局部温差，从而在连续温度场上反映出异常的特征温度点[40]。实际应用中，可采用热脉冲法增强测试效果，即对光纤上附加的热电阻进行加热，这样可对渗流所引起的特征温度点起到放大的作用。1996 年，德国慕尼黑大学通过室内试验证明了 RODTR 可以用于渗流测试；在国内 ROTDR 被应用于湖南石牛水库大坝等工程。此外，ROTDR 还被用于冻土瞬态温度场的分布式监测，张巍等提出了基于 ROTDR 的冻土瞬态温度场分布式光纤监测方法，并应用该方法进行了室内模拟试验研究[4]；郑晓亮[41]等则采用 ROTDR 技术对煤矿矿井冻结法凿井施工过程进行了分布式监测。

3.7.7 各种分布式光纤传感技术比较

表 3.1 对以上几种光纤传感技术的特点及其应用场合进行了总结，具体应用时可根据实际情况选取合适的技术。

表 3.1　常用光纤传感技术适用性

技术名称	优　点	缺　点	测试对象
FBG	可级联;精度高; 高频动态测试多种参量 封装后可测试多种参量	传感器需要专门封装; 准分布式测量,测点数有限	应变、温度、位移、压力、渗流、加速度等
OTDR	设备简单,轻巧,价格便宜;测试速度快; 无需外接电源	测试时存在盲区,两端测出的光强衰减值有差别,需要取平均值	光强损耗
BOTDR	单端测试;长距离	空间分辨率无法提高; 测试精度较低,测试时间长	应变、温度
BOTDA	精度高;空间分辨率高; 动态范围大	测试设备价格昂贵; 双端测试,不能存在断点	应变、温度
BOFDA	价格低;空间分辨率高; 精度高,测试速度快	连续性要求高,测试慢,长距离测量时稳定性差	应变、温度
ROTDR	仅受温度调制,精度高; 测距长;单端测试	空间分辨率有局限性	温度

3.8　工程案例分析

3.8.1　海岸边坡变形监测(UK)[42]

1)工程介绍

英格兰 Southend 镇新建博物馆位于临海山坡之上。拟建工程周边环境如图 3.31 所示。该区域地层活动频繁,为了对边坡的稳定性作出评价,采用分布式光纤技术进行了现场监测。

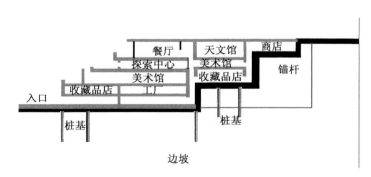

图 3.31　拟建博物馆周围环境图

2)监测方案

(1)监测孔布置

现场共 6 个光纤监测钻孔(图 3.32、图 3.33),分两排布置,每排三个钻孔大致在同一条坡面线上。图 3.32 中虚线为理论预测的浅层和深层滑动面位置。

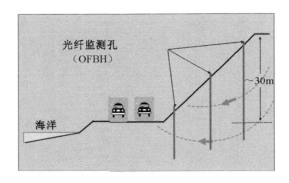

图 3.32　监测方案详细概念图

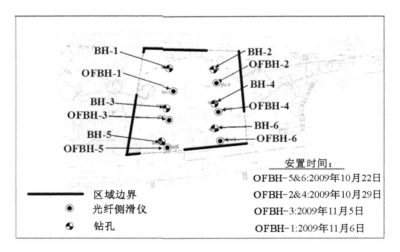

图 3.33　钻孔详细分布图

（2）测试材料

直径为 80 mm 的 PVC 波纹柔性管；2021 Araldite ⓒ 胶水；12 芯带状光纤与加筋带状光纤（日本藤仓公司）用于应变测量；松套光纤用于温度测量；6 mm 的透明塑料管用于保护松套光纤；泡沫包装；附件（管道胶带，绝缘胶带，胶带纸，夹子，卷尺等）。

（3）采用的光纤种类

所采用的光纤外形及其规格详见图 3.34、图 3.35 和图 3.36。

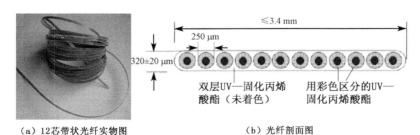

（a）12 芯带状光纤实物图　　　　　　　（b）光纤剖面图

图 3.34　Fujikura 12 core 带状光纤

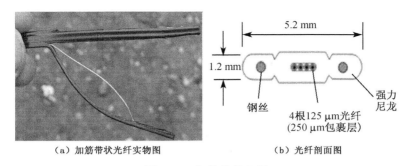

（a）加筋带状光纤实物图　　　　（b）光纤剖面图

图 3.35　加筋带状光纤

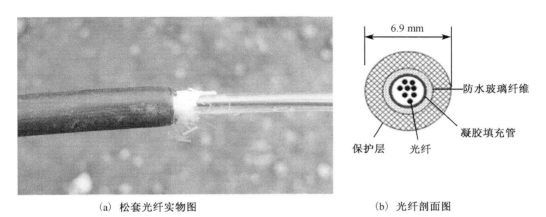

（a）松套光纤实物图　　　　　　（b）光纤剖面图

图 3.36　松套光纤

（4）安装

① 沿软管的表面对称粘贴 2 个光纤监测应变回路（图 3.37（a））；每一个应变光纤回路在粘贴之前，应施加预变形 0.15%～0.20%。

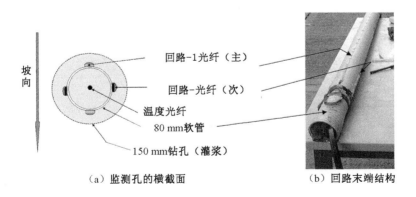

（a）监测孔的横截面　　　　　　（b）回路末端结构

图 3.37　光纤监测钻孔横截面图和沿着软管的布置图

② 两个回路之一的方向应与边坡坡向平行，次级回路与边坡方向垂直。（工程区域的边坡地形特征属于平面应变的情况，因此一个单回路（主回路）足以监测出边坡的运动。但是，考虑到传感光纤易于损坏的特点，安装另外一个回路（次级回路），作为主回路光纤在恶劣条件下损坏的备用回路）

③ 使用胶水定点粘贴应变光纤,间隔为 7 cm,如图 3.38 所示。

④ 在软管末端,预留的 3 m 应变光纤宽松地盘绕在管道上,目的是将这些额外长度的光纤作为定点标志,区分从管道两侧的测量方向。盘绕部分如图 3.37(b)所示。

⑤ 将温度光纤固定在管道内部。

⑥ 应变光纤通过一段 3 m 长的塑料管穿

图 3.38 使用环氧胶将光纤粘贴到柔性管上

出钻孔,有利于保护和引导应变光纤在穿出钻孔时不受损坏。塑料管嵌入灌浆面下 40 cm。

⑦ 为了简便、安全地运输,粘贴光纤后的管道用泡沫塑料板包裹。

（a）管道末端视图　　　　　　　　　　　　　　（b）管道顶端视图

图 3.39 实验室内安装工作示意图

（5）现场安装

步骤一:准备工作

清洗钻孔之前,将管道沿地面纵向展开(图 3.40),对光纤破损点以及完整性进行检查,可以使用光功率计,结合目测。

图 3.40 安装阶段前的准备工作(柔性管末端插入 HDPE 管)

安装前,将一段约 1 m 长的 HDPE 管及约 11 kg 的重物连接到柔性管的底部,这样做的目的是使柔性管道插入到钻孔中时,能够保持垂直的姿势,而且产生一定的预拉力。

步骤二:柔性管安装

钻孔清洗完,可以进行安装,一人负责将管道末端部分插入钻孔,不断放入钻孔中,管道的其余部分由 4～5 人小心托起,如图 3.41 所示,目的是减小损坏紧贴管道传感器的风险。在这一过程中,要注意管道的方向,使它的主回路朝向边坡的下坡方向。

(a) 管道平铺　　　　　　　　　　　　　(b) 插入钻孔

图 3.41　柔性管的安装

在安装的最后阶段,即灌浆之前和灌浆的过程中,管道要保持垂直悬挂,并有预拉应力。

步骤三:灌浆

当确认管道在钻孔中的位置适宜时,灌浆回填,水泥浆的配合比为 1∶3∶11(水泥∶膨润土∶水)。由于不确定水泥浆的配合比在钻孔中的效果,对于 OFBH-3,尝试了不同的配合比(2∶3∶11)。灌浆的过程以及灌浆完成,但是顶部套管没有去除的过程如图 3.42 所示。

(a) 灌浆过程　　　　　　　　　　(b) 灌浆完成,但是顶站套管没有去除

图 3.42　灌浆过程以及灌浆完成阶段

步骤四:安装完成

灌浆完成后,放置 12 h,然后制作混凝土保护箱,以保护监测光纤。混凝土保护箱有金

属内壳(图 3.43)。典型光纤钻孔剖面如图 3.44 所示,钻孔位置剖面图如图 3.45、图 3.47 所示,图 3.46、图 3.48 分别为沿着钻孔 BH-1,3,5 和钻孔 BH-2,4,6 的边坡纵剖面图。

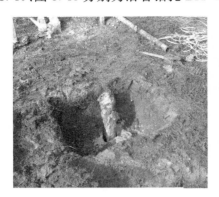

图 3.43　安装混凝土保护箱

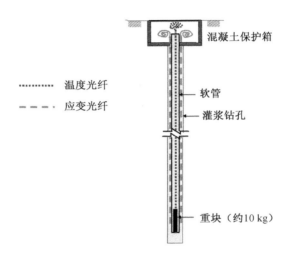

图 3.44　测量钻孔的剖面图(OFBH)

图 3.45　钻孔 BH-1,3,5 的周围环境

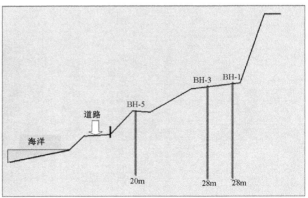

图 3.46　钻孔 BH-1,3,5 的边坡剖面图(剖面 1)

图 3.47　钻孔 BH-2，4，6 的周围环境　　图 3.48　钻孔 BH-2，4，6 的边坡剖面图(剖面 2)

3) 观测结果分析

(1) 典型钻孔 OFBH-6 的应变曲线

下面以典型钻孔 OFBH-6 的应变曲线为例进行监测结果分析,包括沿光纤分布式应变、应变随时间的变化以及挠应变的角度。该钻孔施工完成于 2009 年 10 月 22 日,2009 年 11 月 16 日记录了三组数据。图 3.49 是主回路和次级回路的应变分布曲线,图 3.50 是根据基础读数得到的应变变化图,图 3.51 为挠应变曲线。应变和挠应变的变化曲线显示出,在深度为 5 m 和 10 m 左右时,很有可能存在一个薄弱区,边坡很可能在这一深度滑动。

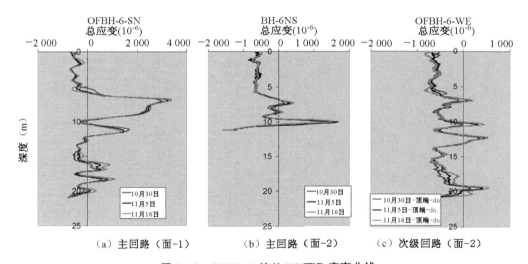

图 3.49　OFBH-6 的总 BOTDR 应变曲线

(2) OFBH-1-3-5 观测结果

由于可以使用的数据非常有限,没有观测到主要的边坡运动。但是,根据 OFBH-5 的数据,可以得出,在该钻孔的地表面下方,深度为 13.5 m 左右的位置,很有可能存在一个薄弱区。如图 3.52 所显示的敏感区域,然后需要根据其他钻孔的结果进行进一步研究,以确定和更正这一结果。

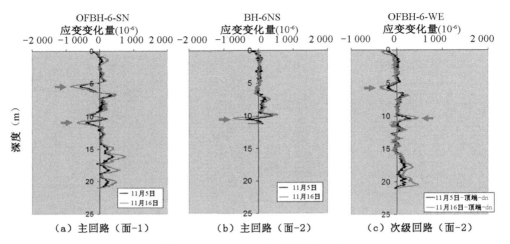

图 3.50 OFBH-6 的应变变化曲线

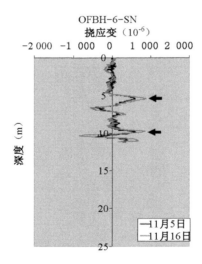

图 3.51 OFBH-6 的挠应变曲线(主回路)

（3）OFBH-2-4-6 观测结果

根据每一个钻孔的监测结果，可能存在的薄弱区如图 3.53 中小圆圈表示边坡的滑动

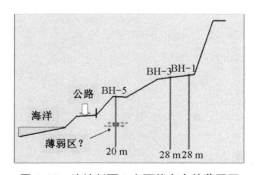

图 3.52 边坡剖面 1 上可能存在的薄弱区

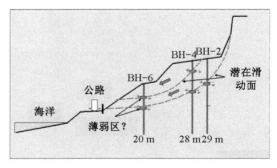

图 3.53 边坡剖面 2 上可能存在的薄弱区和滑动面

面很有可能沿着这些虚线点形成,多个滑动面会沿着图中的虚线进行发展。需要进行进一步监测,来确定上述观测结果。

试验结果还表明:

① 对于任一 OFBH 有两个回路:主回路和次级回路。由于光纤非常脆弱,发现破损很难避免的。但是,仍然可以通过每一回路的末端,获取大部分的数据。

② 各观测孔的应变发展曲线表明,在多个深度都存在尖锐的应变,这就可以说明薄弱区发生地层滑动的概率是很高的,后续的长期监测可以对初期分析/监测数据进一步验证。

③ 单一监测孔中发现的薄弱区需要临近孔相似应变变化曲线的验证,即不能通过单一点确定薄弱区的连续性。

④ 采用先进的光纤监测方法,可以有效验证地层运动与边坡的稳定性。

3.8.2　伦敦地铁隧道衬砌监测[20]

1) 工程概况

该区间隧道位于伦敦地铁朱比利线 Baker 街站及 Bond 街站之间(图 3.54)[43]。地层上部是 5～11 m 厚的砂砾沉积层,其下是 6～25 m 厚的伦敦粘土层。区间隧道位于地下 23 m 至 37 m 深度之间,如图 3.55 所示。隧道位于 Lambeth 组中杂色粘土层的顶部,其上是伦敦粘土,其下是高渗透性 Thanet 砂和白垩岩。

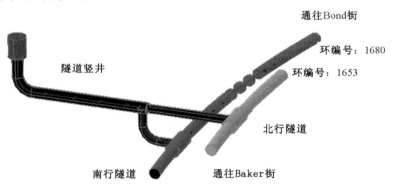

图 3.54　监测位置示意图

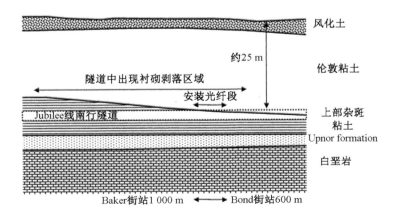

图 3.55　地质概况

213

区间隧道的混凝土衬砌环结构见图 3.56，由 20 个管片和 2 个楔块组成。168 mm 厚的混凝土管片通过在拱腰位置上插入两个楔形块得以固定，并与相邻管片锁定在一起。

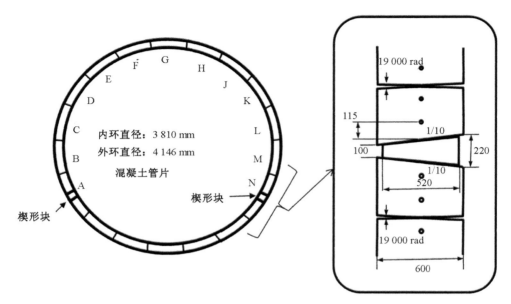

图 3.56　混凝土管片详图

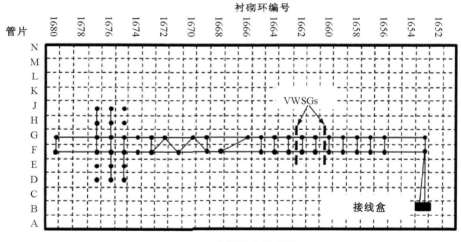

图 3.57　光纤的安装位置

2）现场布置

（1）BOTDR 光纤监测系统安装

南行隧道中 BOTDR 应变监测系统的布局如图 3.54 所示，沿隧道纵向监测长度约 20 m，安装位置距 Bond 街站约 600 m。调查发现，此处有大面积混凝土剥落的现象。光纤系统的安装工作花费了 12 天时间，处在伦敦地铁的施工期。

系统中使用了两种类型的光纤：a. 单模紧套；b. 松套光纤。图 3.58 给出了光缆的横截面。紧套光纤中包含一种单模光纤，该纤维通过致密的缓冲涂层保护。松套管连接光纤包含两个光纤束,每一束都含 8 根光纤。纤维束放置在凝胶填充管中,该管是由具有中间加强强度的构件和三个仿真管组成,使得光纤更可靠和更适合连接传感光纤和光纤解调仪,其中解调仪位于距离监测点有几百米远的通风井中。

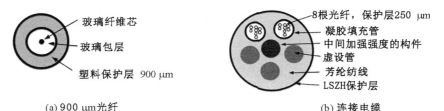

(a) 900 μm光纤　　　　　　　　　(b) 连接电缆

图 3.58　光纤横截面

试验段的混凝土环由 20 个未上栓的预制混凝土管片组成,如图 3.56 所示。在大多数情况下,900 μm 光纤固定在隧道拱顶的混凝土管片 F 和 G 之间,总计有 28 环 (1653 号环至 1680 号环),安装光纤时施加一定的张力作用。在其中三个环上(1675、1676、1677 号环),光纤也安装在其他混凝土管片上(D 到 J)(见图 3.57)。

光纤是通过特制的转向盘 (Mohamad 等人 2007 年开发)[16, 17]固定到衬砌上。把光纤固定在这种直径 50 mm 圆盘上的目的是要确保沿光缆方向没有突然弯折,信号在弯曲处损失最小。图 3.59 显示了固定在混凝土管片上的圆盘位置。光纤和圆盘系统的安装工作包括钻孔和用螺栓把圆盘固定在隧道衬砌上。总共安装有 57 个转向盘,安装时对光缆施加一定的张力作用。安装后能够通过监测沿着光纤的拉伸应变得到衬砌内表面接缝间距的变化,应变增加接缝变大,应变减小则接缝闭合,如图 3.60 所示。

该监测工程中,光纤系统按五种方式布置(图 3.61)。它们是(i)

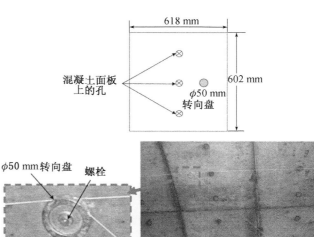

图 3.59　转向盘在管片上的位置

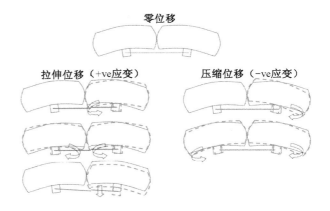

图 3.60　混凝土管片的几种横向运动方式

90 度直角式断面,(ii)斜线式断面,(iii)施加一次张力断面,(iv)施加二次张力断面和(v)松弛式断面。其中,90 度直角式布置是为了捕获每个单接缝的运动。设计斜线式布置是为了通过减少沿光缆方向的弯曲次数(即圆盘数)检测信号损失差异。然而,与 90 度直角式布置相比,斜线式布置的应变变化量受四个相邻的接缝的影响。后三种布置方式是专门为达到温度补偿的目的而设计的。

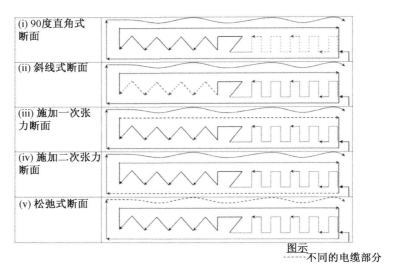

图 3.61　五种光纤布置方式

（2）现场监测

系统安装完成后,在 2008 年 2 月和 7 月之间,应变监测数据每周收集一次。图 3.62 显示了 2008 年 2 月 21 日获得的初始 BOTDR 应变数值。图中显示,隧道竖井的应变分析仪到监测位置的连接光纤大约有 500 m 长。参照图 3.61 中不同光缆布置方式的定义,还可以观察到第三和第四种布置方式明显的预拉伸应变。

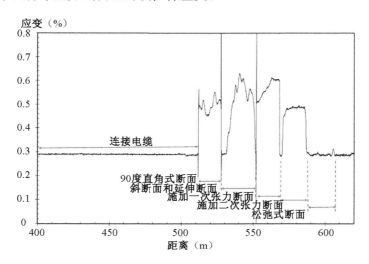

图 3.62　BOTDR 光纤的初始应变曲线

无预拉应变光纤(即连接光纤和松弛光纤)应变的差异表明,分析仪示数受温度变化的影响。数据分析表明,受温度影响,分析仪读数在 100 微应变的应变水平之内波动。因此,为了获得实际的应变差需要进行温度补偿。

图 3.63 给出了松弛式布置光纤的应变差数据集(减去初始数据后得到)。应变差的标准差每隔 2 m 计算一次,计算的最小值出现在 598～600 m 之间。因此,这种松弛式布置光纤的数据可以用来进行温度补偿分析。类似的经验也可在施加预张力的光纤应变分析中得到。

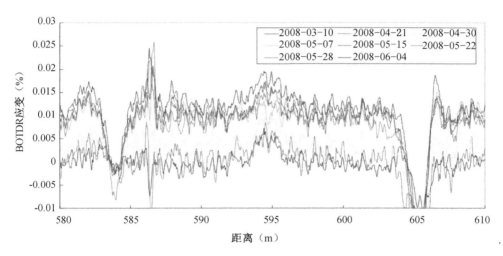

图 3.63　温度对 BOTDR 应变读数的影响

根据光纤温度系数对应变值进行调整,可以得到相对于初始读数的温度差。室内试验给出了连接光纤和 900 μm 光纤的温度系数分别是 23.6 和 23.8 微应变/℃(Mohamad, 2008)[16]。采用这些数值,计算了其中后三种断面(施加一次张力、施加二次张力和松弛式)从二月份开始的温度变化(相对于初始读数),其结果如图 3.64 所示。图中曲线显示出相似的变化趋势:温度从 2008 年 2 月至 2008 年 6 月上升了大约 4～5℃。施加预张力断面评价的温度变化值比未施加预变形断面(松弛光缆)评价的温度变化值小。由于两端的机械固定条件,施加预应力断面在监测时段期间可能承受一些机械应变(参见图 3.62)。图中还给出了通过

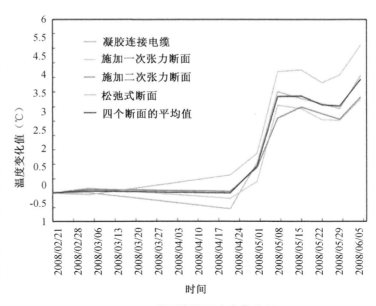

图 3.64　监测期间温度变化分析

通风井与应变仪之间连接光缆得到的温度变化。与其他光纤断面相比，数据也显示出类似的趋势，这表明隧道中的温度处于恒定状态。

3）测试结果分析

（1）与振弦式应变计（VWSG）比较

2007年在部分相邻隧道衬砌管片上安装了振弦式应变仪，从安装开始对接缝相对移动进行了监测。接缝张开度用隧道衬砌内表面的拉伸应变来表示。假定所测量的应变仅仅来自接缝的开度变化，横跨两个管片的内表面位移可通过用应变仪长度（139.7 mm）乘以所测量的应变进行评估。

在1660号环和1662号环上，光纤安装在F和G管片上。BOTDR数据估算出的应变可以通过两个圆盘之间的距离转换成位移。图3.65给出了从BOTDR数据和VWSG数据计算得到的位移比较。在BOTDR数据分析时，使用四个光缆断面的平均温度作为温度补偿（参见图3.64）。所估算的应变转化为两个固定点之间的相对位移，振弦式应变仪数据也被转换为相对位移。总的说来，从BOTDR数据计算的接缝变化与振弦式应变计监测值是大体一致的。

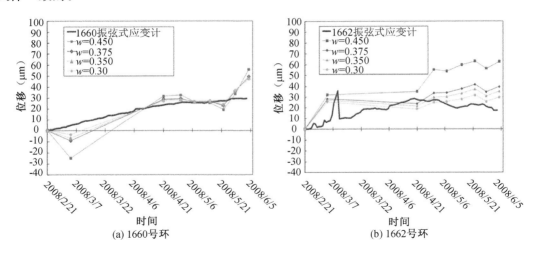

图3.65　伸缩缝位移比较（BOTDR应变数据与振弦式应变计）

（w是伸缩缝宽度；接缝张开取为正值）

（2）横向位移

图3.66给出了垂直于隧道横截面方向的接缝在不同时间的开度变化。对于大部分衬砌环，用于试验的应变监测系统被安装在混凝土管片F和G上（除1675号环至1677号环外），其结果表明，大多数隧道断面，相邻管片内表面之间的接缝张开度在逐步扩大。1664号环上的接缝张开度在过去16周监测时段内逐渐增加了大约76 μm。

在1675号环至1677号环上，光纤安装在除F和G管片之外的混凝土管片上。在1675号环上（D至G管片），在三个接缝上记录到很小的位移（小于20 μm）；在1676号环上（D到J管片），F和J管片之间出现明显的接缝张开变化，且在G-H接缝上出现了80 μm的最大位移；在接缝D-E和E-F上得到非常小的位移；在1677号环（F到J管片），接缝F-G和G-H上有渐变的拉伸变化，但是接缝H-J开度变化非常小。

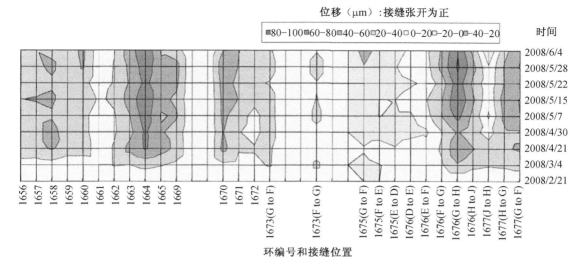

图 3.66　变形缝位移随时间的变化（垂直于隧道横截面方向）

通过将接缝相对位移转化为角位移,就可得到用相对角位移表示的接缝变化轨迹。图 3.67 表示由 1675 号环到 1677 号环的接缝变化轨迹示意图,其变化是相对于管片 G 来说的。由于计算角度变化太小导致接缝变化轨迹难以呈现,为了更容易观察,图中虚线表示的角度变化被放大了 100 倍。因为找不到固定的基点,因此不能确定真实的接缝变化轨迹。然而,隧道 1676 号环和 1677 号环的光纤和振弦式应变仪观测数据均显示,隧道管片逐渐出现拱顶下沉-两侧向外挤压现象;1675 号环则显示出相反的趋势。VWSG 读数以及 BOTDR 的数据显示,由于每环衬砌均有 20 个管片组成,导致隧道衬砌变形行为极其复杂,需要进一步研究分析。

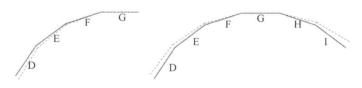

1675号环：管片G处没有位移　1676号环：管片G处没有位移

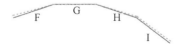

1677号环：管片G处没有位移

图 3.67　三个环的相对位移轨迹线（1675 号环,1676 号环,1677 号环）

（3）纵向位移

图 3.68 显示了垂直于隧道纵向的接缝张开度随时间变化的情况。观测显示,1663～1664 号环、1664～1665 号环之间的接缝张开度呈扩大趋势,而 1676～1677 号环之间的接缝张开度呈缩小变化;接缝张开度变化一般处在 65 μm～－30 μm 之间。

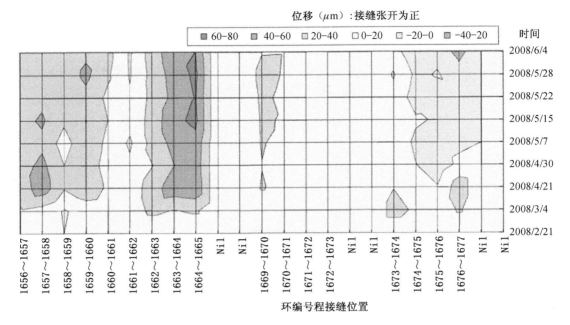

图 3.68　变形缝位移随时间的变化(与隧道横截面平行方向)

由于光纤安装在两个相邻混凝土管片之间,用以测量得到两个管片之间的相对位移。所测得的应变变化,可能是由于管片之间的相对垂直位移或相对角位移产生的。然而,如果假设混凝土管片(宽 600 mm)水平排列(图 3.69(a)),则由光纤记录到的 10 微应变量对应于两管片之间约 3.5 mm 的垂直位移,但明显较实际偏大。分析原因可能在于:①由于上世纪 70 年代施工建造技

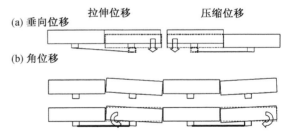

图 3.69　沿隧道纵向混凝土管片的可能移动方式

术较为落后,有可能管片在纵向上不是水平排列的(如示意图 3.69(b)所示);②可能是由于作用在凸形混凝土管片上土压力的增加以及混凝土管片的热膨胀/收缩产生接缝角位移,使得光纤发生应变变化。

4）结论

温度对光纤应变测量的影响,可通过松套测温光纤进行补偿。比较 BOTDR 系统试验结果与相同位置振弦式应变计测试结果的比较表明,管片接缝具有相似的变化趋势,在 16 个星期监测期内只有约 20 微应变的差别。BOTDR 观测数据还表明了隧道衬砌变形行为的复杂性,原因既可能是衬砌环由大量的混凝土管片连接组成,也可能是 20 世纪 70 年代落后的施工技术造成的。安置在隧道横向断面接缝处的光纤测试数据显示,大部分隧道段的管片内表面接缝张开度呈现扩大趋势,表明这些隧道断面呈拱顶下沉-两侧向外挤压趋势。但是,一些数据呈现出相反的趋势,仍需要进一步调查。总的来说,落后的施工技术使得混凝土管片在纵向方向上不是水平排列、作用在凸形混凝土管片上土压力的增加以及混凝土管片的热膨胀/收缩,这些原因都会导致管片接缝处的角位移,进而使得沿轴向安置的光纤

发生应变变化。

3.8.3　公路路堑边坡土钉监测[46]

1）工程概况

监测工程属于英国 A2/A282 公路拓宽工程的
一部分,靠近伦敦 Dartford(图 3.70)。开挖路堑边
坡坡角 60°,坡高 6 m。其上斜坡坡角 26°,坡高 2 m。
共设置 4 排土钉,各排土钉的垂向间距为 1.75 m,
每一排土钉中,各个土钉之间的水平距离为1.25 m,
如图 3.71。

图 3.70　监测场地位置

2）监测方案

设计采用光纤传感技术土钉墙的工作性能进行
分布式监测。土钉整个长度范围内的应变分布采用
BOTDR 分析仪(日本藤仓 AQ8603)测量。该装置采用反射技术测量标准单模光纤的应变
分布,测试时仅需单端测量。

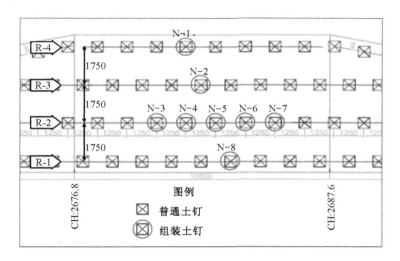

图 3.71　土钉布置图

在 R-2 排中的 5 个土钉和其他各排的 1 个土钉上安装了光纤传感器(光纤监测),见图
3.71。典型的边坡横剖面如图 3.72 所示。

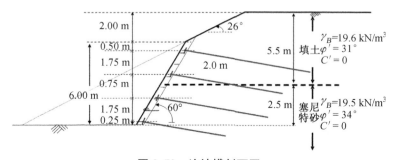

图 3.72　边坡横剖面图

3）现场测试

（1）试验材料

① 中空钢筋

边坡加固采用中空钢筋。为提高土钉-浆体之间的凝聚力，采用带肋钢筋。钢筋的特征参数见表 3.2。最上部暴露于大气或顶部土壤环境中的土钉部分采用镀锌中空钢筋。

② 光纤传感器

使用两种类型的光纤传感器：12 芯带状光纤（SM12，日本藤仓公司生产）；松套管光纤（Universal Unitube，单模光纤 9/125 OS1，日本 Excel 公司生产）。带状光纤用于直接测量应变。由于光纤传感器测量应变受周围地层/钢筋温度变化的影响，松套光纤用于温度补偿。这种光纤位于凝胶填充管中，仅对温度的变化有反应，对外荷载导致的应变没有反应。

③ 粘合剂

使用胶水将带状光纤传感器粘贴到钢钉上，这种胶水适合于金属和塑料表面。此外，为保护脆弱的光纤，需要使用硅酮密封剂为光纤加一个保护层。

表 3.2　空心钢筋特征参数表

型号	公称外直径(mm)	截面积(mm²)	屈服强度(kN)	极限强度(kN)	公称质量(kg/m)
R25N	25	300	150	200	2.6

（2）光纤安装工作细节

首先在试验室组装不同长度（例如 9 m，8 m，6 m）的钢钉。采用联接器将长度 2～3 m 的螺纹钢连接成所需要长度的土钉。联接器另外安装了法兰盘，以便于在安装的过程中，使土钉位于钻孔中间位置。另外，这些凸出的法兰盘，在传感光纤穿过联接器时，可为它提供空间，使其在安装的过程中，光纤不与土发生接触。每一根螺纹钢的表面都需要用稀释的乙醇清洗，确保没有污垢和油渍，从而确保能够与传感器很好地粘合。

图 3.73 为安装好的土钉示意图。带状光纤沿着土钉表面从顶端延伸到末端，剩余的光纤又从末端延伸到顶端，在土钉顶端多余的光纤盘绕起来，用于连接 BOTDR 分析仪，或者用于不同土钉之间带状光纤的内部连接。在每一个土钉的末端，大约 2～3 m 的带状光纤盘绕成了一个小的回路（如图 3.74）。在使用胶水（Araldite 2021）将光纤粘贴到土钉表面之前，需要对光纤施加预应变（0.1%）。粘贴节点在钢筋上的间距为 15 cm，如图 3.75 所示。硅酮密封剂可根据情况自由使用，用于现场安装时，保护光纤的盘绕圈，避免损坏，如图 3.74。为了提供温度补偿，将单模光纤安装在特定的土钉上，如图 3.73 所示。安装完成后，对所有的观测土钉进行光通测试，以确保组装时没有出现问题。在土钉存储、运输到工程场地的过程中，为了安全保护，需要将土钉用多层泡沫塑料板包裹起来，如图 3.76。

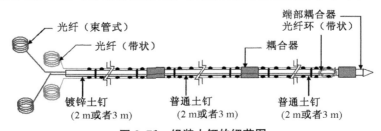

图 3.73　组装土钉的细节图

图 3.74　土钉末端的光纤监测回环

图 3.75　带状光纤粘贴

（3）现场工作

　　边坡上共 8 个组装土钉上安装了光纤传感器。所安装土钉的详情、位置、安装情况、工作状态如表 3.3 所示（图 3.71）。图 3.77 是组装土钉在钻孔中的典型横截面图。为了避免组装土钉遭到破坏，先安装好组装土钉周围的普通土钉，再安装组装土钉。钻孔与水平面的倾斜角度为 10°。在安装组装土钉之前，需要对钻孔进行清洗，以确保灌浆效果。不能将土钉直接钻进土壤，这样容易损坏暴露的光纤传感器。而是使用专用移动平台（MEWP）将土钉小心地嵌入到钻孔中（图 3.78），

图 3.76　用塑料泡沫包裹起来的土钉

然后用纯水泥浆回填。在布置土钉端头板以及用螺母固定之前，光缆要先从板的一个孔中传出来。图 3.79 为螺母固定之前的端头板。端头板在土钉上拧紧后，将各个土钉的光缆连接到接线盒，最后与 BOTDR 分析仪相连。这些光纤用 PVC 管和膨胀泡沫进行保护（见图 3.80）。土钉头部用土工格室保护，格室中填充覆土。图 3.81 是 2007 年 9 月的原貌图，图中巨大的混凝土方块就是连接箱所在的位置。图 3.82 为 2008 年 3 月的原貌图。

表 3.3　安装光纤传感器土钉的详情（型号、位置、工作状态）

土钉	位置	长度(m)	OFS(管束式)	OFS(带状)	连续性	状态
N-1	4th	9	✓	✓	✓	可读
N-2	3rd	8	✗	✓	✓	可读
N-3	2nd	8	✗	✓	破坏	可读
N-4	2nd	8	✗	✓	破坏	不可读
N-5	2nd	8	✗	✓	✓	可读
N-6	2nd	8	✓	✓	✓	可读
N-7	2nd	✓	✓	✓	破坏	可读
N-8	6th	✗	✓	✓	✓	可读

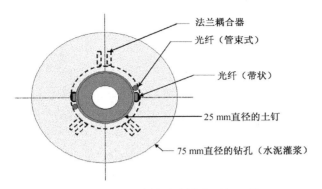

法兰耦合器
光纤（管束式）
光纤（带状）
25 mm直径的土钉
75 mm直径的钻孔（水泥灌浆）

图 3.77 土钉在钻孔中的典型剖面图

图 3.78 现场安装土钉

图 3.79 土钉端部接头板与尾纤

图 3.80 边坡上光缆的连接及保护措施

Sept 2007

图 3.81 覆土后的边坡

（4）存在问题

由于将土钉与光纤组装起来是个耗时且细致的工作，因而最好在实验室而非在施工现场开展此项工作。组装场所最好要空旷，同时要有一辆较长的车辆用于将器材运至施工现场。实际上，在采取最大程度的保护措施后，在组装和运输期间光缆仍有部分损害（见图 3.83）。在这种情况下应变测量被限于接线盒至光纤应变传感器仍然完好的部分。所有土钉上的光缆集中至接线盒处以便将来安全接入光纤应变仪。尽管在试验室额外制作了两个

Mar 2008

图 3.82 2008 年 3 月土钉边坡的原貌

土钉,但八个之中仅有五个土钉安全可靠地安装在了边坡上。在野外安装期间对传感器的损毁是无法避免的,但大多数的损坏是由于运输和操作不当造成的。为便于运输而对已装配好的土钉做固定处理会对裸露的光缆不利。

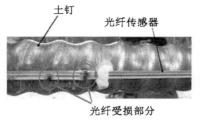

(a) 摩擦导致的破损　　(b) 切割导致的损毁

图 3.83　安装操作与运输期间对光纤的损坏

12 芯带状光纤在应用上相较于 11 芯光纤显得更加充裕,即使一些芯受到破坏,其他芯仍足以继续满足测量功能的需要。表 3.3 指出了有问题的土钉以及正常工作的土钉。因此建议开发出更可靠的技术来确保安装、存储以及长途运输整个过程中装配光纤传感器土钉的安全;仅仅采用泡沫塑料包装还不够。刚性托架可用于在储存、装载与卸载时搬运土钉,但这又增加了土钉手工操作的困难。

(5) 现场监测

2007—2008 年对土钉内光纤应变的测量数据如表 3.4 所示,共 10 组。

表 3.4　读取数据的日期

编号	时间	编号	时间
1	2007 年 6 月 8 日	6	2007 年 11 月 7 日
2	2007 年 7 月 19 日	7	2008 年 1 月 30 日
3	2007 年 8 月 8 日	8	2008 年 3 月 17 日
4	2007 年 9 月 24 日	9	2008 年 5 月 14 日
5	2007 年 10 月 24 日	10	2008 年 7 月 16 日

4) 结果与分析

(1) 对边坡与土钉中温度影响的认识

由于应变测量是在一年中不同时期进行的,因此有必要了解季节变化对读数的影响,例如地表温度的变化。为此,有三个土钉安装了温度光纤应变传感器,如图 3.71 所示。由于温度的变化,灌浆钢钉会膨胀或收缩,这种热应变必须从测量的总应变中分离出来,以便理解边坡加固引起的实际土钉变化。

以土钉 N-1 的温度变化曲线(如图 3.84 所示)作为典型的例子来说明温度沿长度方向以及一年中不同时期的变化。根据这些数据可以得到边坡一年中不同时期温度分布的可视化图,如图 3.85 和图 3.86 所示。这两个图反映了监测期内(即 2007 年 6 月到 2008 年 7 月)不同时间段地表温度是如何变化的。在过去的一年中,地表最高温度变化幅度达 14℃,并且这种温度变化主要集中在斜坡面一侧。由于温度变化很大,所以有必要对测试应变进行温度影响的修正。修正这类影响的方法,如图 3.87 所

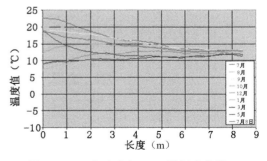

图 3.84　一年中土钉 N-1 的温度曲线

示。修正时假定复合土钉的热膨胀/收缩系数为 12×10^{-6} m/(m·℃)左右。

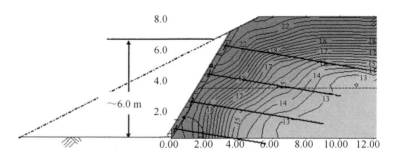

图 3.85　2007 年 7 月边坡中温度在空间中的变化曲线

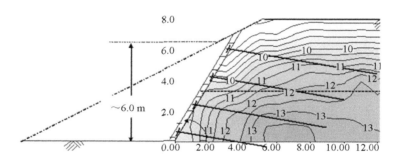

图 3.86　2008 年 1 月边坡中温度在空间中的变化曲线

（2）对土钉应变的理解

为了理解安装在边坡不同高度土钉的变化，对光纤应变的测试结果进行了分析。现场测试应变是由边坡加固和温度变化引起的总应变。因此，为了确定在边坡加固时产生的应变，必须根据温度曲线量化由温度引起的土钉应变并且消除温度对应变的影响。此处给出净应变概念，并将其转换为分布（轴向）力曲线。要实现转换需要土钉复合段的弹性模量。弹性模量根据以下参数进行计算：注浆体 28 天的特征强度为 25 MPa，砂浆体杨氏弹性模量为 15 GPa，钢筋杨氏弹性模量为 210 GPa。

复合部分的模量用如下公式计算：

$$E_{\text{composit}} = \frac{E_s \cdot A_s + E_c \cdot A_c}{A_s + A_c}$$

式中下标"s"代表钢筋，标"c"代表水泥砂浆部分。基于此，$E_{\text{composite}} = 28$ GPa。

将分布力曲线微分将得到沿土钉的拉拔力曲线，得到的拉拔力应与当地土壤条件能提供的抗拔力相比较。由于这一场地无法得到直接的拉拔试验数据，因此抗拔力根据 HA68/94（有效应力设计方法）进行计算[44]，如表 3.5 所示。

下面将以土钉 N-2 为例对测试结果进行分析。

土钉 N-2 的总观测应变曲线如图 3.88 所示。在本例中 0～1.2 m 段的读数已被略去。曲线表明,在监测期内沿土钉 6.0 m 的范围内产生了显著的应变变化,且一年内应变净变化

表 3.5　理论抗拔力

土层	抗拔应力
填土	$0.098\sigma'_v$(kN/m)
萨尼特基础/梯田砾石	$0.108\sigma'_v$(kN/m)

最多达 200 微应变。此外,土钉内侧的峰值应变位置自 2007 年 10 月的测试后开始发生转移。土钉不同部位的总应变变化如图 3.89 所示。图 3.89 表明,1～4 m 段应变发展迅速,而 5～7 m 处应变则发展缓慢而渐进。此外临空面上的应变并未持续很长时间。这表明由

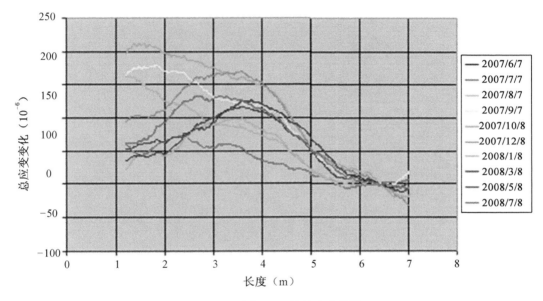

图 3.88　土钉 N-2 的总应变曲线

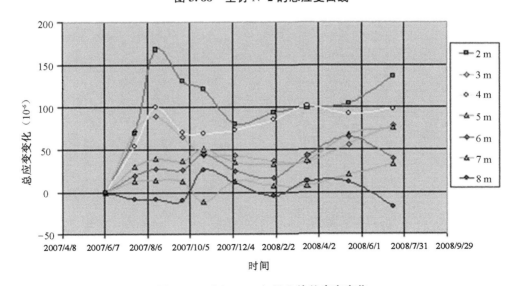

图 3.89　土钉 N-2 各部分的总应变变化

于某种自愈合过程及沿土钉缓慢的应力重分布而导致渐渐趋稳的临空面中可能存在一些小的活动块体。

一年中各时期的应变曲线被转换为如图 3.90 所示的分布力曲线。图 3.90 表明土钉中的最大活动力大约是 31 kN。由于单根钢筋屈服强度是 150 kN,所以活动力远低于土钉的承载能力。土钉各部分活动力的发展变化如图 3.91 所示。图 3.91 表明,在临空面一侧土钉应力变化显著,而在土钉内侧部分则应力变化缓慢。

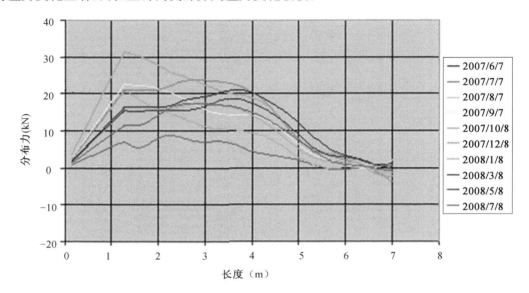

图 3.90　N-2 的分布力曲线

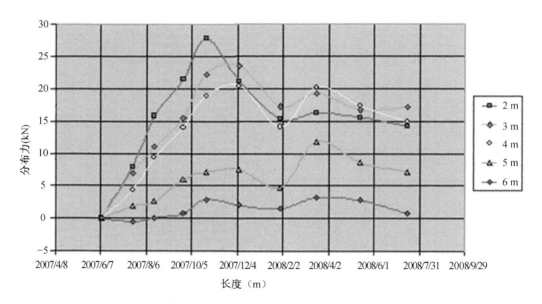

图 3.91　土钉 N-2 各部分分布力的变化

如前所述,将分布力曲线微分可得到拉拔力曲线。一年中各时期的拉拔力曲线如图 3.92 所示。在图 3.92 中同时绘制了最大允许拉拔力沿土钉长度方向的分布。可以看出在被动区的动用拔出力已经达到土钉抗拔能力的上限。而在主动区(在临空面)动用拔出力已经超过了土钉抗拔能力。落石网和端头板对稳固小的活动块体起到了非常重要的作用。被动区中动用拔出力随时间的变化如图 3.93 所示。曲线发展趋势表明,在 2007 年 10 月出现了峰值阻力,此后阻力要么保持不变要么发生了粘结应力松弛现象。

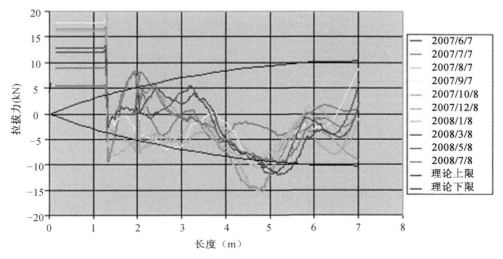

图 3.92　土钉 N-2 的拉拔力曲线

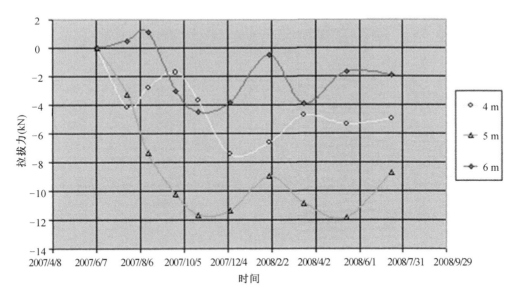

图 3.93　土钉 N-2 各部位拉拔力的变化

（3）对边坡行为的理解

上述分析表明,很有可能在边坡中存在多个活动区块(图 3.94)。根据各土钉(N-1,N-2,N-5,N-8)相应拉拔力曲线,可以推测出超过理论值的最大拉拔力轨迹曲线(图 3.95)。如果测试拉拔力超过土钉抗拔承载力,这些轨迹就会转变为潜在的滑移线。由于抗拔承载力真值未知并且得到的理论值是下限值,致使预测真实的滑移线变得比较困难。即使地基与浆体间的抗拔承载力真值已知,仍然要预留相当大的安全空间。由于现场的边坡仍然完好并且到目前为止并未探测到任何可观测到的变形,从而证实了土钉抗拔承载力的真值比以前的预测值要高得多。

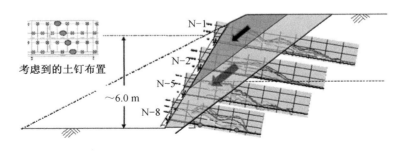

图 3.94 边坡中多个潜在的活动区块

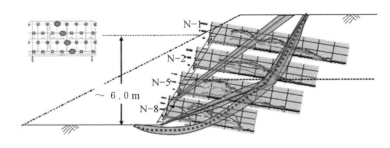

图 3.95 超出理论界线的最大拉拔力预测轨迹

(4) 结论

① 光纤传感器在检测沿土钉应变上得到成功的应用。

② 能长时间开展应变测量,但一年的观测期不足以充分理解季节性变化对测量的影响,比如温度变化对应变的影响。

③ 从土钉应变的观测来看,观测期内加固边坡趋于稳定的过程仍在进行。但一些土钉已处于应力松弛阶段而其他土钉则处于充分工作期并正进行应力调整。

④ 从各土钉的应变曲线可以预测,在边坡中可能存在多处潜在的活动区块。

3.8.4 伦敦能源桩的现场监测试验[22-26]

1) 工程概况以及测试桩的特点

测试能源桩位于伦敦南部朗伯斯学院内(Lambeth College)。场地为典型的伦敦地层:表面是 1~1.5 m 厚的人工填土和河流阶地的沉积土(3~4 m 厚),其下为深厚伦敦粘土层,桩端位于该层之中。地下水位在地面 3 m 以下。试桩工作荷载 1 200 kN,试验桩标称直径 600 mm,长 23 m。桩的尺寸仅仅是根据岩土工程条件设置的,满足设计荷载的要求,总的安全系数是 2.5。桩体上部 5 m 范围采用套管通过人工填土和河流阶地沉积土,桩轴直径实际为 610 mm。套管以下,采用 550 mm 标称直径的螺旋钻成桩。采用 0.9 m 长、直径 900 mm、壁厚 10 mm 的套管来建造桩帽,伸出地面以上约 250 mm。采用全深度钢筋笼,直径 32 mm 的 6 根预应力钢筋,加热系统的各种器件和管回路(32 mm 标称直径的聚乙烯管)

连接在钢筋笼上。

2）试验过程

图 3.96 是桩基试验过程的现场图,各种试验组件见图 3.97。除了六个桩元件（测试桩,散热桩和四个锚桩）,还需要提供加载框架及与其相关的设备,用于固定热泵的存贮容器,以及数据记录设备。在距离测试桩 0.5 m 处设置监测孔,以测量近场温度曲线。为了确保试验在整个周期中不间断,需安装电源以便为热泵、数据记录器和测力传感器供电。

通过手动切换 8 kW 热泵控制热负荷,为测试桩提供所需要的最大加热/冷却输出。安装在热泵上的数据记录设备,用于记录测试桩和散热桩的流体流出/回流温度。

图 3.96　试桩现场

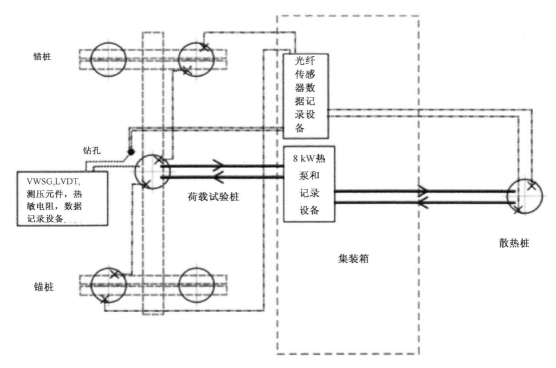

图 3.97　测试系统布置图

3）测试设备

各种测试组件如表 3.6 和图 3.98 所示。除了下面描述的内部仪器,还需要记录周围空气温度、热泵供回水温度、桩头荷载和变形的设备。

表 3.6　安装仪器表

测试元件	监测内容			
	机械效应		温度变化	
测试桩（直径 600 mm,深度 23 m）	振弦式应变计（18 个, 6 个深度水平）	光纤传感器（整个深度中有两个回路）	每一个振弦式应变计都有热敏电阻	光纤传感器（整个深度中有两个回路）
散热桩（直径 600 mm,深度 30 m）	—	光纤传感器（整个深度中有两个回路）	—	光纤传感器（整个深度中有两个回路）
锚桩（直径 600 mm,深度 23 mm）	—	光纤传感器（整个深度中有两个回路）	—	光纤传感器（整个深度中有两个回路）
钻孔（直径 150 mm,深度 23 m）	—	—	热敏电阻（6 个,每一个振弦式应变计都有热敏电阻）	光纤传感器（整个深度中有两个回路）

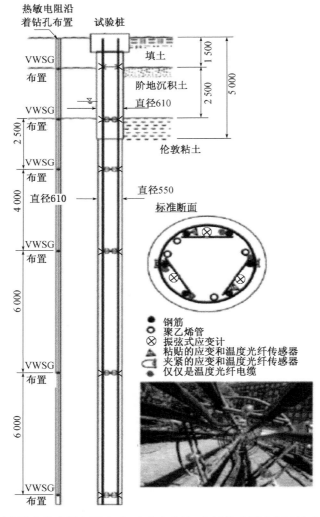

图 3.98　在测试桩中传感器布置图（振弦式应变计、光纤传感器及邻近钻孔中的热敏电阻）

桩基试验时,使用 48 通道记录设备对桩基试验的各种传感器元件进行连续记录,包括

18 个振弦式应变计(VWSG),6 个热敏电阻以及 5 个外部荷载控制元件(位移传感器 LVDT 和测压元件)。安装振弦式应变计是为了对光纤传感器(光纤监测)测得的连续应变和温度曲线进行对比(Klar 等,2006)。试验采用埋入式应变计,在整个测试周期中,所有的应变计均保持正常运行。应变计热膨胀系数为 $11.0 \times 10^{-6}\text{m}/(\text{m} \cdot \text{℃})$。

试验使用两种类型的光纤传感器,分别测试应变和温度,光缆总长 900 m。采用 2 种安装方法:①沿钢筋笼的长度方向,按固定间隔将光纤粘结在钢筋上;②将光缆串在钢筋笼的上下两端。使用第二个方法是为了估计粘结光纤传感器的方式是否影响测试结果,初步结果表明没有影响(Amis 等,2008)[25]。试验使用 BOTDR 光纤应变分析仪(日本恒河公司 AQ 8603)。该装置采用反射技术对标准单模光纤的应变分布进行测量(Klar 等,2006)。

为了对光纤传感器进行连续监测,在整个试验过程中,分析仪都留在试验现场,研究人员可以按固定的时间间隔下载数据。

4) 试验过程

试验操作过程如表 3.7 所示。热试验期间采用的温度范围(−6℃到+56℃)是根据 8 kW 热泵的最大输出计算得到的,目的是在桩冷却阶段,使冷冻发生在桩-土的接触面上。这一温度变化范围超出了地源热泵系统加热/冷却循环运行所引起的桩-土系统极限温度变化范围。在系统运行时,温度很可能在−1℃~+30℃之间变化。

表 3.7　试验时间表

时间,2007	工作内容	时间,2007	工作内容
5 月 22~23 日	安装锚桩	7 月 20~23 日	电源故障加热循环中断
5 月 24 日	安装测试桩	7 月 31 日	桩冷却起始(10:00);输入流体的温度−6℃
5 月 25 日	安装散热桩	8 月 1 日	桩加热起始(12:00);输入流体的温度 40℃
	休止养护期	8 月 02~05 日	桩冷却起始(12:00);输入流体的温度−6℃
6 月 14—15 日	静荷载试验完成;最大试验荷载 1 800 kN;周末卸载	8 月 04~05 日	实桩试验;最大试验荷载 3 600 kN;试验结束后卸载
6 月 18 日	施加 1 200 kN 静荷载(08:00) 桩冷却起始(13:00);输入流体的温度−6℃	8 月 05~14 日	恢复期;载荷试验结束后热泵停止工作
7 月 19 日	桩加热起始(08:00);输入流体的温度 40℃		

5) 试验结果分析

(1) 有效桩的特性

桩的刚度是个复合值,其大小取决于混凝土和钢筋在横截面上所占的相对面积,以及混凝土中产生的应变。从图 3.100 中可以得到合理的桩体刚度值。试验数据表明随着应变增加,刚度出现少量的衰减。但在热循环试验产生的应变范围内(75 ~ 225 μm),可以使用常数值 40 GPa。

桩的热膨胀系数也是一个复合值,可

图 3.99　热循环回路和钢筋笼上的光纤传感器

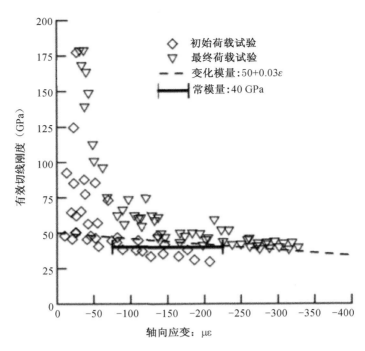

图 3.100　载荷试验过程中的有效桩切线刚度(工作状态及超出后状态)

根据散热桩上部的热反应分析得到,分析时可认为散热桩上部区域摩擦效应最小。根据随着温度变化的应变变化速率(图 3.101),可得到光纤传感器和桩的复合反应,大体为 28×10^{-6} m/(m·℃)。对于使用的光纤,由于温度变化影响而产生的布里渊频率偏移可以测得,约为 19.5×10^{-6} m/(m·℃)(Murayama 等,2003;Kurashima 等,1990)。这两个数值的差值就是桩的热膨胀系数,为 8.5×10^{-6} m/(m·℃),该值在使用的石灰石骨料混凝土的特征值范围($6 \times 10^{-6} \sim 9 \times 10^{-6}$ m/(m·℃))之内。

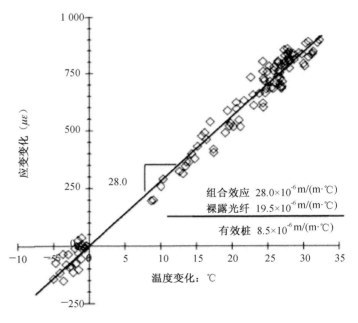

图 3.101　桩基有效热反应评价

　(2)桩的荷载-位移关系

　　桩顶的反应可以通过分析整个荷载试验或其间的保持负载热循环试验来描述。图 3.102 显示,维持荷载试验过程中,荷载控制得很好。这和试验时采用备用电池不容易受断电的影响有关,相对其他的数据采集方式具有优势。载荷试验结果表明,试验设计非常充分,还说明了桩的轴向承载能力比设计值要大,并且在 3 600 kN 荷载或者 3 倍特定工作荷载下,桩顶的位移小于 10 mm。

在整个热试验期间,测试的位移数据出现小的波动,分析原因认为是桩顶以及荷载架每天出现扩张和收缩现象造成的(如图 3.102)。在保持负载热循环试验的开始阶段,1 200 kN 工作荷载再次施加后,桩出现沉降的量级,与初始静荷载试验中施加 1 200 kN 荷载时的位移增量接近。在随后的冷却阶段(2007 年 6 月 18 日—2007 年 7 月 19 日),桩顶位移变化规律与地热循环形成的温度变化规律总体上相吻合(如图 3.103)。

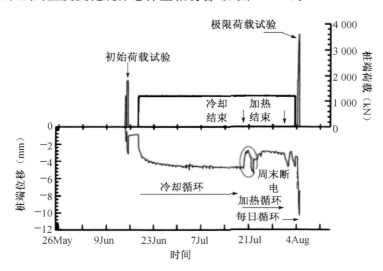

图 3.102　整个试验周期的荷载控制以及桩顶位移

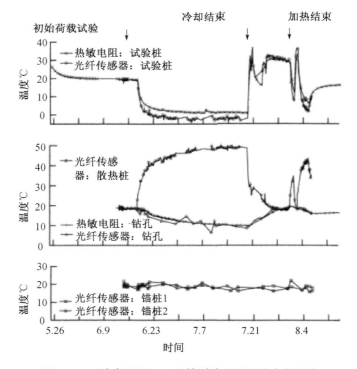

图 3.103　地表面下 9 m 处的测试组件温度变化规律

（3）温度

通过图 3.103～图 3.105 中记录的数据可以分析测试期间温度的变化。图 3.103 给出了 2007.5.25—2007.8.14 期间地下深度 9 m 处测试元件温度的变化过程。应当指出的是，光纤监测记录的仅仅是温度的变化，根据光纤监测开始时从热敏电阻数据得到的环境温度，图 3.103 中温度值已被设置为绝对值。VWSG 数据仅限于观测测试桩和相邻的钻孔，其中测试桩在施工完成后即开始了监测。光纤监测数据从初始载荷试验之前开始监测，一直持续到第二次载荷试验结束，测试对象还包括除了测试桩和钻孔之外的锚桩和散热桩。

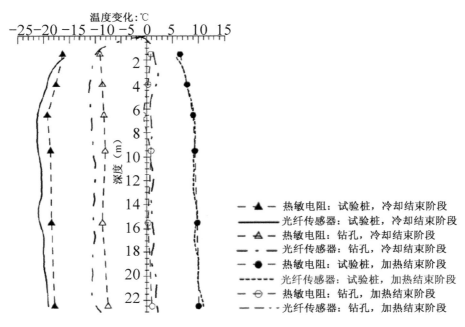

图 3.104　测试桩内及桩外临近位置温度变化曲线

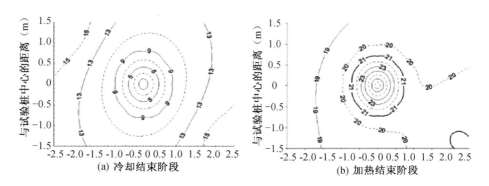

(a) 冷却结束阶段　　　　　　　　　　　(b) 加热结束阶段

图 3.105　12 m 深位置温度变化等值线

在能源桩热循环试验之前，测试桩的温度从峰值温度趋于稳定，该峰值温度出现在混凝土养护的初期，也即是桩施工刚刚完成阶段。有意思的是，在现场地温似乎处于 18℃～20℃之间，比通常情况下预计的 12℃～15℃的范围要稍高。由于伦敦地下隧道距离测试点只有 25 m 远，所以认为地铁隧道热辐射可能增加土体的背景温度观测值。

在冷却阶段,测试桩的平均温度变化范围,从略高于零度(热敏电阻数据显示)到－2℃之间。这可能是由于光纤监测光缆更靠近内含温度约－6℃流体的管线回路,而热敏电阻离得一般都较远(见桩部分细节图 3.98),并没有如此低的温度。同样,在加热阶段中,从光纤得到的温度值比那些由热敏电阻指示的温度值略高。总的来说,这些数据表明测试桩没有充分冷却到足以使桩土接触处产生冻结,虽然临近地热循环管处已经产生冻结。这表明,在正常的工作温度(输入温度－1℃,而不是这里使用的－6℃)和相对较短的冷却循环条件下,在桩-土接触面上不大可能发生冻结,否则反而有可能导致桩的性能恶化。

从钻孔中热敏电阻和光纤监测数据分析得到的温度表现出很好地一致性,表明在距测试桩 0.5 m 位置土体中温度变化已经减少了一半,而当距离大约增加到 2 m 时,在锚桩处光纤监测记录到的温度变化则可以忽略不计。

在第一冷却阶段中,散热桩平均温度接近 50℃,这些散热桩的变化实际相当于卸载地热桩的变化。根据图 3.103 中的温度变化,应当注意到当系统相反时,即测试桩被加热,观察到的温度不会达到与第一阶段相同的值。可以认为,这是由于在长期的初始降温阶段已经形成了蓄热体的原因。因为周围土壤的环境温度受到测试桩冷却和散热桩加热的干扰,在随后的试验周期中引起的温度变化不能再产生类似于初始第一循环热负荷的效果。

在第一冷却阶段结束时(2007 年 7 月 19 日)和第一加热阶段结束时(2007 年 7 月 31 日)测试桩与邻近钻孔中温度随深度的变化如图 3.104 所示。一般地,通过热敏电阻和光纤监测得到的数据具有良好的一致性,这表明从地下 2 m 开始每一种测试元件的温度变化规律是相当一致的。

在地源热泵系统的热力学设计中,假定桩作为一个无限长的点源在各个方向热辐射均匀。使用来自测试桩、钻孔和锚桩的温度数据,可以生成测试桩周围区域等温区的轮廓线,如图 3.105 所示。图 3.104 中显示的随着深度相对均匀的温度变化,图 3.105 中显示的桩周温度分布的对称性,都表明这个假设是合理的。分析温度分布随时间的变化曲线,可能观察到一些小的温度波动,这是由于散热桩发出的热波穿过其他测试桩时产生的。但是这种效应很小,不太可能显著影响此处讨论的结果。应当注意的是,在生成图 3.105 时使用的数据较少。

（4）应变

不同应变测量系统(振弦式传感器 VWSG 和光纤)在三个测试阶段的测试结果比较如图 3.106 所示。桩上部 5 m 长度的直径比其下部分直径要大,而这种直径的变化意味着桩应变将比等直径桩减少约 20%。此外,在对温度效应进行修正后,得出的数据就代表着桩轴的力学应变。

两种应变测量方法(光纤监测与 VWSG),在应变分布的一般形式以及相对于其他试验阶段的变化规律大体一致。虽然绝对应变大小有所不同,但两者的相似之处足以表明观测到的变化是真实的,并且得出了温度变化对桩应变的影响规律。

初始加载试验应变曲线表明(图 3.106(a)),相较于 VWSG,光纤的绝对应变大小略高但二者变化率相似。光纤监测数据还显示,桩上部 6 m 长度范围内,存在着显著波动。这可能是由包括桩顶部偏心荷载引起的弯曲效应在内的多因素综合作用所致。试验数据表明,桩上部产生的抵抗力很小,大部分的抵抗力来自于桩轴的其他部分,来自桩底的也很小。这就是伦敦粘土中长、细桩在工作荷载下,典型的承载力特征。

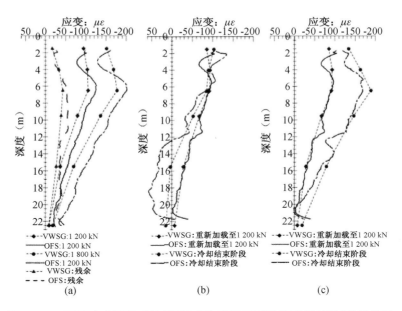

图 3.106　不同应变测量系统(振弦式传感器 VWSG 和光纤)测试结果比较

(a)初始加载阶段；(b)冷却结束阶段热试验；(c)加热结束阶段热试验

图 3.106(a)还显示,在初始载荷试验的末期卸载之后,桩身仍然存在着明显的残余应力。与维持荷载试验、热循环试验相比,为更好地检验该试验阶段由荷载和温度改变引起的变化,使用残余应变曲线作为新的基线对数据进行修正。与单纯受荷条件下的应变分布相比,得出如下认识:

(1) 在冷却阶段的末期,如图 3.106(b)所示,桩上部 6 m 长范围内的应变变化较小,而在 6~14 m 的范围内,应变变化快速减小,其下应变变化接近零,或者在桩底部 1/3 部分处于拉伸状态。

(2) 在加热阶段的末期,如图 3.106(c)所示,与之前的温度变化引起的应变相比,这一阶段引起的应变始终较大,这就表明,桩身的最大轴向荷载比桩顶荷载要大,最大值出现在地面下 4~6 m 的位置,而桩端应变变化较小。

6) 结论

在英国首次成功对能源桩进行了维持荷载—热循环试验。能源桩测试采用了常规的应变计、热敏电阻、光纤传感等多种技术。为分析理解温度变化对桩的岩土工程性质的影响,对测试桩的力学和温度反应进行了全程记录。试验表明,光纤传感器与常规的应变计/热敏电阻相比,测试结果具有一致性,光纤传感器具有更优的工作性能。基于测试桩在冷却、加热阶段测得的应变曲线,可以进一步建立桩-土相互作用的分析模型(Amatya 等,2011)。

参考文献

［1］黎敏,廖延彪. 光纤传感器及其应用技术(第二版)[M],武汉:武汉大学出版社,2008.

［2］Michael Iten. Novel Applications of distributed fiber-optic sensing in geotechnical engineering[M]. Swiss:ETH Zürich, 2012.

［3］高俊启,张巍,施斌. 涂敷和护套对分布式光纤应变检测的影响研究[J]. 工程力学,2007,24(8):188-

192.

［4］ 张巍,施斌,索文斌,等.冻土瞬态温度场的分布式光纤监测方法及应用［J］.岩土工程学报,2007,29 (5):723-728.

［5］ 朱鸿鹄,殷建华,张林,等.大坝模型试验的光纤传感变形监测［J］.岩石力学与工程学报,2008,27 (6):1188-1194.

［6］ 李国维,戴剑,倪春,等.大直径喷砂内置光纤光栅 GFRP 锚杆梁杆粘结试验［J］.岩石力学与工程学报,2013(8):1449-1457.

［7］ 魏广庆,施斌,胡盛,等.FBG 在隧道施工监测中的应用及关键问题探讨［J］.岩土工程学报,2009,31 (4):571-576.

［8］ 朱维申,郑文华,朱鸿鹄,等.棒式光纤传感器在地下洞群模型中的应用［J］.岩土力学,2010,31(10):3342-3347.

［9］ 董建华,谢和平,张林,等.光纤光栅传感器在重力坝结构模型试验中的应用［J］.四川大学学报(工程科学版),2009,41(1):41-46.

［10］ 朱鸿鹄,殷建华,洪成雨,等.基于光纤传感的边坡工程监测技术［J］.工程勘察,2010(3):6-14.

［11］ 裴华富,殷建华,朱鸿鹄,等.基于光纤光栅传感技术的边坡原位测斜及稳定性评估方法［J］.岩石力学与工程学报,2010,29(8):1570-1576.

［12］ 朱鸿鹄,殷建华,靳伟,等.基于光纤光栅传感技术的地基基础健康监测研究［J］.土木工程学报,2010,43(6):109-115.

［13］ 唐天国,朱以文,蔡德所,等.光纤岩层滑动传感监测原理及试验研究［J］.岩石力学与工程学报,2006,25(2):340-344.

［14］ 董海洲,寇丁文,彭虎跃.基于分布式光纤温度监测系统的集中渗漏通道流速计算模型［J］.岩土工程学报,2013,35(9):1717-1721.

［15］ Soga K, Shoureshi R. Special Issue on Innovative Monitoring Technologies for Civil Infrastructure Systems Preface［J］. Smart Structures and Systems, 2010, 6(4), pp. I-I.

［16］ Mohamad H. Distributed Optical Fibre Strain Sensing of Geotechnical Structures［D］. University of Cambridge. 2008.

［17］ Mohamad H, Bennett P J, Soga K, et al. Monitoring tunnel deformation induced by close-proximity bored tunneling using distributed optical fiber strain measurements［C］. Proceedings of the Seventh International Symposium on Field Measurements in Geomechanics (FMGM2007), ASCE Geotechnical Special Publication, 2007(175):1-13.

［18］ Mohamad H, Bennett P J, Soga K, et al. Behaviour of an Old Masonry Tunnel Due to Tunnelling Induced Ground Settlement［J］. Geotechnique, tentatively accepted. 2009.

［19］ Mohamad H, Soga K, Bennett P J, et al. Monitoring Twin Tunnel Interactions Using Distributed Optical Fiber Strain Measurements［J］. Journal of Geotechnical and Geoenvironmental Engineering, American Society of Civil Engineers, 2012, 138(8): 957-967.

［20］ Cheung K, Soga P J. et al. Optical fibre strain measurement for tunnel lining monitoring［J］. Proceedings of the Institution of Civil Engineers, Geotechnical Engineering, 2010, 163(3):119-130.

［21］ Vorster T E B, Soga, K., Mair, R. J., et al. The use of fibre optic sensors to monitor pipeline behaviour［J］. Proceedings of ASCE GeoCongress 2006, Geotechnical Engineering in the Information Age, ASCE, CD-rom, 2006.

［22］ Klar A, Bennett P J, Soga K, et al . The importance of distributed strain measurement for pile foundations［J］. ICE Journal of Geotechnical Engineering, 2006, 159(GE3):135-144.

［23］ Klar A, Bennett P J, Soga K, et al. Distributed strain measurement for pile foundations［J］.

Proceeding of the Institution of Civil Engineers-Geotechnical Engineering, 2006(159):135-144.

[24] Amatya B L, Soga K, Bourne-webb P J, et al. Thermo-mechanical behaviour of energy piles[J]. Geotechnique, 62(6):503-519.

[25] Amis T, Bourne-Webb P, Davidson C, et al. An investigation into the effects of heating and cooling energy piles whilst under working load at Lambeth College, Clapham Common, UK[C]. Proceedings of the 33rd Annual and 11th International conference of the Deep Foundations Institute, New York, October 2008, 10 pages.

[26] Janmonta K, Amatya B L, Soga K. et al. Fibre Optics Monitoring of Clay Cuttings and Embankments along London's Ring Motorway [C]. Geo-Congress 2008, Characterization, Monitoring and Modeling of Geosystems, ASCE Geotechnical Special Publication, 2008(179):509 -516.

[27] Mohamad H, Bennett P J, Soga K, et al. Distributed Optical Fiber Strain Sensing in a Secant Piled Wall[C]. Proceedings of the Seventh International Symposium on Field Measurements in Geomechanics (FMGM2007), ASCE Geotechnical Special Publication, 2007(175):1-12.

[28] 宋震,王宝军,施斌,等. 粤赣高速公路 K3 边坡光纤监测与数值模拟对比分析[J]. 防灾减灾学报 2009, 29(4):444-450.

[29] 隋海波,施斌,张丹,等. 边坡工程分式式光纤监测技术研究[J]. 岩石力学与工程学报 2008, 27(S2): 3725-3731.

[30] 孙义杰,张丹,童恒金,等. 分布式光纤监测技术在三峡库区马家沟滑坡中的应用[J]. 中国地质灾害与防治学报,2013,24(4):97-102.

[31] 魏广庆,施斌,余小奎等. BOTDR 分布式检测技术在复杂地层钻孔灌注桩测试中的应用研究[J]. 工程地质学报,2008, 16(6):826-832.

[32] Bao X, Webb D J, Jackson D A. 32-km distributed temperature sensor based on Brillouin loss in optical fber[J]. Optics letters, 1993, 18(18):1561-1563.

[33] Bao X, Brown A, DeMerchant M, et al. Characterization of the Brillouin-loss spectrum of single-mode fibers by use of very short (<10-ns) pulses [J]. Optics Letters, 1999, 24(8):510-512.

[34] Kishida K, Li C H, Nishiguchi K. Pulse pre-pump method for cm-order spatial resolution of BOTDA [A]. marc Voet, Reinhardt Willsch, Wolfgang Ecke, Julian Jones, Brian Culshaw, eds. Proceedings of SPIE[C]. 17th International Conference on Optical Fiber Sensors(SPIE), Belingham, WA, 2005, 5855:559-562.

[35] Kishida K, Lin CH. Pulse pre-pump-BOTDA technology for new generation of distributed strain measuring system[A]. In: OU JP, LI H, DUAN ZD, eds. The second international conference on structural health monitoring of intelligent infrastructure[C]. Shenzhen: TAYLOR & FRANCIS LTD, 2006:471-477.

[36] 江宏. PPP-BOTDA 分布式光纤传感技术及其在试桩中应用[J]. 岩土力学,2011, 32(10):3190-3195.

[37] 朱鸿鹄,施斌,严珺凡,等. 基于分布式光纤应变感测的边坡模型试验研究[J]. 岩石力学与工程学报, 2013,32(4):821-828.

[38] Nöthern N, Wosniok A, Krebber K. A distributed fiber optic sensor system for dike monitoring using brillouin frequency domain analysis[C]. Proceedings of SPIE-the international society for optical engineering, Smart Sensor Phenomena, Technology, Networks, AND Systems, Berghmans, Mignani, Cutolo, Meyrueis, 2008, 7003:1-9.

[39] 王新建,潘纪顺. 堤坝多集中渗漏通道温度探测研究[J]. 岩土工程学报,2010, 32(11):1800-1805.

［40］ 董海洲，寇丁文，彭虎跃. 基于分布式光纤温度监测系统的集中渗漏通道流速计算模型［J］. 2013，35
　　　（9）：1717-1721.

［41］ 郑晓亮，郭兆坤，谢鸿志，等. 基于分布式光纤传感技术的冻结温度场监测系统［J］. 煤炭科学技术，
　　　2009，37（1）：18-21.

［42］ Amatya B L，Soga K，Janmonta K，et al. The report on slope monitoring by distributed optical fibre
　　　sensing at Southend-on-sea (Laboratory and Field works)［J］. Cambridge University，2009.

［43］ Lyons A C. The Jubilee Line 2. Construction from Baker Street to Bond Street exclusive and from
　　　Admiralty Arch to Aldwych［C］. Proceedings of the Institution of Civil Engineers，Part 1，1979，66，
　　　pp. 375-394.

［44］ Phear A，Dew C. Ozsoy B，et al. CIRIA Report C637：Soil Nailing-best practice guidance［J］. 2005.

第三篇

基于(弹性)波动理论的现代 原位测试技术

第 4 章 瞬态瑞利面波(SASW)原位测试新技术

4.1 前言

随着国内高速公路、铁路、机场等重大工程的建设,工程勘察及质量检测监测任务也日趋繁重,而长期以来,主要采用静载、钻孔、触探及常规土工试验等手段来完成,费时费力,导致工期和造价等增加,越来越难以适应实际生产实践的需要,如何快速有效地进行工程勘测,具有较大的现实意义,因此,在 20 世纪八九十年代一种全新的原位测试技术——瞬态瑞利波法(又称表面波频谱分析法,SASW)法应运而生,并迅速发展壮大,目前在土木工程领域得到了广泛的应用[1-5]。

SASW 法与其他地震波法相比具有如下几方面特点(表 4.1):

(1) 具有工作条件要求低、现场操作方便、快速迅捷,经济节约的优势,特别适合于公路、铁路这种线形工程以及机场等大面积工程建设。

(2) 信号易于采集,浅层分辨率高,可通过不同频率控制不同深度。

(3) 不受地层速度关系的影响,如折射法要求下卧层速度大于上覆层,反射法要求各层之间有一定波速差异,而 SASW 法的波速差异即使在 10% 以内,也可予以分辨。

(4) 瑞利波法(SASW 法)是类似于标准贯入与静力触探的垂直勘察方式,且能量差不多只集中于一个波长左右的范围内,因而对工程测试,在深度要求不大时是极为合适的。

表 4.1 各种波速法应用条件综合对比[6-8]

方法 工作条件	瞬态瑞利波法 (SASW 法)	稳态瑞 利波法	折射波法	反射波法	跨孔法	下孔法
波种类	R 波	R 波	P 波	P 波,S 波	P 波,S 波	P 波,S 波
测试方式	瞬时冲击,多频叠加,经频谱分析等,确定层面深度及层波速	单频激振,变化频率,由浅至深探测	接收界面折射波,直接确定深度及折射体的速度	接收反射波,确定界面以上平均波速及界面深度	在钻孔中逐点测试,分层和测试各层波速	单孔中自上而下或反方向逐点测试
震源形式	瞬时冲击,一般用锤击法	垂直激振器	落重法或爆炸	P 波:落重法或爆炸,S 波:扣板法	机械振源如井下剪切波锤;爆炸振源	P 波型振源,S 波型振源,冲击桩型振源
有效深度	0~40 m	0~50 m	0~数百米	0~数百米	由孔深确定	由孔深确定
精度范围	±15%	±5%	±15%	±10%	5%	5%
资料处理	现场结合室内	现场可给出测试结果	室内处理	室内处理	现场可给出结果	现场可给出结果

方法 工作条件	瞬态瑞利波法 （SASW 法）	稳态瑞 利波法	折射波法	反射波法	跨孔法	下孔法
场地要求	与道间距 d 有关，排列长 12（或 24）$\times d$，一般交叉排列	5×5 m² 范围即可，大于测试范围 1～2 m	与深度有关，一般大于测试深度 3～5 倍	与深度有关，大于深度 2 倍	由钻孔位置确定	由钻孔位置确定，要求能安装钻机即可
工作效率（按一个排列计算）	与深度无关，约 30 min	与深度无关，约 60 min	与深度无关，约 60 min	与深度无关，约 60 min	与孔深及测试深度间隔有关	与孔深及测试深度间隔有关
台班人数	3～4 人	4 人	6～8 人	6～8 人	4 人	3～4 人
施工难度	易	难（设备大）	易	较难	难（钻 2 孔）	较难（单孔）
经济指标	便宜	贵	便宜	较贵	贵	较贵

4.2 SASW 法测试原理与测试方法

4.2.1 SASW 法测试的基本原理

固体均质弹性体受到振动荷载时，产生两种体波：一种是纵波（压缩波，又称 P 波），另一种是横波（剪切波，又称 S 波），压缩波以速度 V_P 传播，其位移矢量 u 是沿着波传播方向的；剪切波以速度 V_S 传播，其位移矢量 u 是沿着与传播方向相垂直的方向。半无限空间中由于自由边界的存在，P 波和 S 波的干涉将在弹性半空间界面附近产生一种表面波，瑞利（Rayleigh，1885）首次发现了这种波。近年来 SASW 法在工程中的应用成为一热点课题，主要因为瑞利波具有下列特点[6, 9, 10]：

（1）瑞利波能量大、频率低、传播速度低，信号易于采集。Miller（1955）研究了纵波、横波和瑞利波三种弹性波占总输入能量的百分比：纵波（P 波）占 6.9%，横波（S 波）占 25.8%，瑞利波（R 波）占 67.3%，可见半空间表面在竖向动荷载作用下，瑞利波占总能量的主要部分。

（2）在多层介质中，不同频率的瑞利波其传播速度不同，这一重要性质称之为瑞利波的频散。

（3）瑞利波的能量差不多只集中于一个波长左右的范围内，也就是说对于一定的深度范围，可以选择一定的瑞利波的波长（瑞利波的波长 $\lambda_R = \dfrac{V_R}{f}$，$V_R$ 为瑞利波波速，f 为瑞利波的频率），相对于某个波长的瑞利波速，提供了所测处一个波长深度范围内地基土性质的信息，在一定深度范围内（一般在数十米范围内），显然是极为有效的。

（4）瑞利波的波速 V_R 与剪切波波速 V_S 有密切的相关，而剪切波波速与岩土的工程性质密切相关。

（5）利用较高频率的瑞利波计算浅部地层剪切波波速，然后逐渐降低瑞利波的频率，计算出下一层土层性质的方法。

所谓 SASW 法就是利用土层瞬态激震时产生频率丰富的瑞利波,通过频谱分析,来确定传播介质特性。

Biot(1956;1962)建立了流体饱和多孔介质波传播理论,并成为以后有关饱和多孔介质波动理论各项研究的基础[9]。对于纵波与横波均符合下列波动方程:

$$\nabla^2 \varphi = \frac{1}{V_P^2} \cdot \frac{\partial^2 \varphi}{\partial t^2}(纵波)$$

$$\nabla^2 \Psi = \frac{1}{V_S^2} \cdot \frac{\partial^2 \Psi}{\partial t^2}(横波) \tag{4.1}$$

对于二维均质弹性半无限空间,可得到位移的两个分量:

$$\begin{cases} u_Z = D\left(\dfrac{2V_1}{1+V_2^2} \cdot e^{-kV_2 Z} - V_1 e^{-kV_1 Z}\right)\cos k(X - V_R \cdot t) \\ u_X = D\left(e^{-kV_1 Z} - \dfrac{2V_1 V_2}{1+V_2^2} e^{-kV_2 Z}\right)\sin k(X - V_R \cdot t) \end{cases} \tag{4.2}$$

其中 $V_1 = \sqrt{1 - \left(\dfrac{V_R}{V_P}\right)^2}$, $V_2 = \sqrt{1 - \left(\dfrac{V_R}{V_S}\right)^2}$, $k = \dfrac{2\pi f}{V_R}$

从上式可见,u_Z,u_X 是和 V_R 有关的周期函数,具有周期性,是一种波动,这种只发生在界面的波动,就是瑞利波,它在半空间表面及内部引起的位移振幅和水平距离呈 $\dfrac{1}{\sqrt{r}}$ 的关系,在半空间内部引起的位移振幅和深度 Z 呈指数衰减关系。

由于地基土层通常为层状,层状介质中的瑞利波传播受多层土的性质影响,下面以二层土为例作理论分析,对于多层土时,由于公式很繁杂,此处不再赘述,对前述波动方程的解,二层土地基的应力函数分别可以写成如下形式[11]:

$$\begin{cases} \varphi_1 = (A_{11} e^{-kV_{11} Z} + A_{12} e^{-kV_{11} Z}) e^{ik(x-V_R t)} \\ \Psi_1 = (B_{11} e^{kV_{12} Z} + B_{12} e^{-kV_{12} Z}) e^{ik(x-V_R t)} \end{cases}, \quad -H \leqslant Z \leqslant 0 \tag{4.3}$$

$$\begin{cases} \varphi_2 = A_{21} e^{kV_{21} Z} e^{ik(x-V_R t)} \\ \Psi_2 = B_{21} e^{-kV_{22} Z} e^{ik(x-V_R t)} \end{cases}, \quad Z \geqslant 0 \tag{4.4}$$

式中

$$V_{11}^2 = 1 - \left(\frac{V_R}{V_{P1}}\right)^2, \quad V_{12}^2 = 1 - \left(\frac{V_R}{V_{S1}}\right)^2, \quad V_{21}^2 = 1 - \left(\frac{V_R}{V_{P2}}\right)^2, \quad V_{22}^2 = 1 - \left(\frac{V_R}{V_{S2}}\right)^2$$

V_{P1},V_{P2} 和 V_{S1},V_{S2} 分别为第一层土、第二层土的纵波波速,剪切波波速,A、B 为常数。

$k = \dfrac{2\pi}{\lambda_R}$,$\lambda_R$ 瑞利波的波长,V_R 即为瑞利波的波速。

也即

$$\begin{cases} \dfrac{\partial \varphi_1}{\partial X} = ik\varphi_1, \ \dfrac{\partial \Psi_1}{\partial x} = ik\Psi_1, \ \dfrac{\partial \varphi_2}{\partial X} = ik\varphi_2, \ \dfrac{\partial \Psi_2}{\partial X} = ik\Psi_2 \\[2mm] \dfrac{\partial \varphi_1}{\partial Z} = kV_{11}(A_{11}e^{kV_{11}Z} - A_{12}^{-kV_{11}Z})e^{ik(x-V_Rt)} \\[2mm] \dfrac{\partial \varphi_2}{\partial Z} = kV_{21}\varphi_2 \\[2mm] \dfrac{\partial \Psi_1}{\partial Z} = kV_{12}(B_{11}e^{kV_{11}Z} - B_{12}e^{-kV_{22}Z})e^{ik(x-V_Rt)} \\[2mm] \dfrac{\partial \Psi_2}{\partial Z} = -kV_{22}\Psi_2 \end{cases} \tag{4.5}$$

$$\begin{cases} \dfrac{\partial^2 \varphi_1}{\partial X^2} = (ik)^2\varphi_1, \ \dfrac{\partial^2 \Psi_1}{\partial X^2} = (ik)^2\Psi_1, \ \dfrac{\partial^2 \varphi_2}{\partial X^2} = (ik)^2\varphi_2, \ \dfrac{\partial^2 \Psi_2}{\partial X^2} = (ik)^2\Psi_2 \\[2mm] \dfrac{\partial^2 \varphi_1}{\partial Z^2} = (kV_{11})^2\varphi_1, \ \dfrac{\partial^2 \Psi_1}{\partial Z^2} = (kV_{12})^2\Psi_1, \ \dfrac{\partial^2 \varphi_2}{\partial Z^2} = (-kV_{21})^2\varphi_2, \ \dfrac{\partial^2 \Psi_2}{\partial Z^2} = (-kV_{22})^2\Psi_2 \\[2mm] \dfrac{\partial^2 \varphi_1}{\partial X\partial Z} = ik^2V_{11}(A_{11}e^{kV_{11}Z} - A_{12}e^{-kV_{11}Z})e^{ik(x-V_Rt)} \\[2mm] \dfrac{\partial^2 \Psi_1}{\partial X\partial Z} = ik^2V_{12}(B_{11}e^{kV_{12}Z} - B_2e^{-kV_{12}Z})e^{ik(x-V_Rt)} \\[2mm] \dfrac{\partial^2 \varphi_2}{\partial X\partial Z} = ik^2V_{21}\varphi_2, \ \dfrac{\partial^2 \Psi_2}{\partial X\partial Z} = -ik^2V_{22}\Psi_2 \end{cases}$$

$$\tag{4.6}$$

则二层土中的位移为：

$$\begin{cases} u_{X1} = ik\varphi_1 - kV_{12}(B_{11}e^{kV_{12}Z} - B_{12}e^{-kV_{12}Z})e^{ik(x-V_Rt)} \\[1mm] u_{X2} = ik\varphi_2 + kV_{21}\Psi_2 \\[1mm] u_{Z1} = kV_{11}(A_{11}e^{kV_{11}Z} - A_{12}e^{-kV_{11}Z})e^{ik(x-V_Rt)} + ik\Psi_1 \\[1mm] u_{Z2} = -kV_{21}\varphi_2 + ik\Psi_2 \end{cases} \tag{4.7}$$

二层土中的应力分量

$$\begin{cases} \sigma_{Z1} = (\lambda_1 + 2\mu_1)[(ik)^2\varphi_1 + (kV_{11})^2\varphi_1] - \\ \qquad 2\mu_1[(ik)^2\varphi_1 - ik^2V_{11}(B_{11}e^{kV_{11}Z} - B_{12}e^{-kV_{11}Z})e^{ik(x-V_Rt)}] \\[1mm] \sigma_{Z2} = (\lambda_2 + 2\mu_2)[(ik)^2\varphi_2 + (-kV_{21})^2\varphi_2] - 2\mu_2[(ik)^2\varphi_2 + ik^2V_{22}\varphi_2] \\[1mm] \tau_{XZ1} = \mu_1[2ik^2V_{11}(A_{11}e^{kV_{11}Z} - A_{12}e^{-kV_{11}Z})e^{ik(x-V_Rt)} + (ik)^2\Psi_1] \\[1mm] \tau_{XZ2} = \mu_2[-2ik^2V_{21}\varphi_2 + (ik)^2\Psi_2 - (kV_{22})^2\Psi_2] \end{cases} \tag{4.8}$$

式中 λ_i 与 μ_i 分别为第 i 层土的拉姆系数及泊松比，它们可由波速 V_{Pi} 与 V_{Si} 求得。上述位移与应力必须满足：

（1）在自由边界上（$Z = -H$ 时）法向应力和剪切应力为 0。

$$\begin{cases} \sigma_{Z1} \mid_{Z=-H=0} \\ \tau_{XZ1} \mid_{Z=-H=0} \end{cases}$$

（2）在二层土的界面上（$Z=0$ 时），应力与位移要连续，也即。

$$\begin{cases} u_{X1} \mid_{Z=0} = u_{X2} \mid_{Z=0} \\ u_{Z1} \mid_{Z=0} = u_{Z2} \mid_{Z=0} \\ \sigma_{Z1} \mid_{Z=0} = \sigma_{Z2} \mid_{Z=0} \\ \tau_{XZ1} \mid_{Z=0} = \tau_{XZ2} \mid_{Z=0} \end{cases}$$

设

$$\Delta = \begin{bmatrix} (1+V_{12}^2)\mathrm{e}^{-kV_{11}H} & (1+V_{12}^2)\mathrm{e}^{kV_{11}H} & 2iV_{12}\mathrm{e}^{-kV_{12}H} & -2iV_{12}\mathrm{e}^{kV_{12}H} & 0 & 0 \\ 2iV_{11}\mathrm{e}^{-kV_{11}H} & -2iV_{11}\mathrm{e}^{kV_{11}H} & (1+V_{12}^2)\mathrm{e}^{kV_{12}H} & -(1+V_{12}^2)\mathrm{e}^{-kV_{12}H} & 0 & 0 \\ (1+V_{12}^2) & (1+V_{12}^2) & 2iV_{12} & -2iV_{12} & -\dfrac{\mu_2}{\mu_1}(1+V_{22}^2) & \dfrac{\mu_2}{\mu_1}2iV_{22}^2 \\ 2iV_{11} & -2iV_{11} & -(1+V_{12}^2) & -(1+V_{12}^2) & \dfrac{\mu_2}{\mu_1}2iV_{21} & \dfrac{\mu_2}{\mu_1}(1+V_{22}^2) \\ i & i & -V_{12} & V_{12} & -i & -V_{22} \\ V_{11} & -V_{11} & i & i & V_{21} & -i \end{bmatrix}$$

则 $\Delta[A_{11}, A_{12}, B_{11}, B_{12}, A_{21}, B_{21}]^\mathrm{T} = 0$ （4.9）

要使上述方程组有解必须使行列式

$$|\Delta| = 0 \tag{4.10}$$

显然上式中只包含：瑞利波速 V_R 和波长 $\left(\lambda_R = \dfrac{2\pi}{k}\right)$、两层土的波速 V_{Pi}，V_{Si} 及上层土层厚度 H，当两层土的性质及 H 确定时，瑞利波速 V_R 仅和波长 λ_R 有关，解上述方程可知，当 λ_R 远小于 H 时，$V_R \approx V_{S1}$ → 当 $\lambda_R \gg H$ 时，$V_R \approx V_{S2}$，当 $\lambda_R \approx H$ 时，V_R 在 V_{S1} 与 V_{S2} 之间，由上述公式通过实测资料可以求解二层土中的波速。

考虑到多数研究者的共识：对于层状介质，影响瑞利波速的深度为一波长，超过一波长的介质性质影响可以忽略不计，实际上接近表面处其影响较大。

计算时，先从高频开始反演，由于影响高频面波的土层深度很浅，基本可以认为是均质，其实测的波速即为这一浅层瑞利波速，然后将频率逐渐降低，同时将土层视为双层介质，根据前述理论推导公式计算出第二层介质瑞利波速，其第二层层底埋深仅取第二个频率计算的波长。以此类推，可以继续计算出下一层的瑞利波速。

对多层地基来说，瑞利波的特征方程比较复杂，由瑞利波频散曲线反算剪切波速度只能采用直接反分析法，即将所要反算的参数从原方程中分离出来，然后利用实测逆解原方程求出该参数，即优化土层参数使特征方程的理论解与实测瑞利波频散曲线间的差异达到最小，从而求出剪切波速度与深度的变化关系。

自 20 世纪 80 年代以来国内外一些科技人员着手瞬态振动法的技术开发，这种新方法是在一次地面冲击下两个检波器所获得的多频信号进行频谱分析，来确定相位差与频率的关系,由此得到瑞利波频散曲线[12,13,14]。在地表竖向冲击荷载作用下(见图 4.1),距它一定远的两检波器 1 和 2 所接收的基本上是瑞利波的竖向分量信号 $A_1(t)$ 和 $A_2(t)$,信号的傅里叶变换为:

$$S(f) = \int_0^\infty A(t)\exp(-2\pi \mathrm{i}ft)\mathrm{d}t \tag{4.11}$$

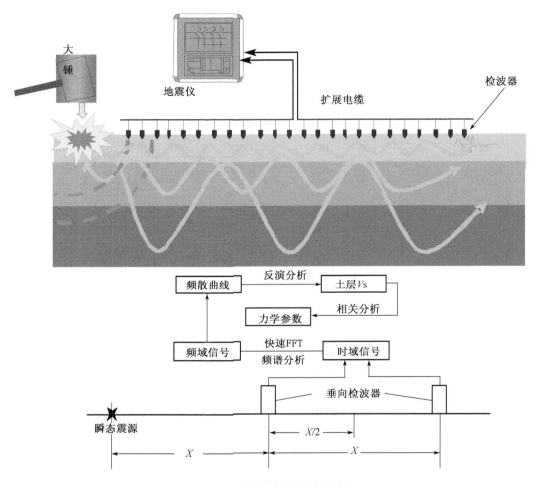

图 4.1 瑞利波测试基本原理

式中:$\mathrm{i}=\sqrt{-1}$;t,f 为时间和频率。

相应的自功率谱(又称自相关谱)定义为:

$$G(f) = S(f)S^*(f) \tag{4.12}$$

式中,$S^*(f)$——$S(f)$ 的共轭复数

信号 1、2 的互功率谱为

$$C(f) = S_2^*(f)S_1(f) = S_1^*(f)S_2(f) \tag{4.13}$$

$C(f)$ 是复数,其相应代表两信号由于波传播过程中的时间滞后所产生的相位差 $\Delta\varphi$,因此,

两检波器间传播所需时间 Δt 为：

$$\Delta t = \frac{\Delta\varphi}{2\pi f} \tag{4.14}$$

式中：$\Delta\varphi$ 为相位差，以弧度为单位。

设两检波器距离为 X，于是与 f 相应的瑞利波速度为：

$$V_R = \frac{X}{\Delta t} = \frac{2\pi f X}{\Delta\varphi} \tag{4.15}$$

另一方面，瑞利波波长为：

$$\lambda_R = \frac{V_R}{f} = \frac{2\pi X}{\Delta\varphi} \tag{4.16}$$

公式(4.15)、公式(4.16)就是 SASW 法计算瑞利波速度频散曲线的基本公式。

4.2.2　SASW 法测试设备与测试方法

1) 测试系统

随着多功能探测仪器及计算机软硬件的发展，目前有多种仪器可用作瑞利波勘测的配套信号接收和处理分析仪器，包括各种微机化的轻便浅层地震仪和动态信号探测仪，如 R-810 型瑞利波探测仪、RL-1 型瑞利波勘测系统、SWS-1A 多功能面波探测仪、ES-1225 信号增强型浅层地震仪等[15]。现场测试系统主要组成部分介绍如下：

(1) 震源系统

稳态瑞利波法的震源有机械偏心式激震器、电磁式激震器等，而瞬态法的震源主要用来产生瞬态脉冲，可以采用锤击、落重、爆炸等方式，根据勘测深度对激振脉冲作合理选择，激振力较小时脉冲面波的主频率较高。

(2) 信号接收仪器——检波器

检波器是安置在地面用于拾取介质振动的传感器，可以把振动的机械能转换成电信号。目前使用的检波器基本上都是动圈电磁式的，有加速度传感器、位移传感器、应力传感器等。将检波器的线圈两端与信号记录分析仪器的输入端连接，地面的机械运动便以电信号的形式进入信号分析仪。

(3) 记录分析仪器

在获得由地面运动转化成的电信号以后，信号记录分析仪及其配套的计算机处理软件可完成记录的实时显示、模/数转换及数据存储，以及各种分析、处理、解释，成果数据和图形输出等工作。

2) 野外工作方法

SASW 法现场测试前应先进行试验工作，包括道一致性检测(如图 4.2)，以确定野外工作方式及工作参数，主要参数有记录长度、采样频率、道间距、偏移距等。

现场工作布置如图 4.3，M 为测试点，各检波器相距为 Δx，为了保证每次激振时各频率成分的信号有足够大的相位差和考虑到地层可能的非水平条件，需逐次改变检波器的间距和采用激振点对称布置的方式，频谱分析处理时取对称的两组结果的平均值作为某两检波器连线中点处的值，Δx 的选用应满足下式：

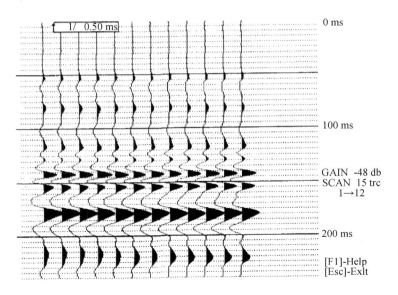

图 4.2 SASW 法地震仪道一致性检测

$$\lambda_R / 3 < \Delta x < 2\lambda_R \qquad (4.17)$$

则两信号的相位差 $\Delta\varphi$ 满足：

$$2\pi/3 < \Delta\varphi < 4\pi \qquad (4.18)$$

所以随着勘测深度的增加，即 λ_R 增大，Δx 的距离也应相应增大，一般选用2～3 m 左右时效果较好，Δx 太小体波的能量较强，Δx 太大则畸变较严重。

野外测试时对震源的要求比较简单，多用锤击或落重法激振，为了获得不同深

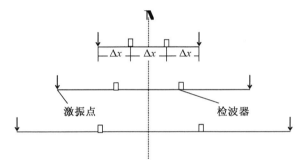

图 4.3 SASW 法观测系统

度的波速，要求震源能产生各种频率成分的波，测试浅层时用小锤或较轻的铁块锤击地面获得高频信号并采用小间距；测试深度较大时则相反。地震主频 f_0 与落重法的重块质量 M 和重块底面积的半径 r_0 的关系为：

$$f_0 = \frac{1}{2\pi}\sqrt{\frac{4\mu r_0}{M(1-\sigma)}} \qquad (4.19)$$

根据离散频谱计算时的关系式 $\Delta f = 1/(N\Delta t)$，Δf 为频率间隔，Δt 为采样率，N 为样点数，故 $N\Delta t$ 为记录长度，计算低频段时，Δf 取较小值，如 $\Delta f = 0.2$ Hz，则记录长度可达到 5 s，Δf 再减少，则记录长度还要增加。

瞬态法的有效波和干扰波不宜区别，应该在同一震源位置重复测试数次进行叠加，以便达到增强有效信号、压制干扰信号的目的。

根据在徐连高速公路瞬态面波勘测等工程中的工作体会，野外工作的一般原则总结如下[16]：

（1）道间距：0.5～2 m，勘测深度较大可适当加大，如 3～4 m，但在路基填筑质量测试

时,可减少到 0.5 m 以下等;

(2) 采样时间:25~2 000 ms,深度较大时,记录时间加大,甚至可达 5 s;

(3) 全通或低通滤波:建议探测深度为 0~20 m 时用全通,20~40 m 时用低通;

(4) 增益:浮点,0~66 dB,宜使振幅显示为 3~5 mm,以便于通过屏幕监视信号质量;

(5) 震源:勘测深度 0~20 m 时用 18 磅大铁锤敲击,20~40 m 时建议用小炸药量爆炸或机械式重锤敲击;

(6) 偏移距:勘测 0~20 m 时用 10~30 m,勘测 20~40 m 时用 30~70 m。

3) 野外测试应注意的问题[6, 17, 18, 19]

瞬态瑞利面波测试技术的首要环节是野外资料的采集,而原始资料的准确性、可靠性更是取决于野外测试方法的设计、现场采集的监控和对各种干扰的即时处理和排除。

在数据采集中,首先应注意以下几点:

① 设计合理的观测系统,保证能采集到足够时间长度的有效面波;

② 合理选择道间距、采样率,在此应指出,面波勘测中的道间距都不会太大,一般均能满足 $\Delta x \leqslant \lambda_R/2$,但在选择过小的道间距时,应避免相邻两道检波器接收的面波的相位差超过 360°;

③ 震源、接收检波器的频响特性及其一致性,记录系统频响特性等选择对提高面波的勘测效果至关重要。

野外测试面波记录常见干扰及其波形特征、排除方法等如下所述:

① 背景记录:该记录是施工前为了了解和监视地表干扰情况,如机械、人的走动、高频干扰等而人为录制的无震源激发时的监视记录,一般杂乱无章,但从中也可看出一些有规则的背景干扰,比如,由于还未警戒,测线上多处有人动现象、机械振动等,从背景上发现问题后,立即通知野外测线上各工作人员,若机械振动是由于公路汽车引起的,则应准备好拦车,人动的地方若有房屋或学校,应注意警戒,若周围有高压线、照明线等干扰,则应尽量避开。

② 正常记录:一张标准的正常野外记录应该表现为记录道齐全,道序正确,有效波特征明显,层次清楚,各记录道能量均匀,波形活跃,没有缺陷。

③ 非正常道、死道:非正常道的产生是由于检波器本身不正常、埋置条件差、埋置不合理或电线电缆接触不良造成的,死道是因检波器损坏不能工作、电缆断股或无检波器工作等原因产生。其波形特征为:不正常道从初至波起,时跳时不跳,时好时坏,波形与相邻道相差很大,尤其是在有效波处往往无强能量反映。死道是不正常的特例,波形从头到尾无跳动,近似于直线,或出现能量较一致的乱跳感应现象。排除办法:(a)施工前,严格认真检查好电缆和检波器;(b)施工中严格按技术要求布排电缆和埋置检波器,对于造成死道的电缆或检波器需及时修复或调换。

④ 人动记录:产生原因主要是,施工测线上警戒不严,有人或牲畜动作,波形特征为:在记录的一道或几道上出现较均匀的振幅明显高于地震波振幅的成组跳动,排除方法:严格劳动纪律,加强施工测线秩序管理,及时排除警戒圈内的人动因素。

⑤ 反道:原因为检波器、电缆线极性焊反或施工中人为接反,其特征为:波形与相邻道波形反向,尤以初至反向最明显,排除方法为:施工前对所使用的检波器、电缆线严格进行一致性检查;施工中认准检波器接线夹,正确接线;及时修复脱夹检波器,检修后的电缆、检波

器一定要注意检查极性。

⑥ 丢道:产生原因,在测线穿过的某些地段上,存在设计上跨越不过的障碍物(如水库、房屋、街道、陡崖等),造成检波器无法埋置,产生丢道,特征表现为:记录道从头至尾皆为直线,与死道无异。排除方法:尽量防止人为性丢道,因为丢道会影响记录叠加次数。

⑦ 道序错:产生原因:输入仪器连线接头接错。表现为记录初至波分段交错,其错列道数随仪器面板进道而变化。排除方法:施工前各接线插头按顺序标注清楚;接线过程中,做到认真仔细,接好线后采用野外抽道法分段查对。

⑧ 声波:产生原因:施工现场有时用炸药清除一些障碍物,会出现强声音干扰。特征表现为:从声波影响处出现高频干扰,在时间上从近到远逐渐向后推移,速度稳定(330~340 m/s)。排除方法为:试验时尽可能暂停爆破工作或另选时间测试;试验场地尽可能远离爆炸地点。

⑨ 机械感应:施工测线上及附近有较强的机械运行。记录道上表现的特征为:出现明显的、规则的 20~40 Hz 跳跃波形,振动越强越明显、越规则。排除办法:施工前作详细调查,发现机械振动离测线较近的地方或测线穿过公路时,应提前安排处理;施工前作较完整的背景监视记录查看,若其突然出现应及时排除。

⑩ 50 Hz 感应:产生原因是,工业或照明电网对地震测线电缆的感应,引起记录波形的畸变。其波形特征为:波形呈幅度很小的较均匀的正弦波,频率为 50 Hz。一般情况下初至波比较正常,其后皆受影响,目的层不清楚;若感应较强时(穿过高压、超高压输电线路区)将影响整个记录。排除方法:检波器尽可能在设计范围内避开高压线,同时将检波器与接线夹子支起;尽量不在雨天施工;有些情况下可适当加大震源锤击能量,以压制干扰波。

⑪ 脉冲感应:产生原因是,仪器故障(如仪器工作不正常、仪器受潮等),电缆线受潮,外界强功率电力设备工作等。特征:记录道上出现一组或多组遍布整个记录道的(有时影响部分道)高频脉冲干扰。排除方法:认真检修仪器设备,仔细检查当天日检记录;防止仪器、电缆线受潮,尽量不在雨天施工。

⑫ 串道感应:相邻一道或几道在连线处因焊锡未或雨水等造成互相连通。特征:被接通道的记录波形从头至尾跳跃一致,如同一道。排除方法:仔细检查仪器、电缆线接头处,避免线与线连通;防止接线头进水。

⑬ 大风干扰:施工期间遇大风产生大风干扰。在受大风影响地段的检波器记录道波形出现高频干扰叠加,从头至尾都有。使得初至波杂乱、有效波混杂。而未受大风吹刮的地段记录波形就很正常。排除方法:检波器挖坑埋置,并取土回填,电缆线尽量不要悬空放置;若风力太强,应停止试验。

当然,野外数据采集过程中出现的干扰往往千变万化,并不仅仅限于以上所列举的情况。加之野外情况错综复杂,各种干扰会随时进入我们的采集记录中,并以不同的形式反映在波形记录上,只要我们注意区分各种干扰波在记录上的反映特征,则一般干扰波都是可以识别和排除的。

4.2.3　资料解释方法

资料处理及解释流程总框图如图 4.4 所示。具体叙述如下:

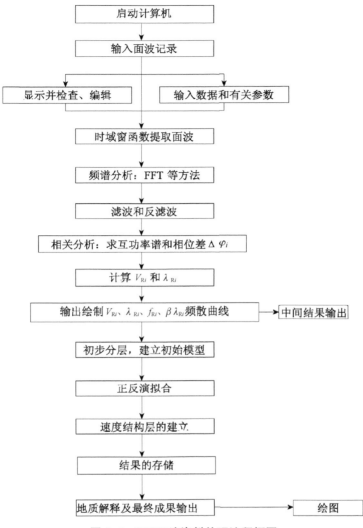

图 4.4　SASW 法资料处理流程框图

1) SASW 法波速 V_R 计算方法

瞬态激振所产生的面波记录曲线是时域信号,由多种频率瑞利波混合而成,资料解释时可分离出各单频波,分别求出各单频波在两个检波器间的时差,波速就可计算出来,但这在时域内必须通过滤波来实现,有时不可避免会损失一些需要的高频波或低频波,更常用的方法是在频域内进行频谱分析,并用相位差法计算波速。图 4.5 及图 4.6 是瞬态激振产生的典型面波记录时程曲线(两道或多道)。

两检波器的时域记录为 $x(t)$ 和 $y(t)$,其频谱分别为:

$$\begin{cases} X(f) = \int_{-\infty}^{+\infty} x(t) e^{-i2\pi ft} \, dt \\ Y(f) = \int_{-\infty}^{+\infty} y(t) e^{-i2\pi ft} \, dt \end{cases} \quad (4.20)$$

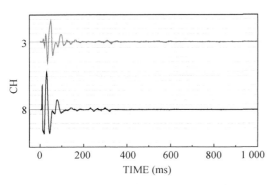

图 4.5　SASW 法典型时程曲线(两道)

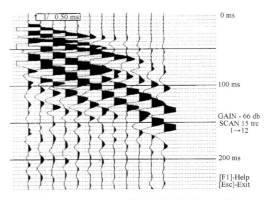

图 4.6　SASW 法典型时程曲线(12 道)

$x(t)$ 和 $y(t)$ 的自功率谱分别为:

$$\begin{cases} S_{11}(f) = X(f) \cdot X^*(f) \\ S_{22}(f) = Y(f) \cdot Y^*(f) \end{cases} \tag{4.21}$$

其中 $X^*(f)$、$Y^*(f)$ 为 $X(f)$ 和 $Y(f)$ 的复共轭谱。而 $x(t)$、$y(t)$ 的互功率谱为:

$$S_{21}(f) = Y(f) \cdot X^*(f) = X^*(f) \cdot Y(f) = |Y(f)||X(f)| e^{i\Delta\varphi(f)}$$

可见,互功率谱中的相位谱反映了包含在面波中的相应单频波的相位差。

在互功率谱中,并非对各频率 f 都是有效的,关键是看所计算的频段内面波从检波器 1 向检波器 2 传播时是否具有良好的相关性,也就是说该频段内的质量好不好。为此,定义相干函数:

$$C(f) = \frac{S_{21}(f)S_{21}^*(f)}{S_{11}(f)S_{22}(f)} \tag{4.22}$$

上式中 $C(f)$ 的模应恒为 1,可通过 $C(f)$ 的实部进行质量评价,如果在传播过程中系统是理想的,则该频段内 $C(f)$ 的实部绝对值应接近 1,若由于干扰和系统的非线性使信号的质量降低,$C(f)$ 实部的绝对值将下降,在评价面波质量时,一般该阈值取大于 $0.8 \sim 0.9$ 的频段计算面波速度。图 4.7 为图 4.5 时间域记录的相干函数及互功率谱图。

面波速度计算程序总结如下:

(1) 由频谱分析程序计算输入各道记录的离散频谱及功率谱,计算互功率谱的相位谱;

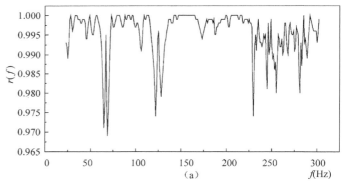

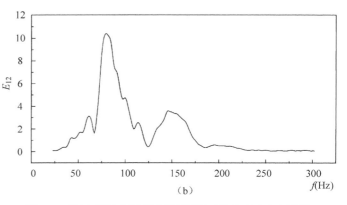

图 4.7　瞬态面波记录的相干函数(a)和(b)互功率谱图

（2）计算相干函数值；

（3）在所需频段内选择相干函数大于规定值的频率 f 的相位谱数据；以此作为该频率瑞利波在二检波器间传播的相位差 $\Delta\varphi$；

（4）利用公式 $V_{\mathrm{R}} = 2\pi f \Delta x / \Delta\varphi$ 计算波速；

（5）选择新的频率值并重复上述步骤计算。

4.3 SASW 法在评价高速公路液化地基处理效果中的应用

4.3.1 高等级公路地基液化实用评判方法

根据地震危险性分析和土层地震反应分析,采用两步判别法:初判和再判(如下图)。

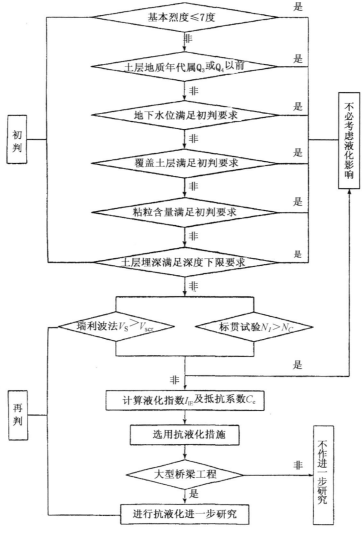

图 4.8 高等级公路地基液化评判步骤图[11]

(1) 初判：根据建筑、公路、铁路等行业相应的抗震设计规范开展。

(2) 再判：

经初判后有可能液化的土层，采用以剪切波速法（SASW 法）为主，标准贯入试验控制的方法，进一步判定土层是否液化。标准贯入试验法采用《公路工程抗震设计规范》公式进行。剪切波速法判别方法介绍如下：

当实测剪切波速 V_s 大于下列公式计算的土层剪切波速临界值 V_{scr} 时，可判别为不液化或不考虑液化影响，否则判定为液化：

砂土：$V_{scr} = K_c(d_s - 0.01d_s^2)^{1/2}$

粉土：$V_{scr} = K_c(d_s - 0.013\,3d_s^2)^{1/2}$

式中，V_{scr} 为饱和砂土或饱和粉土液化剪切波速临界值（m/s）；K_c 为经验系数，抗震设防烈度为 7 度、8 度和 9 度时，对于饱和砂土分别可取 92、130 和 184；对于饱和粉土分别可取 42、60 和 84；d_s 为剪切波速测点深度（m）。

国家地震局工程力学所推荐的临界剪切波速判别式为：

$$V_{sl} = K_V\left\{\left[1 + 0.125(d_s - 3)d_s^{-0.25} - 0.05(d_w - 2)\right]\sqrt{\frac{3}{\rho_c}}\right\}^{1/2} \tag{4.23}$$

其中：d_s：测点深度；d_w：地下水埋深；ρ_c：砂土的粘粒含量，当小于 3 时取 3；K_v：地震烈度 7 度，取 145；地震烈度 8 度，取 175；地震烈度 9 度，取 160。

由前述分析知，SASW 法中瑞利波速主要反映剪切波速，瑞利波速与剪切波速之间有以下简单公式：

$$V_R = \frac{0.87 + 1.12\sigma}{1 + \sigma}V_S \tag{4.24}$$

把 SASW 法测得的瑞利波速 V_R 换算成剪切波速 V_S，按剪切波速法进行液化判别，亦可通过试验建立研究区内剪切波速与标准贯入击数之间的关系，采用标贯击数液化势判别法进行判定。应用 SASW 法对连徐高速公路徐州段强夯试验区液化势进行了判别，结果见表 4.2。按原交通部部颁标准（JTJ004-1989）和国家标准（GBJ11-1989）判定结果分别见表 4.3、表 4.4。

表 4.2　强夯试验区地基液化 SASW 法判定结果

深度	V_{scr}	A 区		B 区		C 区		D 区	
(m)	(m/s)	V_S(m/s)	判定	V_S(m/s)	判定	V_S(m/s)	判定	V_S(m/s)	判定
1～2	111.8	131.2	不液化	93.1	液化	111.4	液化	139.9	不液化
2～3	143.6	116.6	液化	99.2	液化	82.7	液化	164.8	不液化
3～4	171.6	96.8	液化	90.1	液化	62.5	液化	144.6	液化
4～5	190.7	94.1	液化	93.1	液化	61.7	液化	142.8	液化
5～6	209.7	96.4	液化	111.2	液化	60.9	液化	164.8	液化
6～7	226.8	109.6	液化	109.6	液化	72.7	液化	192.3	液化
7～8	242.3	140.4	液化	117.4	液化	80.4	液化	197.7	液化

表 4.3　强夯试验区土层标贯击数液化势判别表(据 JTJ004-1989)

孔号	土样编号	贯入深度(m)	实测标贯击数 N	修正标贯击数 N	粘粒含量 ρ_c($<$0.005 mm)	修正液化临界击数 N_c	折减系数	液化判别
G1	1-1	2.6～2.9	3	4.11	5.5	7.1	0	严重液化
	1-2	4.7～5.0	5	5.4	5.0	7.8	1/3	严重液化
	1-3	9.5～9.8	18	/	14.2	/	/	不液化
G2	2-1	2.3～2.6	4	5.7	5.6	6.9	1/3	严重液化
	2-2	4.6～4.9	5	5.4	5.1	7.7	1/3	严重液化
	2-3	6.3～6.6	8	7.52	5.7	7.5	/	不液化
G3	3-1	2.1～2.4	4	5.9	5.2	6.9	1/3	中等液化
	3-2	4.9～5.2	3	5.3	5.0	7.8	1/3	严重液化
G4	4-1	2.5～2.8	4	5.5	4.5	7.5	1/3	中等液化
	4-2	5.5～5.8	5	5.1	4.9	7.5	1/3	严重液化
	4-3	8.5～8.8	12	/	5.4	/	/	不液化
	4-4	10.0～10.3	16	/	5.6	/	/	不液化
G5	5-1	1.9～2.2	4	5.8	5.1	6.9	1/3	中等液化
	5-2	5.5～5.8	4	4.04	5.6	7.6	0	严重液化
	5-3	7.3～7.6	7	6.02	6.7	7.2	1/3	轻微液化
G6	6-1	2.6～2.9	4	5.5	5.8	7.2	1/3	中等液化
	6-2	5.2～5.5	4	4.1	5.8	7.5	0	严重液化
	6-3	7.3～7.6	10	8.6	6.7	7.1	/	不液化
G7	7-1	2.6～2.9	4	5.5	6.2	6.8	1/3	中等液化
	7-2	5.3～5.6	4	4.04	5.0	7.8	0	严重液化
G8	8-1	2.5～2.8	5	6.9	5.6	7	1/3	中等液化
	8-2	5.4～5.7	4	4	5.3	7.7	0	严重液化

表 4.4　强夯试验区土层标贯击数液化势判别表(GBJ11-1989)

孔号	土样编号	贯入深度(m)	实测标贯击数 N	粘粒含量 ρ_c	修正临界击数 N_c	液化指数 I_{lE}	液化判别
G1	1-1	2.6～2.9	3	5.5	6.3	13.5	中等液化
	1-2	4.7～5.0	5	5.0	7.9	17.3	严重液化
	1-3	9.5～9.8	18	14.2	6.4	/	不液化
2	2-1	2.3～2.6	4	5.6	6.0	7.7	中等液化
	2-2	4.6～4.9	5	5.1	7.7	16.2	严重液化
	2-3	6.3～6.6	8	5.7	8.3	1.98	轻微液化
3	3-1	2.1～2.4	4	5.2	6.1	7.3	中等液化
	3-2	4.9～5.2	3	5.0	8.0	18.4	严重液化
4	4-1	2.5～2.8	4	4.5	5.6	7.1	中等液化
	4-2	5.5～5.8	5	4.9	6.6	12.7	中等液化
	4-3	8.5～8.8	12	5.4	7.3	/	不液化
	4-4	10.0～10.3	16	5.6	10.5	/	不液化

孔号	土样编号	贯入深度（m）	实测标贯击数 N	粘粒含量 ρ_c	修正临界击数 N_c	液化指数 I_{lE}	液化判别
5	5-1	1.9~2.2	4	5.1	6.1	6.5	中等液化
	5-2	5.5~5.8	4	5.6	5.8	16.1	严重液化
	5-3	7.3~7.6	7	6.7	5.5	/	不液化
6	6-1	2.6~2.9	4	5.3	6.4	9.7	中等液化
	6-2	5.2~5.5	4	5.8	7.6	23.4	严重液化
	6-3	7.3~7.6	10	6.7	8.2	/	不液化
7	7-1	2.6~2.9	4	6.2	5.9	8.4	中等液化
	7-2	5.3~5.6	4	5.0	6.4	19.3	严重液化
8	8-1	2.5~2.8	5	5.6	6.1	4.7	轻微液化
	8-2	5.4~5.7	4	5.3	8.1	26.1	严重液化

综合上述评判方法与结果,各方法的主要结论是一致的,即连徐高速公路(徐州段)地表粉细砂、粉土层是可液化的,液化程度自东向西有减弱的趋势,但在定量评价液化程度时各方法有一定差异,两种规范法在评价液化程度时,评判结论与应用均有不同之处,给工程应用带来不便。

4.3.2 液化地基强夯法加固效果 SASW 评价[11, 16, 20]

在连徐高速公路(徐州段)选择了典型液化地基试验段 E5 标 K223+400～K223+440 和 K225+360～K225+400、E7 标 K218+940～K218+980 进行了试验分析,共分 10 个试验区,分别进行了不同场地,不同施工参数的单点夯和试夯区试验。图 4.9 和图 4.10 为试夯区工程地质剖面图。在夯前夯后分别进行了静力触探、标贯、SASW 测试、孔压测试、深

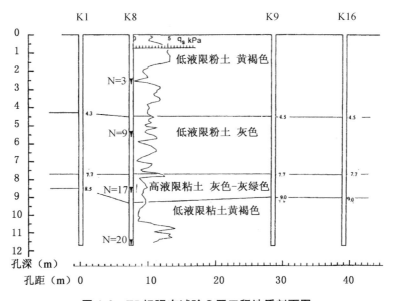

图 4.9 E5 标强夯试验Ⅰ区工程地质剖面图

层沉降和水平位移观测,对加固效果进行了对比分析。试验用夯锤为底面积 5 m² 的圆形锤,锤重 20.2 吨。SASW 法测试采用美国 EG & G 公司生产的 ES-1225 地震仪,震源系统采用 16 磅大锤,人工锤击激发,两个竖向检波器。

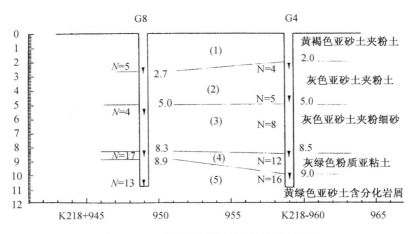

图 4.10 E7 标强夯试验区工程地质剖面图

通过夯前与夯后地基剪切波速测试结果的对比(见图 4.11~图 4.14),从中可以看出:

(1) 夯后地基土的剪切波速较夯前有明显提高,这说明,强夯处理后,地基土被挤密压实,土体强度有显著的提高。

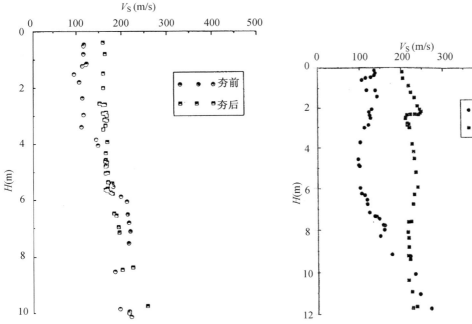

图 4.11 1 500 kN·m 单点夯夯前夯后　　　**图 4.12 2 500 kN·m 单点夯夯前夯后**

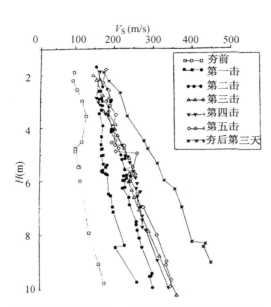

图 4.13　2 000 kN·m 单点夯夯前夯后 V_S 比较

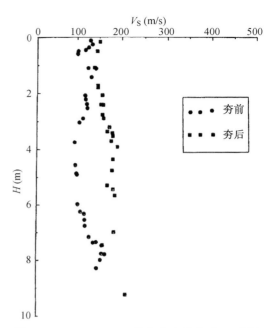

图 4.14　3 000 kN·m 单点夯夯前夯后 V_S 比较

（2）单击夯击能为 1 500 kN·m 时，6 m 以上地基剪切波波速明显增大，但在 6～8 m 处剪切波波速比夯前略有下降，这说明此夯击能量下有效加固深度为 6.5 m 左右。2 500 kN·m 时，在 7.0 m 以上，剪切波速增大，而深度则略有减小，可认为有效加固深度为 7.0 m，随着夯击次数增加，地基层的剪切波速也随之增大，但在 4 击后，剪切波速趋于稳定，这反映在 2 000 kN·m 的能量下，最佳夯击次数为 4 击。3 000 kN·m 时，8 m 以上剪切波速增大明显，但在 8.7 m 左右处与夯前剪切波波速相比，几乎没变化，这说明此夯击能量下有效加固深度为 8.7 m。这些成果与 SPT、CPT 测试成果一致。

（3）有无垫层对深部剪切波速影响不大，满夯后各地基土的剪切波速较副夯完成后仍有显著增加。

（4）强夯处理后主要土层中的剪切波速均大于 200 m/s，均为不液化土，达到处理目的。

（5）强夯后地基土剪切波速随时间的推迟而有所提高，这表明地基土强度随时间的推移而有所改善。

（6）上述成果与 SPT、CPT 测试成果基本是一致的，分别见图 4.15～图 4.21，也验证了 SASW 法测试评价强夯法加固地基

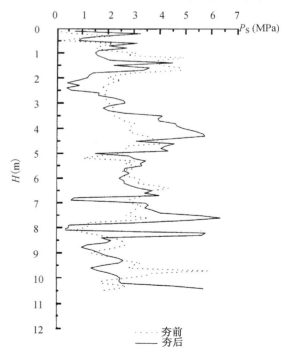

图 4.15　2 000 kN·m 单点夯夯前夯后 CPT 成果对比

效果的有效性和可靠性。

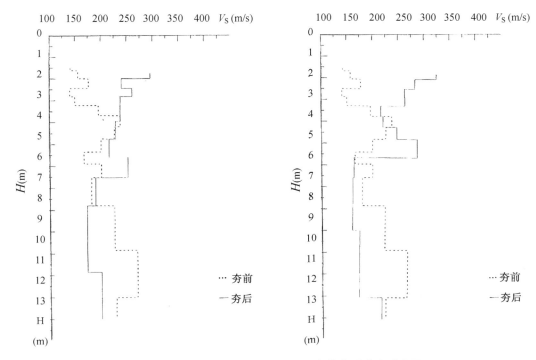

图 4.16　E5 标 2 000 kN·m 无垫层夯前夯后波速对比图

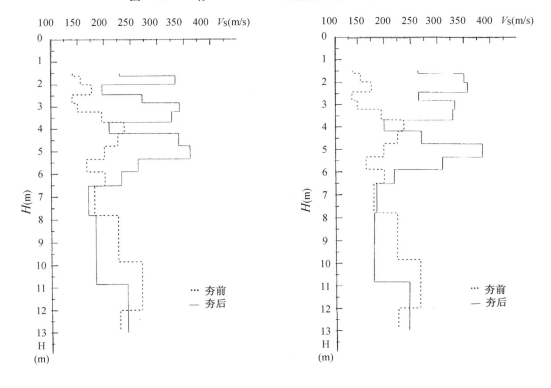

图 4.17　E5 标 2 000 kN·m 有垫层夯前夯后波速对比图

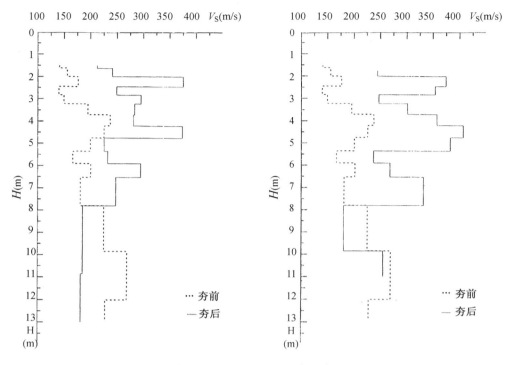

图 4.18　E5 标 3 000 kN·m 无垫层夯前夯后波速对比图

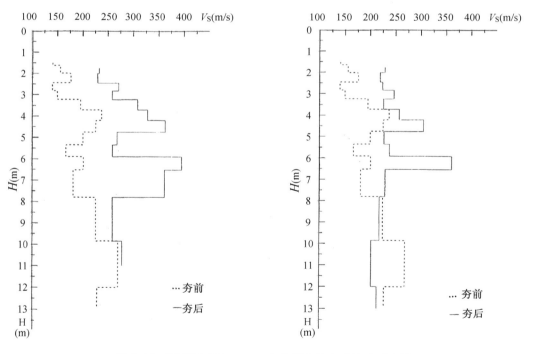

图 4.19　E5 标 3 000 kN·m 有垫层夯前夯后波速对比图

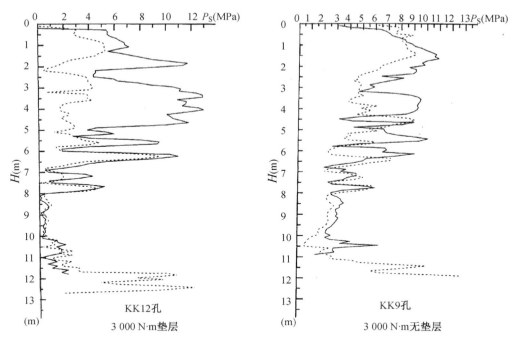

图 4.20　E5-IA 试验区试夯前后 CPT 成果对比图

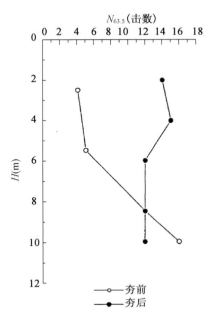

E7标A区夯前夯后标贯试验对比图

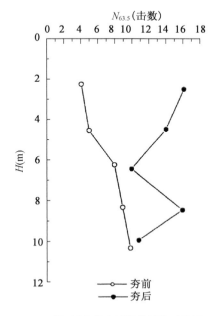

E7标B区夯前夯后标贯试验对比图

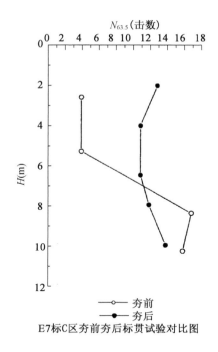

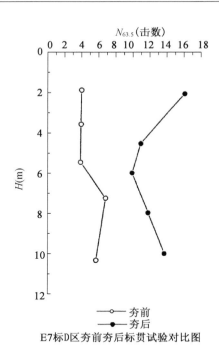

E7标C区夯前夯后标贯试验对比图   E7标D区夯前夯后标贯试验对比图

图 4.21   E7 标试夯区夯前夯后标准贯入试验对比图

4.3.3   液化地基碎石桩法处理效果 SASW 法评价[11, 16, 21, 22]

碎石桩是指用振动、冲击和水冲等方式在软弱地基中成孔后将碎石挤压入土孔中,形成由碎石所构成的密实桩体。在《公路软土地基路堤设计与施工技术规范》(JTJ017−1996)中称之为粒料桩。该方法自从 1937 年德国人发明振动水冲法(振冲法)并将之用于挤密砂土地基后,在工程中逐渐推广,因此一般认为采用振冲法在土中形成的密实碎石桩称为碎石桩。但是由于振冲法存在耗水量大和泥浆排放污染等缺点,在应用中受到了较大限制,由此产生了一些新的施工工艺,如沉管法、干振法、夯击法等。现在所提及的碎石桩是指各种施工工艺制成的以石料组成的桩柱体。

干振碎石桩是一种利用振动荷载预沉导管,通过桩管灌入碎石,在振、挤、压作用下形成较大密度的碎石桩。由于它克服了振冲法的严重缺陷,在我国得到了较多应用,近几年在高速公路液化地基处理中也得到了广泛应用。

干振碎石桩处理液化地基属于物理加固方法,其加固液化地基的原理是:

(1)振密作用:在成桩过程中,激振器产生的振动通过导管传递给土层使其附近的饱和土地基产生振动孔隙水压力,导致部分土体液化,土颗粒重新排列趋向密实,进而起到振密作用。

(2)挤密作用:下沉桩管时桩管对周围砂层产生很大的横向压力,将土体中等于桩管体积的土挤向周围土体使之密实,灌注碎石后振动、反插也使周围土体受到挤密,从而提高了地基的抗剪强度和抗液化性能。

(3)排水减压作用:干振碎石桩在土层中形成良好的排水通道,缩短土中排水路径,加速超孔隙水压力的消散,增强了土体抗剪强度,因此在地震力作用下孔隙水压力不易积累增长,也就不会发生液化。

(4) 预震作用:美国 H. B. Seed 等人研究表明,砂土液化的特性除了与土的相对密度有关外,还与其振动应变历史有关。干振碎石桩施工时的振动作用在使土层振密、挤密的同时还获得了预震,这对增强地基的抗液化的能力是极为有利的。

研究表明,干振碎石桩能有效地加固砂土、粉土,加固后的地基承载力大大提高,并能消除液化,但对软土地基或地基中央有厚度大于 1 m 的软土夹层时达不到预期的处理效果。

在液化地基碎石桩处理试验区、液化土与软土交互地基碎石桩及砂桩试验区,成桩前后都进行了 SASW 法测试。各试验区成桩前后 SASW 测试成果见表 4.5～表 4.6、图 4.22～图 4.28。从以上资料可见:

表 4.5　E7 标碎石桩试验区成桩前后 SASW 法测试成果表

深度(m)	V_S(m/s)						
	成桩前	1.4 m 桩距区			1.6 m 桩距区		
		2 天	15 天	30 天	2 天	15 天	30 天
0～0.5	126	197	201	216	175	188	214
0.5～1.0	106	203	207	220	181	190	214
1.0～1.5	111	203	212	225	196	207	225
1.5～2.0	110	209	214	229	202	208	231
2.0～2.5	108	207	216	229	207	225	231
2.5～3.0	106	220	214	229	212	220	257
3.0～3.5	98	218	214	228	220	229	264
3.5～4.0	97	225	227	244	225	249	267
4.0～4.5	102	238	255	259	244	255	281
4.5～5.0	107	255	257	271	272	272	290
5.0～5.5	120	257	266	275	272	285	295
5.5～6.0	108	270	279	300	288	294	318
6.0～6.5	116	278	296	328	302	298	327
6.5～7.0	131	288	298	311	303	320	335
7.0～7.5	140	283	298	311	309	318	335
7.5～8.0	157	272	290	320	292	318	334
8.0～8.5	145	264	285	320	289	307	317
8.5～9.0	143	264	298	315	285	306	309
9.0～9.5	151	266	295	309	274	289	306
9.5～10.0	148	264	280	308	285	285	296

表 4.6 液化土与软土交互地基挤密桩处理前后剪切波速对比表

深度 (m)	处理前 V_S (m/s)	碎石桩						砂桩	
		充盈系数 1.3		充盈系数 1.15		充盈系数 1.1		充盈系数 1.15	
		施工结束后 7～9 天	施工结束后 18～20 天	施工结束后 3～4 天	施工结束后 15～16 天	施工结束后 13～15 天	施工结束后 25～27 天	施工结束后 7～9 天	施工结束后 20～22 天
0～1	169	204	232.5		208	210	212	217	211
1～2	173.5	206	237	205	213	199.5	194	235.5	218
2～3	173	206.5	215.5	195.5	195	215.5	214	213.5	225.5
3～4	175	212	198.5	210.5	214.5	183	194.5	211.5	208
4～5	181	204.5	209	204.5	203	179.5	186.5	191.5	199
5～6	180	201.5	220	215	199.5	171	182.5	185.5	192
6～7	167	193	200	188	189.5	166.5	181	158	186.5
7～8	183	170	180.5	174	185.5	176.5	194	171	186.5
8～9	164	168.5	179	1 32	1 71	168	179.5	179.5	187.5
9～10	178.5	181	188	167	1 79	150	171	170	179
10～11	194	1 99	189	150	188		194	134	186
11～12	206	200		224				281	

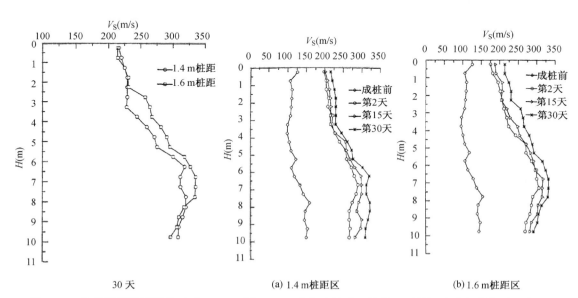

图 4.22 液化地基碎石桩处理后 SASW 测试成果图

图 4.23 液化地基碎石桩处理后剪切波速与龄期关系曲线

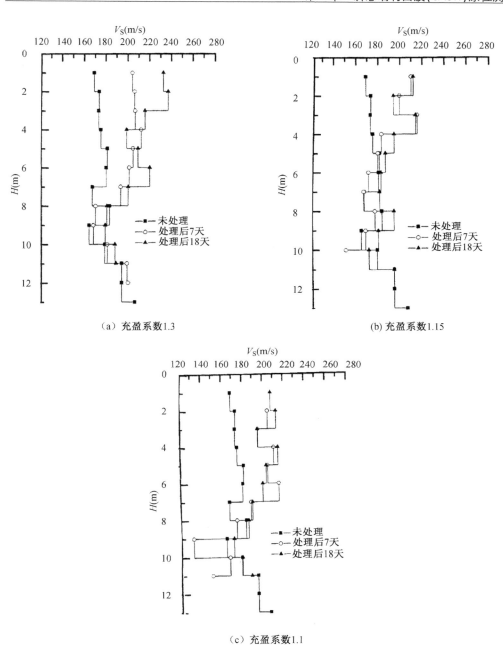

（a）充盈系数1.3

（b）充盈系数1.15

（c）充盈系数1.1

图 4.24　液化土与软土交互地基碎石桩处理后 SASW 测试成果图

1）液化地基

（1）成桩后地基土剪切波速明显提高,一般均大于 200 m/s。

（2）地表下 4～7 m 处剪切波速增幅最大(如图 4.22 所示),这亦说明该范围内加固效果最好,与 SPT、CPT 成果一致。

（3）桩距 1.4 m 和 1.6 m 时,SASW 法测试结果亦没有明显区别,甚至 1.6 m 区加固后剪切波速略大于 1.4 m 桩距区。

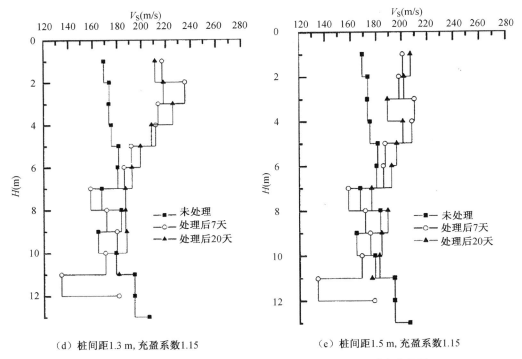

（d）桩间距1.3 m，充盈系数1.15   （e）桩间距1.5 m，充盈系数1.15

图 4.25 液化土与软土交互地基砂桩处理后 SASW 测试成果图

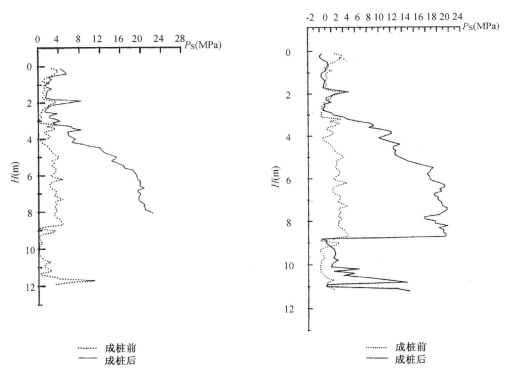

(a) 加固前后静力触探（CPT）测试结果（1.4 m桩距区）   (b) 加固前后静力触探（CPT）测试结果（1.6 m桩距区）

图 4.26 液化地基碎石桩处理前后 CPT 测试结果图

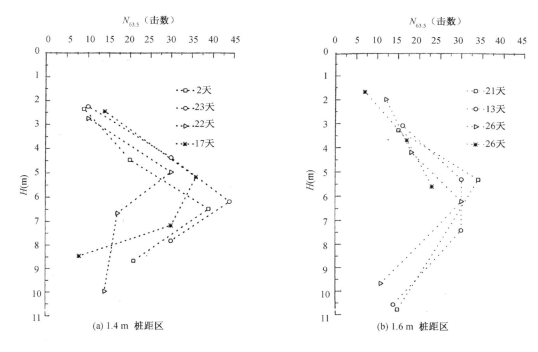

图 4.27　液化地基碎石桩处理前后 SPT 测试结果图

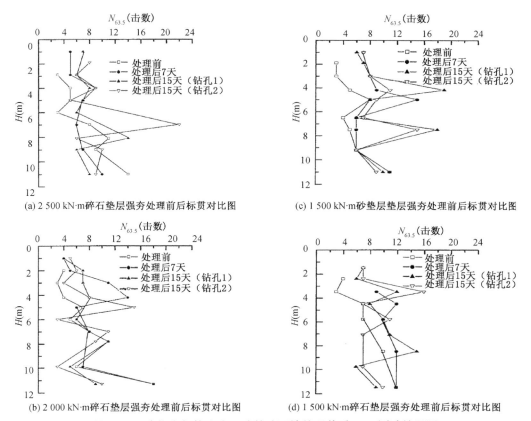

图 4.28　液化土与软土交互地基碎石桩处理前后 CPT 测试结果图

（4）地表面加固效果稍差，这是由于土层结构扰动导致。

（5）成桩后随着龄期增长复合地基剪切波速有一定增长，但增长幅度不大。

2）液化土与软土交互地基

（1）充盈系数对碎石桩的处理效果影响比较大，充盈系数愈大，处理效果愈明显。

（2）对 6 m 以下的软土夹层碎石桩处理效果不明显。

（3）砂桩对上部土层的处理效果与碎石桩相当，但对下部的软土层的处理效果不是很明显。

（4）碎石桩、砂桩这两种不同处理方法，处理后 7 天、20 天上部 0～5 m 土层的剪切波速接近或大于 200 m/s，而在下部则小于 200 m/s，平均在 170 m/s 以上。

对比一下标准贯入试验的测试结果和 SASW 的测试结果，两者基本是一致的（见图 4.26～图 4.28），表明 SASW 法评价挤密碎石桩、砂桩处理液化土层及软土层效果的有较性。

4.4 瑞利波速与岩土物理力学性质关系统计

瑞利波传播速度 V_R、标准贯入击数 $N_{63.5}$、地基承载力 R_f、抗剪强度及变形模量 E_S 等均反映了地基土的软硬程度，因此，各指标间必然存在着某种相关关系。而各指标的测试以瑞利波速最为简单，因此探讨瑞利波速与其他指标的关系，以 SASW 测试间接获得其他指标是很有意义的工作。下面一方面引用前人或有关单位已研究出的有关瑞利波的相关成果，另一方面总结我们在近几年应用 SASW 获得的有关资料，探讨瑞利波速与其他指标之间的相关关系，增强 SASW 法的实用性。

1）剪切波速 V_S 与标准贯入击数 $N_{63.5}$ 相关关系统计

前述研究成果表明 SASW 法测试能较好地反映地基处理的效果，但由于标准贯入法在评价地基土力学性质中是成熟的技术，建立剪切波速与标准贯入击数之间的相关关系对 SASW 法的推广应用具有指导意义。

国内外已有的研究表明，地基土剪切波速与标准贯入击数 $N_{63.5}$ 之间有密切的关系，尽管不同的研究者得到的公式不同，但基本上大同小异，见表 4.7。

表 4.7 剪切波速 V_S 与标准贯入击数 $N_{63.5}$ 的相关关系[23]

序号	经验公式	适用范围	资料来源
1	$V_S = 102N^{0.292}$	冲积粘性土	今井常雄（日）
	$V_S = 80.6N^{0.331}$	冲积砂类土	
	$V_S = 114N^{0.294}$	冲积粘性土	
	$V_S = 97.2N^{0.323}$	冲积砂类土	
2	$V_S = 104N^{0.32}$		田治未辰雄等
3	$V_S = 85.2N^{0.305}$	冲积砂层	今井常雄
4	$V_S = 85.9N^{0.349}$	砂类土	董津城等

续表

序号	经验公式	适用范围	资料来源
5	$V_S = 120.2N^{0.21}$	<15 m 的粘性土	
	$V_S = 181.9N^{0.16}$	>15 m 的粘性土	冯广弟
	$V_S = 69.1N^{0.40}$	砂类土	
6	$V_S = \dfrac{N}{0.005\,6N + 0.004\,2}$		张守华
7	$V_S = 100N^{0.333}$	粘性土($N<25$)	日本公路桥梁抗震设计新规程
	$V_S = 80N^{0.333}$	砂类土($N>50$)	
8	$V_S = 120.0N^{0.273}$	粘性土	
	$V_S = 86.0N^{0.256}$	砂类土	王广军
	$V_S = 116.0N^{0.256}$	不分土类	
9	$V_S = 85.34N^{0.348}$		中科院工程力学所

从上表资料可以看出，V_S 与 $N_{63.5}$ 之间服从指数相关关系，即：

$$V_S = A \cdot N_{63.5}^B \tag{4.25}$$

其中，系数 A、B 取决于土层性质，地层深度等因素。

根据液化地基及液化土与软土交互地基 SASW 法、SPT 试验成果，SASW 法测得的剪切波速 V_S 和标准贯入击数 $N_{63.5}$ 之间的关系见图 4.29。经拟合，得到如下关系式，相关系数为 0.85（见图 4.29）。

$$V_S = 30.2N_{63.5}^{0.92} \tag{4.26}$$

式中，V_S 为实测剪切波速（m/s）；$N_{63.5}$ 为实测标准贯入击数（击）。

需要说明的是上式中 V_S 是由 SASW 法测定的，与表 4.7 中的 V_S 有一定区别，因而系数 A、B 表现出一定差异。同时要说明的是，V_S 与 $N_{63.5}$ 的相关关系具有地区性和地层类别的差异性，即不同地区、不同性质的土层，系数 A、B 不同。

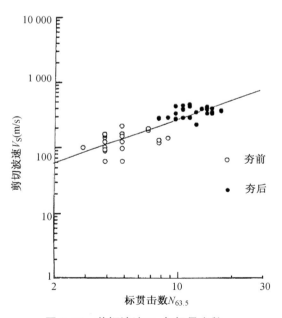

图 4.29　剪切波速 V_S 与标贯击数 $N_{63.5}$ 相关关系图

2）瑞利波速与地基承载力、变形模量的统计关系

地基容许承载力 $[R]$ 和变形模量 E_S 可以通过静载荷试验来确定。关于 V_R 与地基承载力、变形模量之间的关系，国内有关单位做了一定的研究[23]，介绍如下：

（1）原冶金部沈阳勘察研究院统计的 V_R 与地基承载力、变形模量关系见表 4.8。

表 4.8　V_R 与[R]、E_S 关系统计表

粘性土	V_R(m/s)	100~125	125~150	150~175	175~200	200~225	2 250~250
	[R](kPa)	70~105	105~135	135~170	170~206	206~245	245~288
	E_S(MPa)	4.5~6.5	6.5~8.5	8.5~10.5	10.5~12.5	12.5~14.0	14.0~15.6
砂土	V_R(m/s)	100~125	125~150	150~175	175~200	200~250	250~300
	[R](kPa)	70~95	95~115	115~145	145~170	170~245	245~330
	E_S(MPa)	5.0~8.0	8.0~10.5	10.5~12.2	12.2~14.5	14.5~20.0	20.0~27.2

（2）河北省地球物理勘察院统计的关系式

$$[R]_{0.01} = 4.6332 \times 10^{-6} V_R^{3.5369} \quad (100 < V_R < 165) \quad R^2 = 0.8710$$

$$[R]_{0.015} = 4.5666 \times 10^{-6} V_R^{3.5899} \quad (100 < V_R < 160) \quad R^2 = 0.863$$

$$[R]_{0.02} = 1.1405 \times 10^{-5} V_R^{3.4372} \quad (100 < V_R < 165) \quad R^2 = 0.8253$$

$$E_{S0.01} = 4.6948 \times 10^{-7} V_R^{3.4738} \quad (100 < V_R < 165) \quad R^2 = 0.8617$$

$$E_{S0.015} = 2.2870 \times 10^{-7} V_R^{3.5887} \quad (100 < V_R < 165) \quad R^2 = 0.8534$$

$$E_{S0.02} = 3.1163 \times 10^{-7} V_R^{3.5023} \quad (100 < V_R < 165) \quad R^2 = 0.8253$$

(4.27)

上述各式中，E_S 单位为 MPa，[R] 单位为 kPa，V_R 为 m/s，R^2 为相关系数。

在高速公路液化地基、液化土与软土交互地基强夯法、碎石桩法加固处理试验段进行了多组 SASW 测试与静载荷试验的对比。把按静载荷试验 P-S 曲线确定的对应 S/B = 0.01、0.015、0.02 的承载力 $[R]_{0.01}$、$[R]_{0.015}$、$[R]_{0.02}$，计算相应的 $E_{S0.01}$、$E_{S0.015}$、$E_{S0.02}$ 及实测的相应点位的瑞利波速统计如表 4.9。

表 4.9　V_R 与地基容许承载力[R]、变形模量 E_S 关系统计表

试验对比地点		载荷试验点号	SASW点号	V_R(m/s)	$[R]_{0.01}$(kPa)	$[R]_{0.015}$(kPa)	$[R]_{0.02}$(kPa)	$E_{S0.01}$(MPa)	$E_{S0.015}$(MPa)	$E_{S0.02}$(MPa)
连徐高速 ET 标干振碎石桩复合地基		D1	1	214	130	159	188	10.8	8.8	7.8
		D2	2	216	134	153	172	10.3	7.9	6.6
		S3	3	225	144	178	226	15.2	12.5	11.9
		S4	4	188	99	121	153	10.0	8.1	7.7
徐宿高速铜山六合同段干振碎石桩复合地基		1#	5	377	270			20.8		
		2#	6	394	272			21.0		
		3#	7	394	272			21.0		
		4#	8	333	253			19.5		
江阴至太仓高速公路常熟三合同段搅拌桩复合地基	原状土和桩间土	S1	9	166	77.4	127.2	185	5.14	5.63	6.14
		S2	10	261	202.3	242.8	286.7	13.4	10.7	9.5
		S3	11	194	105.2	132.9	156.1	6.98	5.88	5.2
		S4	12	209	132.9	173.4	232.4	8.8	7.7	7.7

续表

试验对比地点		载荷试验点号	SASW点号	V_R (m/s)	$[R]_{0.01}$ (kPa)	$[R]_{0.015}$ (kPa)	$[R]_{0.02}$ (kPa)	$E_{S0.01}$ (MPa)	$E_{S0.015}$ (MPa)	$E_{S0.02}$ (MPa)
江阴至太仓高速公路常熟三合同段搅拌桩复合地基	单桩	P1	13	444	302	321		22.4	15.8	
		P2	14	238	180	213		13.3	10.5	
		P3	15	269	183	210		13.6	10.4	
	三桩复合地基	PS1	16	207	121.6			9.0		
		PS2	17	201	117.8			8.7		
		PS3	18	138	67.2	76.7	83.7	5.0	3.8	3.1
		PS4	19	255	199	229	255	14.7	11.3	9.4
		PS5	20	341	255	293	318	18.9	14.5	11.8
		PS6	21	245	191	226	256	14.1	11.2	9.5

经回归统计分析，V_R与地基容许承载力及相应变形模量的关系见图 4.30、图 4.31，相应的关系式如下：

$$
\begin{aligned}
[R]_{0.01} &= 0.079\,5V_R^{1.380\,5}, & R^2 &= 0.942\,2 \\
[R]_{0.015} &= 0.144\,2V_R^{1.309\,7}, & R^2 &= 0.901\,6 \\
[R]_{0.02} &= 0.108\,8V_R^{1.397\,4}, & R^2 &= 0.809\,7 \\
E_{S0.01} &= 0.004\,4\,V_R^{1.388\,2}, & R^2 &= 0.733\,4 \\
E_{S0.01} &= 0.008\,7\,V_R^{1.278}, & R^2 &= 0.833\,6 \\
E_{S0.01} &= 0.006V_R^{1.382\,8}, & R^2 &= 0.891\,1
\end{aligned}
\tag{4.28}
$$

统计表明，V_R与$[R]$及相应变形模量E_S的关系基本上呈幂函数关系。但因受统计数据量的限制，各函数关系式的系数还有待于在取得更多资料后进行修正，而且关系式的使用具有地区性及岩土差异性。不同地区，不同土层关系式的系数不同。

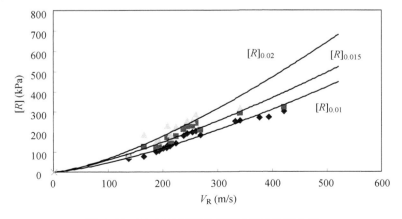

图 4.30　V_R 与地基容许承载力$[R]$关系曲线

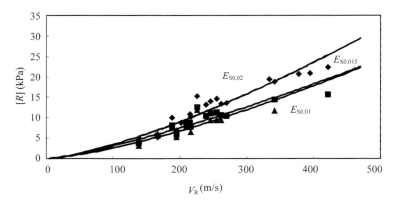

图 4.31　V_R 与地基变形模量 E_S 关系曲线

4.5　SASW 法在煤矸石路基填筑质量控制中的应用

大面积填方场地,特别是粗颗粒类土填筑路基质量控制是保证该类工程质量的关键。但由于填筑材料的不均匀,以及面积庞大等特点,如何快速有效地进行质量检验对保证工程质量、节约投资具有较大的意义。

下面结合京福国道主干线徐州绕城公路煤矸石填筑路基施工,采用 SASW 法进行了大量的对比试验,对煤矸石填筑路基的各项技术进行了全面的试验研究,为高速公路路基填筑检验提供了一种快速、可靠的手段,无论在工期,还是经济效益上都具有其他方法不可比拟的优点,同时也是 SASW 法在其工程应用领域中的拓宽[24, 25]。

4.5.1　路基填压层剪切波速获取方法

利用面波的弥散特性,SASW 方法可以无损、快速的确定土层层厚及土层剪切波速。土层剪切波速决定于土层的剪切模量,而土层的剪切模量在剪切应变小于 10^{-4} 时,主要受土层密度、平均有效应力的影响,所以可以用剪切波速来估算土层的密度。这是剪切波速能作为压实控制量的理论基础。

但是在用 SASW 来估算成层土的剪切波速时,需进行复杂的反演计算,需要复杂的软件与有经验的分层判断。但对于路堤填筑一般填筑层厚度基本固定在 30 cm 左右,如果将 SASW 测试中,道间距与偏移距大小都设在填筑层厚度大小左右,则 SASW 所测有效深度也是在填筑层厚度深度。对于单一的填筑层而言,可以将它视为均匀的介质,不存在土层分层而形成的弥散特性,瑞利波只是以不同的频率(对应于不同的波长)在填筑层中不同的深度(一个波长深度范围内)传播。所以可以利用半无限弹性体中的瑞利波的解来考察,其位移解的形式如下:

$$u = f_1(y)\sin[k(x-ct)]$$
$$v = f_2(y)\cos[k(x-ct)]$$

$$(4.29)$$

式中

$$f_1(y) = -Ak\left[\exp(-aky) - \frac{(1+b^2)}{2b}\exp(-bky)\right]$$

$$f_2(y) = -Ak\left[-a\exp(-aky) - \frac{(1+b^2)}{2b}\exp(-bky)\right]$$

$$c < v_s \quad a = \sqrt{1 - c^2/v_p^2} \quad b = \sqrt{1 - c^2/v_s^2} \quad k = \omega/c$$

瑞利波波速可以用下式近似

$$c \approx \frac{0.862 + 1.14\mu}{1 + \mu}v_s \tag{4.30}$$

由上式可见,半无限弹性体中瑞利波速与频率无关,不存在弥散特性。

若令 $y = 0$,则瑞利波在半无限体表面的位移可表示如下。

$$u_0 = -Ak\left(1 - \frac{1+b^2}{2b}\right)\sin[k(x - ct)]$$

$$v_0 = -Ak\left(-a - \frac{1+b^2}{2b}\right)\cos[k(x - ct)] \tag{4.31}$$

在 SASW 方法的采集过程中,利用拾振器一般采集的是垂直于地面的位移,即 v_0,利用两个相隔一定距离的拾振器之间的相位差,即可求出瑞利波的传播速度。

由于两个拾振器所拾的波是许多频率波的综合,两个拾振器所拾振动如下:

$$v_{0q} = \sum_{i=1}^{n} F_i\cos[k_i(D - ct)]$$

$$v_{0h} = \sum_{i=1}^{n} F_i\cos[k_i(2D - ct)] \tag{4.32}$$

由以上可见,当波振动的频率不同时,则前后拾振器各频率振动的相位也不同。利用傅里叶变换可以将不同频率的波分离,即可得到不同频率波的相位差,相位差如下式所示。

$$\Delta\varphi = k_i D = \frac{\omega}{c}D = \frac{2\pi f}{c}D \tag{4.33}$$

若由傅里叶变换将不同频率的波分离后,得到不同频率波的相位差后,即可由公式(4.33)得到不同频率(不同波长)的面波传播速度,如下式。

$$c = f\frac{D}{\Delta\varphi/2\pi} \tag{4.34}$$

从以上推导可知,对于路基填筑层的密度检测时,利用该原理不用进行复杂的反演与分层调制,只是通过对拾振器上的拾振信号进行傅里叶变换,求出不同波长波的相位差,即可求出不同波长的瑞利波波速,进而转化为剪切波速。

虽然,对于均匀地层不存在弥散现象,但是由于剪切波速不但与密度有关,而且与地层的平均有效应力有关,所以在 30 cm 填筑层内,即使密度完全一致,剪切波速也会随深度的增加而增加。解决该问题有两个途径,其一是对剪切波速进行修正,消除应力影响所造成的变化,但由于进行了速度修正,修正后的速度就与原始的剪切波速存在差别,不便于其他方面的应用与比较;其二采用固定深度的波速,因为深度相同,意味着应力状态基本一致,尤其是对于填料基本一致的填土情况。

知道了剪切波速后,还需进一步变换成土的密度。其方法也有两种:一是在填筑现场取有代表性的土,在试验室中重塑成不同密度,再加上不同的围压进行剪切波速试验,获得 v_s-γ_d-σ_m 关系,由现场的剪切波速对应于室内的 v_s-γ_d-σ_m 关系即可得到现场填筑的 γ_d;另一方法是一般路堤填筑要进行现场填筑试验,在现场填筑试验中,进行现场 SASW 测试获得剪切波速,将剪切波速与其他途径获得的 γ_d 进行对比,找出 v_s-γ_d 关系,再利用该标准进行密实度检测。由于该方法在填筑现场进行,填土的施工及应力状态与大面积施工接近,所得的标准也应是与实际相符的,所以本文中推荐第二种方法。

4.5.2 路堤试验方案

为获得煤矸石路堤方便、准确、快捷的质量控制、质量检测的方法与标准,在煤矸石路堤分层填筑的过程中进行了高程、密度、SASW 测试与弯沉、CBR、现场直剪试验。其中,SASW 等各项测试的目的是建立剪切波速-压实度-碾压沉降量-碾压遍数之间的相关关系,从而提出煤矸石路堤的质量控制标准,选择一种或几种较适合、快捷的检测手段。

试验段施工工艺流程如下图 4.32 所示。

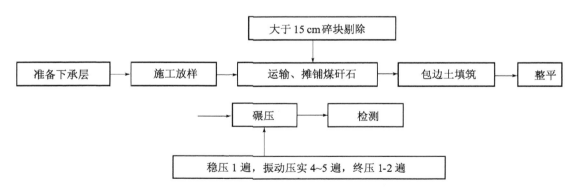

图 4.32 煤矸石路堤填筑施工工艺示意图

煤矸石路堤结构见图 4.33。

试验段碾压中测试方案为:在试验段设置 2 个断面,每个断面上确定 2 个点,碾压过程中各测试方法都在这 4 个点,以便测试数据有对比性。松铺后,测松铺厚度;静压一遍,用灌砂法测干密度,测碾压沉降量及 SASW 测试;以后每振压 1 遍测碾压沉降量及 SASW 测试,振压 2 遍,用灌砂法测干密度。

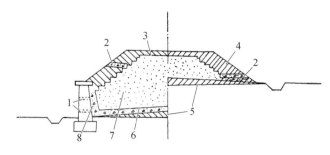

图 4.33　煤矸石路堤结构示意图

1—泄水孔　2—盲沟　3—封顶层　4—土质护坡　5—土质路拱

6—隔离层　7—煤矸石　8—反滤层

表 4.10　煤矸石填筑试验测试项目

测试项目	测试要点
顶点高程测量	根据标准桩确定高程测试点、每碾压一遍测量一次
密度测量	在高程测试点附近用灌砂法测试密度、每碾压两遍测试一次
SASW 测试	在高程测试点附近用 SASW 法测试瑞利波速、每碾压一遍测量一次
CBR 试验	煤矸石填筑完成后,在煤矸石顶面测试 CBR 值
弯沉试验	煤矸石填筑完成后,在煤矸石顶面测试弯沉值
现场直剪试验	煤矸石填筑完成后,在现场对 3～4 个试样进行直剪试验

4.5.3　试验成果与分析

以下是利用以上方法,在煤矸石路基填筑试验段中获得了剪切波速与煤矸石干密度、压实度、碾压遍数之间的关系。SASW 测试中采用的道间距为 0.2 m。

1）压实度与剪切波波速的关系

图 4.34(a)(b)为压实度与剪切波速之间的相关关系。

通过现场煤矸石路基填筑施工过程中的瑞利波和压实度(灌砂法)的动态检测数据的分析研究,得出了煤矸石填筑路基的压实度与剪切波波速的数学关系式：

$$v = 2\,380.50 - 5\,452.40p + 3\,328.64p^2\text{(红色煤矸石)} \tag{4.35}$$

$$v = 2\,197.05 - 5\,245.16p + 3\,360.43p^2\text{(灰色煤矸石)} \tag{4.36}$$

研究表明:煤矸石路基填筑的剪切波波速与压实度呈二次线性关系,随着压实度的增加其剪切波波速亦增加。根据以上公式,若按压实度 93% 来考虑,红色煤矸石剪切波速应达到 185 m/s,而灰色煤矸石剪切波速应达到 220 m/s。

2）碾压遍数与剪切波波速的关系

图 4.35(a)(b)为碾压遍数与剪切波速的关系。

从碾压遍数与剪切波波速的关系可见:在开始的第一、第二遍振动碾压的过程中煤矸石

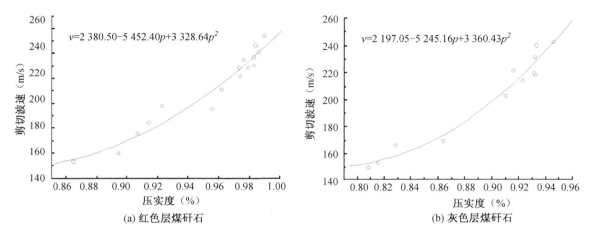

图 4.34　煤矸石压实度与剪切波速关系

的剪切波波速与碾压遍数呈线性增长关系,增长的速率较大,振动碾压第三、第四、第五遍煤矸石的剪切波波速随碾压遍数增加的速率有所减小,振动碾压第六遍后,煤矸石的剪切波波速反而有所减小,产生这种现象的主要原因是由于振动碾压 5 遍后振动所作的功基本上已达到了室内的击实功,这时如果再进行振动碾压将可能破坏原填筑层的结构,使得煤矸石填筑结构松散,剪切波波速降低。这一现象也说明煤矸石填筑路基振动碾压只需 4~5 遍即可。

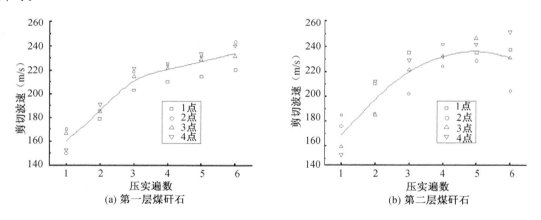

图 4.35　煤矸石碾压遍数与剪切波速关系

4.6　SASW 法在旧沥青路面冲击压实养护效果评价中的应用

近年来冲击压实技术在我国的公路建设中得到大范围应用,冲击压实设备(如兰派公司的专利设备)应用在高填方路堤和旧水泥混凝土路面处治方面已经较为成熟,但在旧沥青路面养护工作中的应用还相对较少,缺乏实践和检验标准。

冲击压实作用深度较大,在养护工程中,不需要进行开挖、重新铺筑等方式进行施工,在旧沥青路面养护过程中使用冲击压实技术,可以对原路面结构基层、土基存在的问题进行很好的修正。但使用过程中存在一些具体技术问题,如冲击压实技术的应用条件、施工工艺、施工质量控制指标等还不够明确,导致冲击压实技术在一般沥青路面养护工作中大范围推广受到限制。

为了解冲击压实技术应用在旧沥青路面养护(或改造)中的应用效果,并探讨应用 SASW 法评价冲击压实效果的可行性,在宿迁地区选择了典型半刚性旧沥青路面进行冲击压实试验,在施工前及施工中应用 SASW 法测试,通过施工前后测试资料的对比,了解冲压的作用深度和效果[26]。

4.6.1　现场测试概况

现场 SASW 法测试采用 SWS-1A 多功能面波仪,震源系统采用 16 磅大锤,人工锤击激发,12 道竖向检波器。每个测点进行 5～10 次有效锤击数叠加,根据经验选择检波器之间距离(道间距)为 0.5 m,偏移距为 0.5～3.0 m,采样间隔为 2 ms,采样点数为 1 024 点。

4.6.2　测试结果与分析

共进行了 28 个剖面 SASW 法测试,分别在旧沥青路面应用兰派公司三角形冲击设备冲击前、冲击 15 遍和冲击 25 遍后进行测试。图 4.36～图 4.39 为典型测试剖面 V_S-f 关系曲线。

根据冲击压实前、冲击 15 遍及冲击 25 遍的 SASW 测试成果,分析如下:

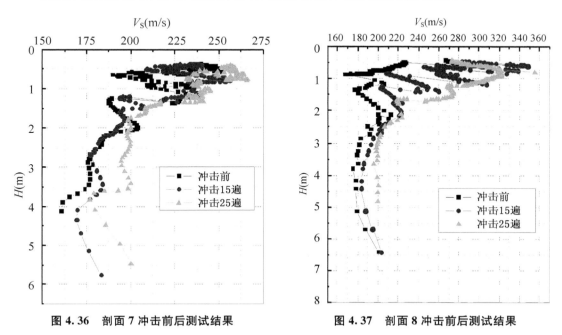

图 4.36　剖面 7 冲击前后测试结果　　　　图 4.37　剖面 8 冲击前后测试结果

(1)冲击前后,各测点在一定深度内波速变化明显,且随深度的增加,波速增加率降低,即浅层波速相对增加较大,深层增加较小。因岩土介质的不均匀性,所测曲线有一定的变化

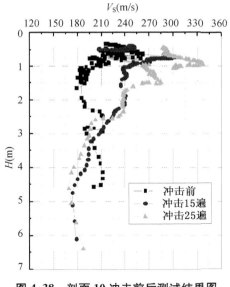

图 4.38　剖面 10 冲击前后测试结果图　　图 4.39　剖面 11 冲击前后测试结果

范围,但从总的变化趋势来看,一定深度范围内,冲击后波速大于冲击前波速,冲击 25 遍的波速大于冲击 15 遍的波速,这说明,在冲击压实功作用下,填土及其下伏地基土层的密(实)度增大,冲击功越大,波速增加越大。

(2) 从冲击前后波速变化情况的对比,发现本次使用三角形冲击设备冲击压实的影响深度一般在 2～3 m 左右,有的剖面影响深度可达到 3～4 m 左右。各测试剖面影响深度稍有差异,主要受控于三个方面的因素:地层情况、冲击压实功和车辆荷载下道路破坏情况。具体来说,对于线性道路工程,沿线地层情况往往出现一定程度的变化,同样冲击功情况下,导致各剖面冲击压实深度不同,原始地层越"硬",则冲击影响深度越小;同一测试剖面,冲击功越大,影响深度越大;在道路荷载作用下破坏严重的路段,冲击压实效果相对更好,因好的沥青面层的破坏将消耗掉大量冲击功。

(3) 冲击前,各测试剖面沥青面层及基层下地基土的波速大多在 140～250 m/s 之间,属于"中软土",冲击 25 遍后,在 1.0 m 范围内波速多增加到 250 m/s 以上,属于中硬土,有的剖面,由"软"变"硬"的深度甚至达到了 1.5 m 以上,说明了冲击压实的显著效果。但其下深度的地基土波速虽也有所提高,但相对增长率要低一些,未达到"中硬土"的标准。

(4) 因受现场测试条件的限制,本次 SASW 测试只进行了冲击前、冲击 15 遍及冲击 25 遍的测试,更高次数的冲击没有进行试验,所以据此数据提出最佳冲击次数,资料尚不充分。

(5) 对于旧沥青路面冲击压实养护工程,可以通过冲击功换算对应机械冲击碾压遍数,并采用 SASW 法波速测试完全可以实现冲击质量的控制目标。

上述试验表明,SASW 法是一种新兴的岩土原位测试勘探方法,该方法具有无损、方便、快捷、理论上可行等优点,是旧沥青道路冲击压实养护维修质量检测中一种很有前途的方法。但规范尚未将该方法列入道路冲击压实质量检测之中,因此需在 SASW 法试验基础上进一步对不同遍数冲击压实区进行测试,包括高冲击次数区的测试,并进行现场静力触探的对比试验,取得 SASW 法剪切波速与冲击压实情况、冲压遍数的关系,为 SASW 法的应用制定相应的检测技术标准。

4.7　SASW 法在路基裂缝处治效果评价中的应用研究

江苏省某公路路基为高填临河路基,填土高度 3～7 m,自 1998 年竣工后,当年在局部路段就出现了较严重的纵向裂缝,并且路面出现了变形、沉降等病害。后采用二灰碎石进行了补强,但经过 6 年的运营,很多路段相继出现了纵向裂缝及沉陷破坏。

为此设计单位选取典型路段,采取钻孔压浆、路堤开挖＋粉喷桩复合地基、路堤开挖＋水泥石灰砂石桩等方法进行了路堤加固试验。为了解路基加固作用深度和加固效果,分别选择压浆处理段、粉喷桩处理段和水泥石灰砂石桩处理段,进行了处理断面与未处理断面的SASW 法测试与对比工作。

4.7.1　现场测试

本次 SASW 法测试采用 SWS-1A 多功能面波仪,震源系统采用 16 磅大锤,人工锤击激发,12 道竖向检波器。每个测点进行 5～10 次有效锤击数叠加,根据经验选择检波器之间距离(道间距)为 2 m,偏移距为 2～8 m,采样间隔为 2 ms,采样点数为 1 024 点。

现场测试时,每剖面布置测线一条。检测时,先用皮尺对测点及检波器位置进行定位,然后进行测试。实际操作时,要注意检波器应垂直安装,以保证与地面有良好的耦合性,为此应对场地进行平整。一切就绪后,用重锤敲击铁板,通过面波仪显示并监测接受信号的质量。

4.7.2　测试结果分析

1) 钻孔压浆处理段

钻孔压浆段,设计孔距 1 m,孔径 91 mm,孔深 4 m,灌浆材料为水、425# 普通硅酸盐水泥和粉煤灰,配合比为:水灰比 2～0.6,水泥：粉煤灰＝1：0.3,灌浆采用纯灌法,灌浆压力＞0.4～0.5 MPa。

压浆段与未压浆段测试结果如图 4.40 所示,对比压浆前后的测试曲线可以看出:各测点在一定深度内波速变化明显,且随深度的增加,波速增加率降低,即浅层波速相对增加较大,深层增加较小;因岩土介质的不均匀性,所测曲线有一定的变化范围,但从总的变化趋势

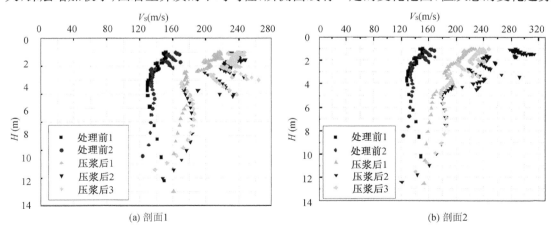

图 4.40　钻孔压浆处理段测试结果

来看,压浆影响深度在 10 m 左右,其中 5 m 以内波速增加较大,加固效果较好。

2）粉喷桩处理段

粉喷桩区段,首先将老路堤半幅开挖至原老路肩边缘以下 0.92 m 处,然后采用粉喷桩处理并碾压其下承层,设计桩径 50 cm,桩距 150 cm,桩长 6.5 m。

测试结果表明,处理后,注浆影响深度在 8 m 左右;各测线剖面影响深度、波速变化规律稍有差异,主要受控于 3 个方面的因素:地层情况、成桩质量、桩土置换率等。

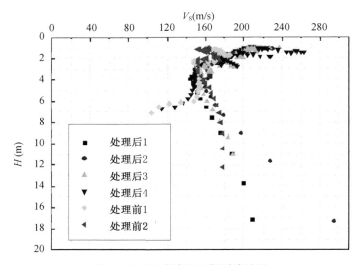

图 4.41　粉喷桩处理段测试结果

3）水泥石灰砂石桩处理段

该段设计桩径 18 cm,桩距 100 cm,桩长 4 m。测试结果表明,砂桩处理后,影响深度为 7～8 m 左右,4 m 以内,加固效果最好。

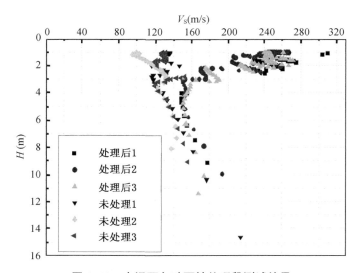

图 4.42　水泥石灰砂石桩处理段测试结果

综合上述分析,得到下列结论:

（1）钻孔压浆、粉喷桩及砂石桩三种处治方案都较大地提高了路基整体强度，进而对裂缝的控制起到了很好的作用，并提高了路基稳定性。

（2）三种处理方法中，以钻孔压浆效果最好，加固范围与浆液在裂缝及填土孔隙中的渗透范围有关；而粉喷桩、水泥石灰砂石桩处治效果比较接近，在地基加固的均匀性上不如压浆方法。

（3）利用 SASW 法测定土层的剪切波波速，利用剪切波波速对地基的土层特性进行评价，进而可以对钻孔压浆、水泥搅拌桩、石灰砂石桩复合地基的有效加固深度及加固效果进行综合评价。

4.8　SASW 法在建筑地基工程中的应用研究

在工业与民用建筑工程中，利用剪切波速可进行多方面的工作：场地土及场地类型的划分、砂土液化判别、地基振动特性研究、地基处理效果检测等。剪切波速在解决某些工程问题中得到了普遍的应用，其中有些内容已经列入国家规范或地区性规范，如建筑抗震设计规范、公路工程抗震设计规范等，而有些经验关系或阶段性成果，在实际工作中也值得借鉴和完善。砂土液化判别、地基处理效果检测等内容已经在前面介绍了，本节主要介绍场地土及场地类型的划分和地基振动特性研究[23]。

4.8.1　建筑场地类别 SASW 法划分

1）场地土类型划分

根据《建筑抗震设计规范(GB 50011—2010)》第 4.1.3 规定：场地土的类型，可按表 4.11 划分。

表 4.11　土的类型划分和剪切波速范围

土的类型	岩土名称和性状	土层剪切波速范围(m/s)
岩石	坚硬和较坚硬的稳定岩石	$V_S > 800$
坚硬土或软质岩石	破碎和较破碎的岩石或软和较软的岩石，密实的碎石土	$800 \geq V_S > 500$
中硬土	中密、稍密的碎石土，密实、中密的砾、粗、中砂，$f_{ak} > 150$ 的粘性土和粉土，坚硬黄土	$500 \geq V_S > 250$
中软土	稍密的砾、粗、中砂，除松散外的细、粉砂，$f_{ak} \leq 150$ 的粘性土和粉土，$f_{ak} > 130$ 的填土，可塑新黄土	$250 \geq V_S > 150$
软弱土	淤泥和淤泥质土，松散的砂，新近沉积的粘性土和粉土，$f_{ak} \leq 130$ 的填土，流塑黄土	$V_S \leq 150$

（注：f_{ak} 为由载荷试验等方法得到的地基承载力特征值(kPa)；V_S 为岩土剪切波速。）

2）建筑场地类别划分

根据《建筑抗震设计规范》(GB 50011—2010)第 4.1.6 规定：建筑场地的类别，应根据土层等效剪切波速和场地覆盖层厚度按表 4.12 划分为四类。建筑场地覆盖层厚度的确定按第 4.1.4 条规定取值。

土层的等效剪切波速按第 4.1.5 条规定确定：

计算公式为

表 4.12　建筑场地类别的划分

岩石的剪切波速或土的等效剪切波速(m/s)	场地类别				
	I_0	I	II	III	IV
$V_S>800$	0				
$800{\geqslant}V_S>500$		0			
$500{\geqslant}V_{Se}>250$		<5	≥5		
$250{\geqslant}V_{Se}>150$		<3	3~50	>50	
$V_{Se}{\leqslant}150$		<3	3~15	>15~80	>80

$$V_{Se} = d_0/t$$
$$t = \sum_{i=1}^{n}(d_i/V_{Si}) \tag{4.37}$$

式中，V_{Se}为土层等效剪切波速(m/s)；d_0为计算深度(m)，取覆盖层厚度和 20 m 二者的较小值；t 为剪切波在地面至计算深度之间的传播时间；d_i 为计算深度范围内第 i 土层的厚度(m)。

实际应用时，表 4.12 中等效剪切波速以 SASW 法实测某深度以上各层加权平均瑞利波速换算得到，且以 SASW 法进行场地类别的划分，无需钻孔，测试方便。

4.8.2　地基振动特性 SASW 法研究

1）地基土卓越周期计算

地基的振动特性与覆盖层的厚度、土层的剪切波速等有关，以卓越周期、振幅、频谱等来表征。土层的卓越周期 T_0 可由表土层剪切振动微分方程导出：

$$T_0 = 4\sum_{i=1}^{n}\frac{H_i}{V_{Si}} \tag{4.38}$$

式中，H_i 为第 i 层厚度，计算总厚度按《建筑抗震设计规范》(GB 50011—2010)第 4.1.4 条取值。V_S 为土层的剪切波速。

在建筑物抗震设计评价中，T_0 是一个重要指标，建筑物结构的自振周期如果与 T_0 接近或一致，则在地震时将产生共振现象，导致建筑物的破坏。

由上式中知，层厚愈大，土层剪切波速愈低(即土层愈松软)，则卓越周期 T_0 愈长，即实际上 T_0 综合反映了场地土覆盖层的软硬程度，因此，以 T_0 也可以对场地土进行定性的评价。如日本《道路桥规范》中，规定在抗震设计时，以 T_0 为指标划分地基种类，见表 4.13。

表 4.13　地基种类划分

地基种类	卓越周期 T_0(s)	地基种类	卓越周期 T_0(s)
I 类	$T_0<0.2$	III 类	$0.4{\leqslant}T_0<0.6$
II 类	$0.2{\leqslant}T_0<0.4$	IV 类	$T_0{\geqslant}0.6$

2）场地平均剪切模量的计算

计算公式如下：

$$\mu = \frac{\sum_{i=1}^{n}h_i\rho_i V_{Si}^2}{\sum_{i=1}^{n}h_i} \tag{4.39}$$

式中, n 为覆盖层的分层层数; h_i 为第 i 层的厚度(m); ρ_i 为第 i 层的密度(10^3 kg/m³); V_{Si} 为第 i 层土的剪切波速(m/s); μ 为平均剪切模量(kPa)。

场地覆盖层厚度 H 按《建筑抗震设计规范》(GB 50011—2010)第 4.1.4 条取值。当覆盖层厚度 H 超过 20 m 时,取地表下 20 m 深度范围内的平均剪切模量,当覆盖层厚度小于 20 m 时,取实际厚度范围内的平均剪切模量。

3) 土层振动效应研究

在强夯或干振碎石桩施工过程中,或动力机器工作过程中,需预测振动对周围环境的影响。预测方法有两种:一种为计算法,如《动力机器基础设计规范》、《振动计算与隔振设计》都推荐了计算振动波衰减的公式;另一种为实测方法,在现场进行地面振动衰减的测定,测定的振动波以瑞利波为主。

下面以强夯法为例介绍 SASW 法在振动影响与建筑物安全距离分析中的应用:

为研究强夯振动的影响范围,确定对沿线建筑物的安全距离,在连徐高速公路 E7 标和 E5 标强夯试验区利用 SASW 法对单点夯试验进行了测试。采用 ES‑1225 地震仪,TZBSl00 速度传感器,以夯击点为起点,偏移距 0.5～3.5 m,道间距 4～5 m,12 道,$\Delta t = 0.2 \sim 2$ ms。

实测振动波形见图 4.43～图 4.44,强夯振动测试成果分析如下:

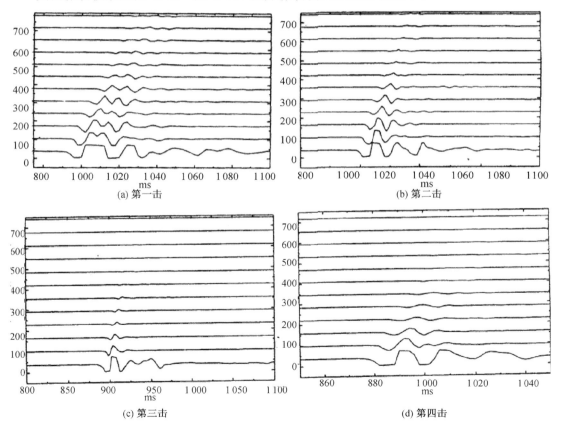

(a) 第一击　　　　　　　　　　(b) 第二击

(c) 第三击　　　　　　　　　　(d) 第四击

图 4.43　2 500 kN・m 单点夯振动波形图

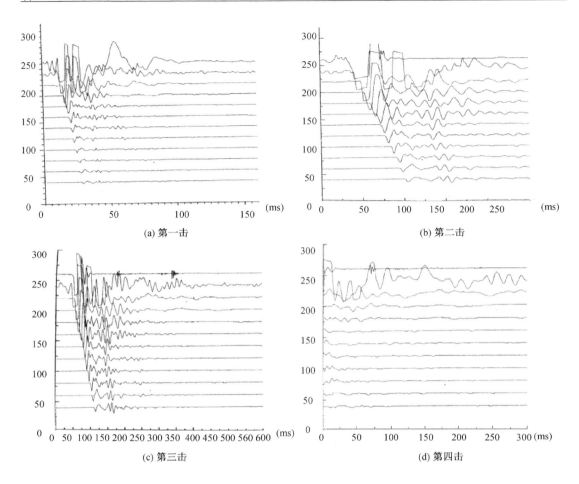

(a) 第一击   (b) 第二击

(c) 第三击   (d) 第四击

图 4.44　3 000 kN・m 单点夯振动波形图

（1）振幅分析

通过对实测振动采集数据分析，单点夯击能为 3 000 kN・m 强振幅衰减见表 4.14。

表 4.14　强夯振动强振幅 A_{max} 与距离 x 关系表

道号	源检距	强振幅 A_{max}		
		第一击	第二击	第三击
1	2.5	39.56	34.12	38.44
2	5.0	36.00	34.00	35.00
3	10.0	36.84	36.00	36.12
4	15.0	24.88	33.00	35.96
5	20.0	13.92	24.92	29.60
6	25.0	11.27	17.64	21.08
7	30.0	7.04	14.52	17.24
8	35.0	6.64	12.72	18.04
9	40.0	6.21	13.20	17.48

续表

道号	源检距	强振幅 A_{max}		
		第一击	第二击	第三击
10	45.0	4.35	8.92	13.48
11	50.0	3.14	6.76	8.72
12	55.0	2.83	5.08	6.44

经回归分析,得强振幅衰减关系式为:

第一次夯击:$A = 47.75e^{-0.054x}$;第二次夯击:$A = 46.76e^{-0.037x}$;第三次夯击:$A = 48.57e^{-0.032x}$。

强振幅 A_{max} 随夯击次数增加略有减小趋势,而沿地表的衰减则明显变慢,这与夯击后土层密度加大、吸收能量变弱及夯坑深度增加有关,在本次试测中测试到的强振幅衰减一半时的距离一般为 $12\sim20$ m。

(2)频谱分析

单点夯击能为 $3\,000$ kN·m 时,夯击能量主要体现在 $0\sim30$ Hz、$60\sim75$ Hz、$100\sim110$ Hz 等几个频段附近,影响最大的是 20 Hz 以内的低频强能量振动,各频率能量与距离的衰减关系如下:

$$① \quad f_0 = 22 \text{ Hz} \quad w = 1\,501.17e^{-0.057x}$$
$$② \quad f_0 = 63 \text{ Hz} \quad w = 723.43e^{-0.057x} \qquad (4.40)$$
$$③ \quad f_0 = 113 \text{ Hz} \quad w = 858.34e^{-0.057x}$$

在 10 m 内,主能量衰减一半。当能量衰减至 $1/10$ 时,其平均距离在 $18\sim25$ m 左右。

(3)土层振动速度与加速度

土层振动速度与加速度随离夯点距离增大而迅速衰减,实测数据见表 4.15。

表 4.15　距夯点 20 m 处最大位移、最大速度、最大加速度表

单点夯		u(mm)	V(m/s)	a(g)
单点夯 2 $2\,000$ kN·m	4	1.02	3.56×10^{-2}	1.02×10^{-1}
	5	1.98	5.25×10^{-2}	1.08×10^{-1}
单点夯 3 $3\,000$ kN·m	3	1.22	3.84×10^{-2}	1.12×10^{-1}
	4	1.63	5.06×10^{-2}	1.16×10^{-1}
	5	1.83	5.74×10^{-2}	1.04×10^{-1}
单点夯 4 $2\,500$ kN·m	1	6.72×10	2.08×10^{-2}	8.72×10^{-2}
	2	5.68×10	1.78×10^{-2}	8.87×10^{-2}
	3	8.68×10	6.59×10^{-2}	8.90×10^{-2}
	4	1.06	8.34×10^{-2}	9.3×10^{-2}
	5	1.23	8.40×10^{-2}	9.6×10^{-2}

4)建筑物安全距离确定

不同夯击能时,实测地面振动加速度随距离的衰减的关系见图 4.45。当振动加速度降至 $0.1g$ 时,对建筑物几乎没有危害,将此距离定为安全距离,则不同夯击能时的安全距离

如下：

1 500 kN·m 时为 14.0 m   2 000 kN·m 时为 17.5 m

2 500 kN·m 时为 19.5 m   3 000 kN·m 时为 18.7 m

显然，安全距离与夯击能有较大关系，可以据单击夯击能大小$(w \cdot h)$来估计安全距离，公式为：

$$s = m\sqrt{w \cdot h} \tag{4.41}$$

对于试验区土层，m 可取 $1.1 \sim 1.2$。

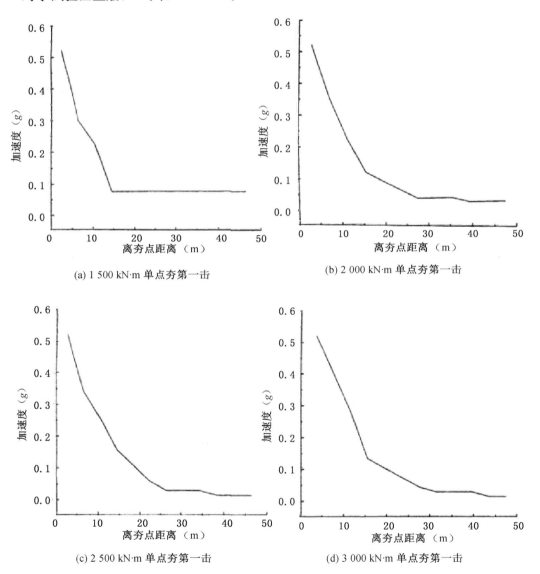

(a) 1 500 kN·m 单点夯第一击

(b) 2 000 kN·m 单点夯第一击

(c) 2 500 kN·m 单点夯第一击

(d) 3 000 kN·m 单点夯第一击

图 4.45　单点夯夯击时地面振动加速度随距离衰减关系图

4.9　SASW 法在土石混填路堤填筑质量评价中的应用

目前,我国高速公路建设发展迅速,其中,如何检验路堤填筑质量是保证工程建设质量的关键技术之一。特别是,我国幅员辽阔,不同地区填筑路堤的材料差异很大,既有传统上常用的普通粘土路堤、灰土路堤、膨胀土路堤,也有近年来使用逐渐增多的填石路堤、土石混填路堤、煤矸石路堤、粉煤灰路堤、EPS 轻质路堤等,如何快速有效地评价路堤填筑质量也是岩土工程研究的前沿技术之一。传统的路堤施工质量控制方法主要是钻探取芯、开挖取样试验等,其中尤以灌砂法确定压实度应用最为广泛,但这种以点代面的方法,对于大面积的长大线形道路工程,缺陷明显,量少不具代表性,量多又往往费时、费力且不经济,而且这种方法对于颗粒较大的粗粒或巨粒土(填石路堤或土石混填路堤、煤矸石路堤等)不再适用。因此,建立快速有效的 SASW 法路堤填筑质量控制技术,可大大节省工程造价、加快工程进度,具有明显的社会效益和经济效益[27]。

土石混填路堤是指在路基施工中,利用石料(包括大卵石)或土石混合料填筑的路堤。土石混填路堤由于粗粒料含量高,填料的压实特性、力学特性等基本由填料中的粗粒部分决定。长期以来,公路部门对填方材料的压实特性、检测标准的试验和研究都是建立在细粒土基础上,有关土石混填路堤的压实特性和检测标准方面的试验和研究极其薄弱。土石混填路堤由于其填料性质的特殊性,加上相关的试验、研究工作的滞后,给设计、施工、检测等方面都带来了一系列困难,严重影响了石质填料在填筑路基中的应用。

4.9.1　现场填筑试验

石料作为路堤填料,由于粒径较大,在碾压过程中,粒料有错动现象,易造成测试结果的可靠性降低,故在 A 区段、B 区段及 C 区段分别布设 2、2、4 个主控制点,每个主控制点至少布设三个子控制点,如图 4.46 所示,以保证测试数据的可靠性。

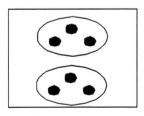
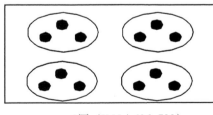
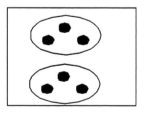

A区（K55+700-730）　　　　C区（K55+606-700）　　　　B区（K55+535-606）

图 4.46　测点布置示意图

在试验路铺筑中,采用密度试验、定点高程测量、现场 CBR、小型承载板、弯沉、压实计、SASW 试验检测填石路堤的压实情况(见表 4.16),研究土石混填路堤强度增长规律,确定合理的施工工艺和适合的质量检测方法。

通过上述各种检测方法间的互相对比验证,可以确保测试结果的可靠性,通过对压实过程的监测,可以了解土石混填路堤的压实特性和强度增长规律。根据土石混填路堤的强度增长规律,确定合理的碾压施工工艺。对各种检测方法的优缺点进行比较,结合测试结果分析,从中总结出适合于土石混填路堤的合理、快速、准确、经济有效的质量检测方法和质量控制标准。

表 4.16　土石混填路堤现场填筑的测试项目表

测试项目	测试内容	备注
密度试验	分别测试静压 1 遍,以后每振压 2 遍测试 1 次	
定点高程测量	每碾压一遍测试 1 次	
现场 CBR	分别测试静压 1 遍,以后每振压 2 遍测试 1 次	
小型承载板	分别测试静压 1 遍,以后每振压 2 遍测试 1 次	
弯沉	分别测试静压 1 遍,以后每振压 2 遍测试 1 次	
压实计	分别测试静压 1 遍,以后每振压 2 遍测试 1 次	本次未做
SASW 试验	分别测试静压 1 遍,以后每振压 2 遍测试 1 次	

4.9.2　SASW 方法测试结果分析

分别测试静压 1 遍、振压 2 遍、振压 4 遍、振压 6 遍、振压 8 遍后的剪切波速,测定的数据见表 4.17～表 4.19 和图 4.47～图 4.53。从表中可以看出 30 cm 虚铺厚度振压 4 遍后,土石混填路堤的剪切波波速达到最大,振压 5～6 遍,波速提高不大;40 cm 虚铺厚度振压 6 遍后,剪切波波速达到最大,振压 7～8 遍,波速提高不大;50 cm 虚铺厚度振压 6 遍后,剪切波波速达到最大,振压 7～8 遍,部分点的波速仍在增加,说明部分点的强度仍在增加,这和前面的干密度测试、定点高层测试、弯沉测试结果基本是一致的。采用 SASW 法测试,土石混填路堤的剪切波速达到 300 m/s 即可认为碾压质量符合要求。

表 4.17　30 cm 虚铺厚度土石混填路堤的剪切波速

	测点 1	测点 2	测点 3	测点 4	测点 5	测点 6	平均值
静压 1 遍	186.2	176.4	182.1	191.5	183.5	179.5	183.2
振压 2 遍	255.3	220.1	261.3	252.7	210.4	265.1	244.2
振压 4 遍	306.1	298.2	320.4	286.5	281.7	310.2	300.5
振压 6 遍	301.7	310.2	315.2	281.1	278.5	306.4	298.9

表 4.18　40 cm 虚铺厚度土石混填路堤的剪切波速

	测点 1	测点 2	测点 3	测点 4	测点 5	测点 6	平均值
静压 1 遍	188.1	195.2	176.5	182.6	179.2	182.1	184.0
振压 2 遍	218.6	198.5	209.2	201.4	192.3	207.6	204.6
振压 4 遍	276.5	340.2	300.2	286.6	291.2	276.5	295.2
振压 6 遍	320.0	295.5	281.7	274.2	320.3	310.5	300.4
振压 8 遍	282.5	302.1	286.4	290.5	310.7	331.2	300.0

表 4.19　50 cm 虚铺厚度土石混填路堤的剪切波速

	测点 1	测点 2	测点 3	测点 4	测点 5	测点 6	平均值
静压 1 遍	189.2	170.2	182.5	197.2	173.5	185.2	183.0
振压 2 遍	254.3	262.4	210.6	206.4	260.4	240.7	239.1
振压 4 遍	284.3	310.5	306.1	280.4	284.5	279.5	290.9
振压 6 遍	301.2	314.2	294.3	289.1	315.2	304.8	303.1
振压 8 遍	299.0	298.5	307.2	312.3	289.6	330.2	306.1

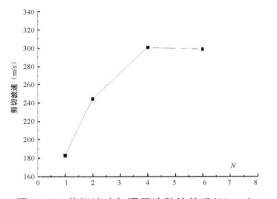

图 4.47　剪切波速与碾压遍数的关系(30 cm)

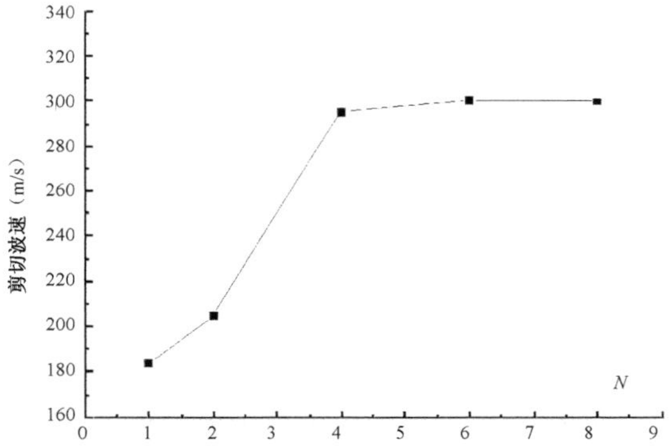

图 4.48　剪切波速与碾压遍数的关系(40 cm)

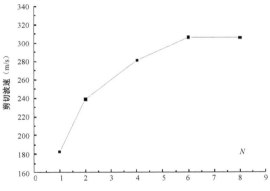

图 4.49　剪切波速与碾压遍数的关系(50 cm)

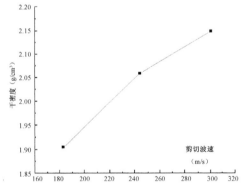

图 4.50　剪切波速与干密度的关系(30 cm 厚)

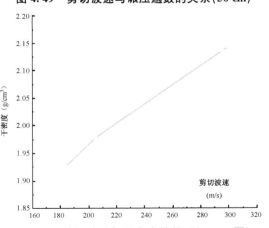

图 4.51　剪切波速与干密度的关系(40 cm 厚)

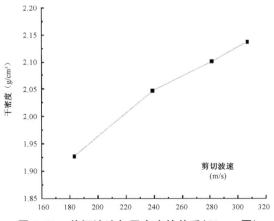

图 4.52　剪切波速与干密度的关系(50 cm 厚)

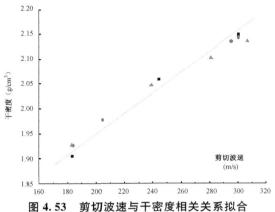

图 4.53　剪切波速与干密度相关关系拟合

4.9.3　测试结果的比较与分析

1）剪切波波速与弯沉的关系

图 4.47～图 4.49 为三个段面对应不同碾压遍数弯沉与剪切波速的关系，由图可以看出，弯沉和剪切波波速有着很好的对应关系，基本上是线性关系。两者均可以反映土石混填路堤的整体强度和施工压实情况。

2）干密度、现场 CBR、弯沉、剪切波速与累计沉降率的关系

图 4.54～图 4.57 分别为干密度、现场 CBR、弯沉、剪切波速与沉降率的关系曲线，由图可以看出，干密度、现场 CBR、剪切波速干密度随着累计沉降率的增大而有规律的增大，基本上为线性关系；弯沉随着沉降率的增大而逐渐较小，基本上也为线性关系，每张图上的三条曲线分别对应 30 cm、40 cm 和 50 cm 的虚铺厚度。同时可以看出试验段所采用的几种检测方法，测试结果基本上是一致的，均可以反映土石混填路堤的压实情况。

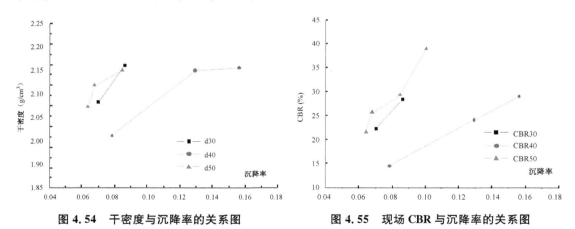

图 4.54　干密度与沉降率的关系图　　　　**图 4.55　现场 CBR 与沉降率的关系图**

3）几种检测方法的比较

由于填石路堤填料的极不均匀性和粒径较大等特点，上述各种检测方法各有优缺点。通过各种检测方法间的互相对比，对各种检测方法的优缺点进行比较（不同测试方法结果汇总见表 4.20），从中总结出适合于填石路堤的合理、快速、准确、经济有效的质量检测方法。

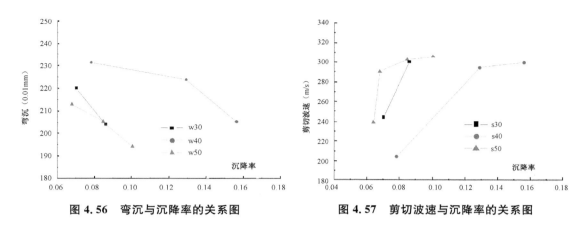

图 4.56　弯沉与沉降率的关系图　　　　图 4.57　剪切波速与沉降率的关系图

　　压实干密度作为检测标准,是公路部门填方路基质量检查的主要手段。从试验路段检测结果来看,填石路堤的密实度检测结果虽然有一定的波动,但其整体结果基本反映了土石混填路堤的质量变化情况,应该说,在测点多、试坑体积大时,压实干密度指标可以作为土石混填路堤的质量控制标准。但其最大的难处在于挖试坑费工费时,同时室内最大干密度的确定也较困难,因此在实践中造成很大的困难,大面积采用不方便,该方法可用作抽检使用。

　　定点高程测量能较好地反映土石混填的压实过程,操作简便、快捷的优点,沉降差的变化与压实遍数关系密切,可以用作土石混填施工质量的过程控制。

表 4.20　不同测试方法结果统计汇总表

测试项目 碾压遍数	累计沉降 (mm)	CBR (%)	干密度 (g/cm³)	剪切波速 (m/s)	弯沉(0.01 mm)
30 cm 虚铺厚度					
静压 1 遍		7.5	1.905	183.2	272
振压 2 遍	21	22.4	2.059	244.2	220
振压 4 遍	25.8	28.3	2.149	300.5	204
振压 6 遍	19.4	29.6	2.141	298.9	204
40 cm 虚铺厚度					
静压 1 遍		6.5	1.927	184	
振压 2 遍	31.3	14.5	1.978	204.6	231.7
振压 4 遍	51.7	24.2	2.136	295.2	224
振压 6 遍	62.5	29	2.143	300.4	205.5
振压 8 遍	59.9	30	2.123	300	205
50 cm 虚铺厚度					
静压 1 遍		8.6	1.927	183	
振压 2 遍	32	21.7	2.047 03	239.1	
振压 4 遍	33.9	25.7	2.101 42	290.9	213.1
振压 6 遍	42.3	29.3	2.136 74	303.1	205.3
振压 7 遍	50.2				
振压 8 遍	45.6	38.8	2.134	306.1	194.3

承载板法是铁路部门检测粗粒土压实质量的常用方法。该方法需要准备专用检测设备,测试复杂,结果具有一定的离散性,很难作为大面积质量控制指标。

SASW 法检测有着其他方法无法比拟的优点,是土石混填路堤压实质量检测中一种很有前途的方法,试验段 SASW 法测试结果表明,剪切波速与干密度、压实度之间有着良好的关系,可以用 SASW 方法作为土石混填路堤的大面积质量普查,剪切波速大于 300 m/s 即可认为碾压质量合格。

弯沉和现场 CBR 测试指标均较好地反映了土石混填路堤的整体强度和压实情况,测试结果与干密度、定点高程测试结果吻合,可以用作土石混填的质量检测。根据试验结果,弯沉控制在 2.10 mm 以内,现场 CBR 不小于 25%,即可认为碾压质量合格。相比较而言,弯沉方法简单易行,且为施工单位和监理单位熟悉,本次测试指标稳定,可作为土石混填质量控制指标。

综合认为,可以采用定点高层测量作为土石混填的施工过程控制,前后两次高程差小于 2 mm,即可停止碾压,弯沉测试作为检测验收标准,弯沉小于 2.10 mm,可认为碾压质量符合要求。

参考文献

[1] 张忠苗,魏玉伦,陈云敏,等. 瞬态面波测试技术在地基处理评价中的应用[J]. 物探与化探,1992,16(1):48-55.

[2] 崔建文,乔森,潘耀新. 瞬态面波勘探技术在工程地质中的应用[J]. 岩土工程学报,1996,18(3):35-40.

[3] 缪林昌,邱钰. SASW 法在基础工程和路基工程中的应用研究[J]. 岩土力学,2004,25(1):149-152.

[4] 白朝旭,刘洋,王典等. 瑞雷波测试技术在岩土工程中的应用研究[J]. 地球物理学进展,2007,22(6):1959-1965.

[5] 栾明龙,魏红,林万顺. 瞬态瑞利波技术在工程勘察中的应用[J]. 物探与化探,2012,36(05):878-883.

[6] 杨成林. 瑞雷波勘探[M]. 北京:地质出版社,1993.

[7] 吴世明,陈龙珠. 岩土工程波动勘测技术[M]. 北京:水利电力出版社,1992.

[8] 王兴泰. 工程与环境物探新方法新技术[M]. 北京:地质出版社,1996.

[9] 吴世明. 土介质中的波[M]. 北京:科学出版社,1997.

[10] 骆文海. 土中应力波及其量测[M]. 北京:中国铁道出版社,1985.

[11] 东南大学交通学院,江苏省高速公路建设指挥部. 高等级公路液化地基处理与桥梁地基抗震处理技术研究总报告[R]. 1998,12.

[12] 严寿民. 瑞利波勘探方法的应用与展望[J]. 地球物理学报,1991,2:21-30.

[13] 王兴泰,赵东. 瑞利波勘探:应用、现状和问题[J]. 世界地质,1995,2:87-90.

[14] 夏宇靖. 稳态瑞利波法在中国的应用及进展[J]. 煤田地质与勘探,1999,27(1):64-68.

[15] 刘云祯,王振东. 瞬态面波法的数据采集处理系统及其应用实例[J]. 物探与化探,1996,1:28-34.

[16] 东南大学交通学院,江苏省高速公路建设指挥部. 液化土与软土交互地层特殊地基处理试验研究报告[R]. 1999,9.

[17] 陆基孟. 地震勘探原理(上下册)[M]. 北京:石油大学出版社,1993.

[18] 陈仲颐,王兴泰,杜世汉. 工程与环境物探教程[M]. 北京:地质出版社,1993.

[19] 中华人民共和国行业标准,多道瞬态面波勘察技术规程,JGJ/T143-2004,中华人民共和国建设部,2004.

[20] 刘松玉,方磊.SASW 法在液化地基加固处理中的应用研究[J].东南大学学报(自然科学版),2000,30 (5):86-90.

[21] 邱钰,刘松玉,黄卫.沉管干振碎石桩对土层振动效应的试验研究[J].中国公路学报,2001(4):34-37.

[22] 邱钰,黄卫,刘松玉.干振碎石桩处理高速公路液化地基效果分析[J].公路交通科技,2000(4):19-21.

[23] 东南大学交通学院.SASW 法在土木工程中的应用研究报告[R],2003.

[24] 东南大学交通学院,江苏省高速公路建设指挥部.煤矸石在高速公路工程中的应用研究[R],2002.

[25] 缪林昌,莫锦林,刘松玉,等.SASW 法在基础工程中的应用研究[C],中国土木工程学会第九届土力学及岩土工程学术会议论文集(上册),2003:455-458.

[26] 袁振中,童立元.SASW 法在旧沥青路面冲击压实养护效果评价中的应用[J].交通标准化,2007(06): 107-109.

[27] 东南大学交通学院.土石混填路堤质量控制技术研究[R],2004.